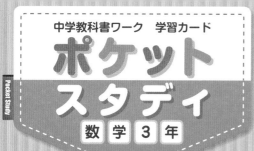

中学教科書ワーク　学習カード

ポケット
スタディ

数学3年

Pocket Study

1 かっこをはずす

次の計算をすると？

$3x(2x-4y)$

---

2 乗法公式①

次の式を展開すると？

$(x+3)(x-5)$

JN096431

---

3 乗法公式②③

次の式を展開すると？

$(x+6)^2$

---

4 乗法公式④

次の式を展開すると？

$(x+4)(x-4)$

---

5 共通な因数をくくり出す

次の式を因数分解すると？

$4ax-6ay$

---

6 因数分解①'

次の式を因数分解すると？

$x^2-10x+21$

---

7 因数分解②'③'

次の式を因数分解すると？

$x^2-12x+36$

---

8 因数分解④'

次の式を因数分解すると？

x^2-100

---

9 式の計算の利用

$a=78$，$b=58$のとき，次の式の値は？

$a^2-2ab+b^2$

$(x \pm a)^2 = x^2 \pm 2ax + a^2$

$$(x+6)^2$$
$$= x^2 + 2 \times 6 \times x + 6^2$$
$$\underbrace{}_{6 \, \text{の2倍}} \quad \underbrace{}_{6 \, \text{の2乗}}$$
$$= x^2 + 12x + 36 \cdots 答$$

$(x+a)(x+b) = x^2 + (a+b)x + ab$

$$(x+3)(x-5)$$
$$= x^2 + \{3 + (-5)\}x + 3 \times (-5)$$
$$\underbrace{}_{和} \quad \underbrace{}_{積}$$
$$= x^2 - 2x - 15 \cdots 答$$

できるかぎり因数分解する！

$$4ax - 6ay$$
$$= 2 \times 2 \times a \times x - 2 \times 3 \times a \times y$$
$$= 2a(2x - 3y) \cdots 答 \quad \begin{array}{l} 2a\text{を} \\ \text{かっこの外に} \end{array}$$

$(x+a)(x-a) = x^2 - a^2$

$$(x+4)(x-4)$$
$$= x^2 - 4^2$$
$$\underbrace{}_{(2乗) - (2乗)}$$
$$= x^2 - 16 \cdots 答$$

$x^2 \pm 2ax + a^2 = (x \pm a)^2$

$$x^2 - 12x + 36$$
$$= x^2 - 2 \times 6 \times x + 6^2$$
$$\underbrace{}_{6\text{の2倍}} \quad \underbrace{}_{6\text{の2乗}}$$
$$= (x-6)^2 \cdots 答$$

$x^2 + (a+b)x + ab = (x+a)(x+b)$

$$x^2 - 10x + 21$$
$$= x^2 + \{(-3) + (-7)\}x + (-3) \times (-7)$$
$$\underbrace{}_{和が-10} \quad \underbrace{}_{積が21}$$
$$= (x-3)(x-7) \cdots 答$$

因数分解してから値を代入！

$$a^2 - 2ab + b^2 = (a-b)^2 \quad ← \text{はじめに因数分解}$$
これにa，bの値を代入すると，
$$(78-58)^2 = 20^2 = 400 \cdots 答$$

$x^2 - a^2 = (x+a)(x-a)$

$$x^2 - 100$$
$$= x^2 - 10^2$$
$$\underbrace{}_{(2乗) - (2乗)}$$
$$= (x+10)(x-10) \cdots 答$$

10 平方根を求める

次の数の平方根は？

(1) 64

(2) $\dfrac{9}{16}$

11 根号を使わずに表す

次の数を根号を使わずに表すと？

(1) $\sqrt{0.25}$

(2) $\sqrt{(-5)^2}$

12 $a\sqrt{b}$ の形に

次の数を $a\sqrt{b}$ の形に表すと？

(1) $\sqrt{18}$

(2) $\sqrt{75}$

13 分母の有理化

次の数の分母を有理化すると？

(1) $\dfrac{1}{\sqrt{5}}$

(2) $\dfrac{\sqrt{2}}{\sqrt{3}}$

14 平方根の近似値

$\sqrt{5}=2.236$ として，次の値を求めると？

$\sqrt{50000}$

15 根号をふくむ式の計算

次の計算をすると？

$(\sqrt{5}+\sqrt{3})(\sqrt{5}-\sqrt{3})$

16 平方根の考えを使う

次の2次方程式を解くと？

$(x+4)^2=1$

17 2次方程式の解の公式

2次方程式 $ax^2+bx+c=0$ の解は？

18 因数分解で解く(1)

次の2次方程式を解くと？

$x^2-3x+2=0$

19 因数分解で解く(2)

次の2次方程式を解くと？

$x^2+4x+4=0$

$\sqrt{a^2}=\sqrt{(-a)^2}=a\,(a\geqq0)$

(1) $\underset{0.5\times0.5=0.25}{\underline{\sqrt{0.25}}}=\sqrt{0.5^2}=0.5$

(2) $\underset{(-5)\times(-5)=25}{\underline{\sqrt{(-5)^2}}}=\sqrt{25}=5$

…答

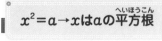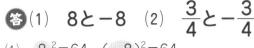

$x^2=a\rightarrow x$はaの平方根

答 (1) 8と-8　(2) $\dfrac{3}{4}$と$-\dfrac{3}{4}$

(1) $8^2=\underline{64}$,　$(-8)^2=\underline{64}$

(2) $\left(\dfrac{3}{4}\right)^2=\dfrac{9}{16}$,　$\left(-\dfrac{3}{4}\right)^2=\dfrac{9}{16}$

分母に根号がない形に表す

(1) $\dfrac{1}{\sqrt{5}}=\dfrac{\sqrt{5}}{\sqrt{5}\times\sqrt{5}}=\dfrac{\sqrt{5}}{5}$

(2) $\dfrac{\sqrt{2}}{\sqrt{3}}=\dfrac{\sqrt{2}\times\sqrt{3}}{\sqrt{3}\times\sqrt{3}}=\dfrac{\sqrt{6}}{3}$

…答

根号の中を小さい自然数にする

答 (1) $3\sqrt{2}$　(2) $5\sqrt{3}$

(1) $\sqrt{18}=\underset{\sqrt{3^2}\times\sqrt{2}=3\times\sqrt{2}}{\underline{\sqrt{3^2\times2}}}=3\sqrt{2}$

(2) $\sqrt{75}=\underset{\sqrt{5^2}\times\sqrt{3}=5\times\sqrt{3}}{\underline{\sqrt{5^2\times3}}}=5\sqrt{3}$

乗法公式を使って式を展開

$(\sqrt{5}+\sqrt{3})(\sqrt{5}-\sqrt{3})$　$\underset{=x^2-a^2}{(x+a)(x-a)}$

$=(\sqrt{5})^2-(\sqrt{3})^2$

$=5-3$

$=2$ …答

$a\sqrt{b}$ の形にしてから値を代入

$\sqrt{50000}=\sqrt{5\times10000}$

$=\sqrt{5}\times\sqrt{100^2}$

$=\sqrt{5}\times100$

$=2.236\times100=223.6$ …答

2次方程式の解の公式を覚える

2次方程式 $a\,x^2+b\,x+c=0$の解は

$x=\dfrac{-b\pm\sqrt{b^2-4ac}}{2a}$ …答

$(x+m)^2=n\rightarrow x+m=\pm\sqrt{n}$

$\underline{(x+4)^2}=1$　$\underset{x+4が1の平方根}{}$

$\underline{x+4}=\pm1$

$x=-4+1$,　$x=-4-1$

$x=-3$,　$x=-5$ …答

$x^2+2ax+a^2=(x+a)^2$で因数分解

$x^2+4x+4=0$　左辺を因数分解

$(x+2)^2=0$

$x+2=0$

$x=-2$ …答 ←解が1つ

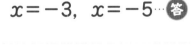

$x^2+(a+b)x+ab=(x+a)(x+b)$で因数分解

$x^2-3x+2=0$　左辺を因数分解

$(x-1)(x-2)=0$　$AB=0$ ならば

$x-1=0$ または $x-2=0$　$A=0$ または $B=0$

$x=1$,　$x=2$ …答

20 関数の式を求める

yはxの２乗に比例し，
$x＝1$のとき，$y＝3$です。
yをxの式で表すと？

21 関数$y＝ax^2$のグラフ

⑦〜⑨の関数のグラフは
①〜③のどれ？

⑦$y＝-x^2$　　④$y＝2x^2$
⑨$y＝-3x^2$

22 変域とグラフ

関数$y＝-x^2$のxの変域が
$-2≦x≦1$のとき，
yの変域は？

23 変化の割合

関数$y＝x^2$について，xの値が
１から２まで増加するときの
変化の割合は？

24 相似な図形の性質

$△ABC∽△DEF$のとき，
xの値は？

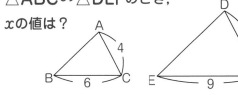

25 相似な三角形(1)

相似な三角形を∽
を使って表すと？
また，使った相似
条件は？

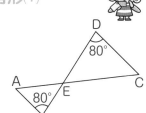

26 相似な三角形(2)

相似な三角形を∽
を使って表すと？
また，使った相似
条件は？

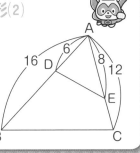

27 三角形と比

$DE∥BC$のとき，
x，yの値は？

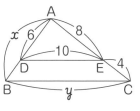

28 中点連結定理

３点E，F，Gがそれぞれ
辺AB，対角線AC，
辺DCの中点であるとき，
EGの長さは？

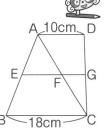

29 面積比と体積比

２つの円柱の相似比が２：３のとき，
次の比は？

(1) **表面積の比**

(2) **体積比**

グラフの開き方を見る

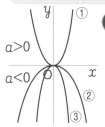

答 ア② ，イ① ，ウ③

$a>0$

$a<0$

グラフは，$a>0$のとき上，$a<0$のとき下に開く。aの絶対値が大きいほど，グラフの開き方は小さい。

$y=ax^2$とおいて，x, yの値を代入！

答 $y=3x^2$

・$y=ax^2$とおいて，
  $x=1$，$y=3$を代入すると，
  $3=a\times1^2$　$a=3$

yがxの2乗に比例
↓
$y=ax^2$

変化の割合は一定ではない！

答 3

・（変化の割合）$=\dfrac{（y\text{の増加量}）}{（x\text{の増加量}）}$

$\dfrac{2^2-1^2}{2-1}=\dfrac{3}{1}=3$

---

yの変域は，グラフから求める

答 $-4\leqq y\leqq0$

・$x=0$のとき，$y=0$で最大

・$x=-2$のとき，
  $y=-(-2)^2=-4$で最小

2組の等しい角を見つける

答 $\triangle ABE\backsim\triangle CDE$
2組の角がそれぞれ
等しい。
↑
$\angle B=\angle D$，$\angle AEB=\angle CED$

対応する辺の長さの比で求める

・$BC:EF=AC:DF$より，
  $6:9=4:x$
  $6x=36$
  $x=6$…答

相似な図形の対応する部分の長さの比はすべて等しい！

DE//BC→AD:AB=AE:AC=DE:BC

・$6:x=8:(8+4)$
  $8x=72$　$x=9$…答

・$10:y=8:(8+4)$
  $8y=120$　$y=15$…答

長さの比が等しい2組の辺を見つける

答 $\triangle ABC\backsim\triangle AED$
2組の辺の比とその間の
角がそれぞれ等しい。
↑
$AB:AE=AC:AD=2:1$
$\angle BAC=\angle EAD$

表面積の比は2乗，体積比は3乗

答 （1）　$4:9$　　（2）　$8:27$

・表面積の比は相似比の2乗
  →$2^2:3^2=4:9$

・体積比は相似比の3乗
  →$2^3:3^3=8:27$

中点を結ぶ→中点連結定理

答 14cm

・$EF=\dfrac{1}{2}BC=9$cm

・$FG=\dfrac{1}{2}AD=5$cm

・$EG=EF+FG=14$cm

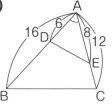

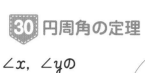

30 円周角の定理

∠x, ∠yの
大きさは？

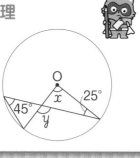

31 直径と円周角

∠xの大きさは？

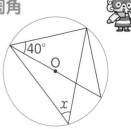

32 円周角の定理の逆

4点A，B，C，Dは
1つの円周上にある？

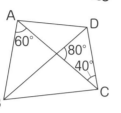

33 相似な三角形を見つける

∠ACB＝∠ACD
のとき，
△DCEと相似な
三角形は？

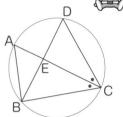

34 三平方の定理

x，yの値は？

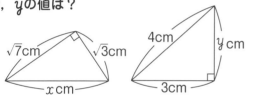

35 特別な直角三角形

x，yの値は？

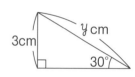

36 正三角形の高さ

1辺の長さが8cmの
正三角形の高さは？

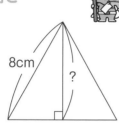

37 直方体の対角線の長さ

縦3cm，横3cm，高さ2cmの直方体の
対角線の長さは？

38 全数調査と標本調査

次の調査は，全数調査？ 標本調査？

(1) 河川の水質調査

(2) 学校での進路調査

(3) けい光灯の寿命調査

39 母集団と標本

ある製品100個を無作為に抽出して
調べたら，4個が不良品でした。
この製品1万個の中には，およそ何個の
不良品があると考えられる？

半円の弧に対する円周角は90°

答 $\angle x = 50°$

・△ACDの内角の和より，

$\angle x = 180° - (40° + 90°)$
$= 50°$

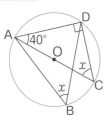

円周角は中心角の半分！

答 $\angle x = 90°$，$\angle y = 115°$

・$\angle x = 2\angle A = 90°$

・$\angle y = \angle x + \angle C = 115°$

$\underset{\angle y は △OCD の外角}{}$

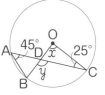

等しい角に印をつけてみよう！

答 △ABEと△ACB
↑
2組の角がそれぞれ
等しいから，
△DCE ∽ △ABE，
△DCE ∽ △ACB

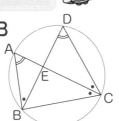

円周角の定理の逆←等しい角を見つける

答 ある
↑
2点A，Dが直線BCの
同じ側にあって，
$\angle BAC = \angle BDC$ だから。

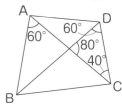

特別な直角三角形の3辺の比

答 $x = 4\sqrt{2}$，$y = 6$

 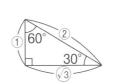

$a^2 + b^2 = c^2$（三平方の定理）

・$x^2 = (\sqrt{7})^2 + (\sqrt{3})^2 = 10$

$x > 0$ より，$x = \sqrt{10}$ …**答**

・$y^2 = 4^2 - 3^2 = 7$

$y > 0$ より，$y = \sqrt{7}$ …**答**

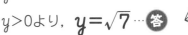

右の図で，BH$= \sqrt{a^2 + b^2 + c^2}$

答 $\sqrt{22}$ cm

・対角線の長さ

$= \underset{縦}{\underline{\sqrt{3^2}}} + \underset{横}{\underline{3^2}} + \underset{高さ}{\underline{2^2}}$

 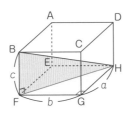

右の図の△ABHで考える

答 $4\sqrt{3}$ cm

・AB：AH$= 2 : \sqrt{3}$ だから

$8 : AH = 2 : \sqrt{3}$

$AH = 4\sqrt{3}$

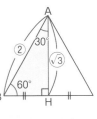

母集団の数量を推測する

答 およそ400個

・不良品の割合は $\dfrac{4}{100}$ と推定できるから，

この製品1万個の中の不良品は，およそ

$10000 \times \dfrac{4}{100} = 400$（個）と考えられる。

全数調査と標本調査の違いに注意！

答（1）標本調査　（2）全数調査
（3）標本調査

・全数調査…集団全部について調査
・標本調査…集団の一部分を調査して
全体を推測

教育出版版 数学3年 もくじ

ステージ1　ステージ2　ステージ3

発展 →この学年の学習指導要領には示されていない内容を取り上げています。学習に応じて取り組みましょう。

解答と解説　　　　　　　　　　　　　　　　　　　　　　別冊

 **ステージ 1**　1節　多項式の乗法と除法
1 単項式と多項式の乗法，除法
2 多項式の乗法　　**3** 乗法の公式(1)

例 **1** 単項式と多項式の乗法，除法　　教 p.16〜18 → 基本 問題 **1** **2**

次の計算をしなさい。

(1)　$5a(2b-3)$　　　　　　　　　　(2)　$(3a^2-27a)\div 3a$

考え方 (1)　分配法則を使って，かっこをはずす。

(2)　多項式を単項式でわる除法は，分数の形にするか，わる式を逆数にしてかける。

解き方 (1)　$5a(2b-3)$

$= 5a\times 2b - 5a\times 3$

$=$ ①〔　　　　〕

分配法則を使う。

(単項式)×(単項式)
の計算をする。

> **分配法則**
> $a(b+c)=ab+ac$
> $(a+b)\times c=ac+bc$

(2)　$(3a^2-27a)\div 3a$

$= \dfrac{3a^2-27a}{3a}$

$= \dfrac{3a^2}{3a} - \dfrac{27a}{3a}$

$=$ ②〔　　　　〕

分数の形にする。

(単項式)＋(単項式)
の形にする。

約分する。

> **覚えておこう**
> 多項式÷単項式 の計算は，わる式
> を逆数にしてかけてもよい。
> $(3a^2-27a)\div 3a$
> $=(3a^2-27a)\times \dfrac{1}{3a}$

例 **2** 多項式どうしの乗法　　教 p.19, 20 → 基本 問題 **3**

$(3x+2)(2y-3)$ を展開しなさい。

考え方 それぞれの項どうしをかけ合わせて，それらの和をつくる。

解き方 $(3x+2)(2y-3)$

$= 3x\times 2y + 3x\times(-3) + 2\times 2y + 2\times(-3) =$ ③〔　　　　〕

> **たいせつ**
> $(a+b)(c+d)$
> $=ac+ad+bc+bd$

例 **3** $(x+a)(x+b)$ の展開　　教 p.21, 22 → 基本 問題 **4**

$(x+5)(x+2)$ を展開しなさい。

考え方 乗法の公式を使って展開する。

解き方 $(x+5)(x+2)$

$= x^2+(5+2)x+5\times 2$

$=$ ④〔　　　　〕

乗法の公式(1)
を使って展開
する。

> **乗法の公式(1)**
> $(x+a)(x+b)$
> 　　　和　　積
> $= x^2+(a+b)x+ab$

基本問題 ·· 解答 p.1

1 単項式と多項式の乗法 次の計算をしなさい。

 教 p.17 たしかめ1, 問1

(1) $3a(7b+4)$

(2) $-4x(2x+3y)$

「−」があるときは,
符号に気をつけよう。

(3) $(2x-4y)\times(-7x)$

(4) $(2a+b-5)\times 6x$

2 多項式を単項式でわる除法 次の計算をしなさい。

教 p.18 たしかめ2, 3, 問2, 3

(1) $(6a^2+12a)\div 3a$

(2) $(8x^2-28xy)\div 4x$

> **たいせつ**
>
> (4) $\dfrac{2}{3}a$ の逆数 $\dfrac{3}{2a}$ をかける!
>
> $(2a^3-4a)\div\dfrac{2}{3}a$
>
> $=(2a^3-4a)\times\dfrac{3}{2a}$
>
> 注 $\dfrac{2}{3}a=\dfrac{2a}{3}$ →逆数は $\dfrac{3}{2a}$

(3) $(4x^2-6xy)\div(-2x)$

(4) $(2a^3-4a)\div\dfrac{2}{3}a$

(5) $(15x^2-5xy+10x)\div 5x$

(6) $(6a^2b-3ab)\div\left(-\dfrac{3}{2}ab\right)$

3 多項式どうしの乗法 次の式を展開しなさい。

教 p.20 たしかめ1〜3, 問2〜4

(1) $(a-b)(c+d)$

(2) $(x+3)(y-4)$

> **知ってると得**
>
> (5)は $(a-2b-3)$, (6)は $(-3x-y+1)$
> を M とおいて考えてもよい。
>
> (5) $(a+5)(a-2b-3)$
> $=(a+5)M$
> $=aM+5M$
> $=a(a-2b-3)+5(a-2b-3)$

(3) $(2a+5b)(3a-b)$

(4) $(4x-y)(2x+3y)$

(5) $(a+5)(a-2b-3)$

(6) $(-3x-y+1)(x-2y)$

4 $(x+a)(x+b)$ の展開 次の式を展開しなさい。

教 p.22 たしかめ1, 問1

(1) $(x+7)(x+1)$

(2) $(x-2)(x-5)$

乗法の公式を
使って
展開しよう。

(3) $(a+7)(a-5)$

(4) $(y-6)(y+9)$

左ページの
例 の答え　① $10ab-15a$　② $a-9$　③ $6xy-9x+4y-6$　④ $x^2+7x+10$

1節　多項式の乗法と除法
❸ 乗法の公式(2)

例1 $(x+a)^2$, $(x-a)^2$, $(x+a)(x-a)$ の展開 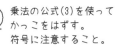 教 p.22〜24 → 基本問題❶

次の式を展開しなさい。

(1) $(x+3)^2$　　　　(2) $(x-2)^2$　　　　(3) $(x+8)(x-8)$

考え方 乗法の公式にあてはめて展開する。

解き方 (1) $(x+3)^2$

$= x^2+2\times3\times x+3^2$

　　乗法の公式(2)を使って
　　かっこをはずす。

$=$ [①]

(2) $(x-2)^2$

$= x^2-2\times2\times x+2^2$

　　乗法の公式(3)を使って
　　かっこをはずす。
　　符号に注意すること。

$=$ [②]

(3) $(x+8)(x-8)$

$= x^2-8^2$

　　乗法の公式(4)を使って
　　かっこをはずす。

$=$ [③]

乗法の公式(2), (3), (4)

乗法の公式(2)
$$(x+a)^2 = x^2+2ax+a^2$$

乗法の公式(3)
$$(x-a)^2 = x^2-2ax+a^2$$

乗法の公式(4)
$$(x+a)(x-a) = x^2-a^2$$

例2 いろいろな式の展開 教 p.25, 26 → 基本問題❷

次の式を展開しなさい。

(1) $(2x-3)(2x+1)$　　　　(2) $(x-y+3)(x-y-2)$

考え方 工夫して乗法の公式を使う。

解き方 (1) $2x$ をひとまとまりにみて,
乗法の公式(1)を使う。

$(2x-3)(2x+1)$

$= (2x)^2+(-3+1)\times2x+(-3)\times1$

$=$ [④]

(2) $x-y=M$ とおくと,

$(x-y+3)(x-y-2)$

$= (M+3)(M-2) = M^2+M-6$

M を $x-y$ に戻して,

$M^2+M-6 = (x-y)^2+(x-y)-6$

$=$ [⑤]

例3 いろいろな式の計算 教 p.26 → 基本問題❸

$(x+1)(x-1)+(x-2)^2$ を計算しなさい。

考え方 展開できるところを展開し, 同類項をまとめる。

解き方  $(x+1)(x-1)+(x-2)^2$

　　　　　　　　❶　　　　　❷

　　①, ②の2つに分けて, それぞれの部分に
　　乗法の公式を使って展開する。

$= x^2-1+x^2-4x+4$

　　❶　　　　❷

　　同類項をまとめる。

$=$ [⑥]

 基本問題 ⋯⋯⋯⋯⋯⋯⋯⋯⋯⋯⋯⋯⋯⋯⋯⋯⋯⋯⋯⋯⋯⋯⋯⋯ 解答 p.1

① $(x+a)^2$, $(x-a)^2$, $(x+a)(x-a)$ の展開　次の式を展開しなさい。

(1)　$(x+7)^2$　　　　　(2)　$(a-4)^2$　　　教 p.22 問2, p.23 たしかめ2, 3, 問3, 4, p.24 問5

たいせつ

$$(x+a)^2 = x^2+2ax+a^2 \quad {}^{2倍}_{2乗}$$

$$(x-a)^2 = x^2-2ax+a^2 \quad {}^{2倍}_{2乗}$$

$$(x+a)(x-a) = x^2-a^2$$

(3)　$(5+x)^2$　　　　　(4)　$(7-x)^2$

(5)　$(x+6)(x-6)$　　　(6)　$(3-x)(3+x)$

(7)　$(7+x)(7-x)$　　　(8)　$(x-2)(2+x)$

② いろいろな式の展開　次の式を展開しなさい。　　教 p.25, 26 たしかめ4, 5, 問6, 7

(1)　$(3x+5)(3x-8)$　　(2)　$(3a+5)^2$

たいせつ

「数×文字」や「文字＋文字」，「文字＋数」をひとまとまりにみて，乗法の公式を使う。

(3)　$(4y-11)^2$　　　　(4)　$(7a+2b)(7a-2b)$

(5)　$(x+y-3)(x+y-5)$　　(6)　$(a+b-2)(a-b-2)$

③ いろいろな式の計算　次の計算をしなさい。　　　　　　教 p.26 問8

(1)　$(x+3)(x+4)-(x+1)^2$　　　　(2)　$(x+2)(x-1)+(x-2)(x-5)$

ミス注意

同類項をまとめるのを忘れないようにしよう。

(3)　$(2x+1)^2-2(2x-3)$　　　　　(4)　$(x-5)^2-(x+2)(x-6)$

(5)　$(3a+1)(3a-1)-(a+1)^2$　　　(6)　$(2x-1)^2-(x-7)(x+7)$

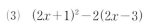 左ページの 例 の答え　① x^2+6x+9　② x^2-4x+4　③ x^2-64　④ $4x^2-4x-3$　⑤ $x^2-2xy+y^2+x-y-6$
⑥ $2x^2-4x+3$

解答　p.1

 **1節　多項式の乗法と除法**

❶ 次の計算をしなさい。

(1)　$3x(2x-4y)$

(2)　$(x^2y+2xy^2)\div 2xy$

(3)　$-\dfrac{2}{3}x(3x+2y-4)$

(4)　$(14a-21a^2b)\div\dfrac{7}{8}a$

(5)　$(-3x+4y)\times(-5y)$

(6)　$(6x^2y-9xy^3)\div(-3xy)$

❷ 次の式を展開しなさい。

(1)　$(x+3)(y-1)$

(2)　$(4x+7)(3x-2)$

(3)　$(a-3)(a-2b-5)$

(4)　$(x-2y)(-3x+y-4)$

(5)　$(x+4)(x+5)$

(6)　$\left(y-\dfrac{1}{4}\right)\left(y-\dfrac{3}{4}\right)$

(7)　$(x+5)^2$

(8)　$\left(x-\dfrac{3}{4}\right)^2$

(9)　$(x+9)(x-9)$

(10)　$(8-x)(x+8)$

❶ (4)　わる式を逆数にしてかけ算にすると，$(14a-21a^2b)\times\dfrac{8}{7a}$

❷ (10)　$(8-x)(x+8)=(8-x)(8+x)$ と考えて乗法の公式(4)を使う。

③ 次の式を展開しなさい。

(1) $(2x-7)(2x+5)$

(2) $(6x-2y)(6x+2y)$

(3) $(3a-b)^2$

(4) $(4x+3y)(3y-4x)$

(5) $(x+y+4)^2$

(6) $(x+y+2)(x-y+2)$

④ 次の計算をしなさい。

(1) $(x-1)^2+(x+7)(x-3)$

(2) $(2x-3)(2x+3)-(x-4)^2$

(3) $(x-1)(x-3)-(2x-1)^2$

(4) $(2x+1)(2x-5)+2(x+2)^2$

(5) $(2a+1)(2a-1)-(a+4)(a-2)$

(6) $(2a+3)^2-2(a-1)(a+5)$

入試問題を やってみよう！

① 次の計算をしなさい。

(1) $\dfrac{1}{3}xy(x-2y)$ 〔北海道〕

(2) $(12a^2+3ab)\div 3a$ 〔愛媛〕

(3) $(54ab+24b^2)\div 6b$ 〔静岡〕

(4) $(24x^2y-15xy)\div(-3xy)$ 〔山形〕

② 次の計算をしなさい。

(1) $(2x-3)(x+2)-(x-2)(x+3)$ 〔愛知 A〕

(2) $(x+4)^2+(x+5)(x-5)$ 〔愛媛〕

(3) $x(x+2y)-(x+3y)(x-3y)$ 〔和歌山〕

(4) $(x+9)^2-(x-3)(x-7)$ 〔神奈川〕

③ (4) $(3y+4x)(3y-4x)$ と考えて，$(x+a)(x-a)=x^2-a^2$ の公式を使う。
　(6) $x+2=M$ とおくと，$(x+y+2)(x-y+2)=(M+y)(M-y)$

2節 因数分解
1 因数分解
2 乗法の公式を利用する因数分解(1)

例 1 共通な因数をくくり出す

教 p.28, 29 → 基本 問題 ❶ ❷

次の式を因数分解しなさい。

(1) $x^2 + xy$

(2) $3a^2 + 6a$

考え方 共通な因数を見つけ，分配法則を使う。

解き方 (1) $x^2 + xy$

$= x \times x + x \times y$

共通な因数

$= x(\boxed{①})$

共通な因数を見つける。

分配法則を使って，共通な因数をくくり出す。

(2) $3a^2 + 6a$

$= 3a \times a + 3a \times 2$

共通な因数

$= \boxed{②}$

共通な因数を見つける。

分配法則を使って，共通な因数をくくり出す。

> **因数と因数分解**
> ・たとえば $3xy$ で，3，x，y，$3x$ などを，もとの式 $3xy$ の因数という。
> ・$ab + ac = a(b+c)$ のように多項式をいくつかの因数の積の形に表すことを因数分解するという。

> **展開と因数分解**
> 因数分解 →
> $mx + my = m(x+y)$
> ← 展開

例 2 $x^2 + (a+b)x + ab$ の因数分解

教 p.30, 31 → 基本 問題 ❸ ❹

次の式を因数分解しなさい。

(1) $x^2 + 7x + 10$

(2) $x^2 + 4x - 5$

考え方 因数分解の公式にあてはめて考える。

解き方 (1) 右の表のように考えて，積が 10，和が 7 となる 2 つの数を見つける。

$x^2 + 7x + 10$

和が 7　　積が 10

$= x^2 + (2+5)x + 2 \times 5$

$= \boxed{③}$

積が 10	和が 7
1 と 10	×
2 と 5	○
−1 と −10	×
−2 と −5	×

↑ 積を先に考える。

> **因数分解の公式(1)′**
> (1)′ $x^2 + (a+b)x + ab$
> $= (x+a)(x+b)$

> 乗法の公式(1)の逆になっているね。

(2) 積が −5，和が 4 となる 2 つの数を見つける。

$x^2 + 4x - 5$

和が 4　　積が −5

$= x^2 + (\boxed{④})x + \boxed{⑤}$

$= \boxed{⑥}$

積が −5	和が 4
1 と −5	×
−1 と 5	○

> 因数分解したら乗法の公式を使って展開してみよう。もとの式に戻るかな？

基本問題 解答 p.2

1 因数の積　次の㋐〜㋤のうち，因数分解しているものはどれですか。  教 p.29 たしかめ1

㋐　$x^2-x-6=x(x-1)-6$

㋑　$x^2-5x=x(x-5)$

㋒　$x^2+8x+15=(x+4)^2-1$

㋤　$x^2+7x+6=(x+1)(x+6)$

右辺が
因数の積で
表されているか
確認しよう。

2 多項式の因数分解　次の式を因数分解しなさい。  教 p.29 たしかめ2, 問1

(1)　x^2+6x

(2)　$4a^2-12a$

(3)　x^2y+xy^2

(4)　$9x^2-12xy+15x$

知ってると得

係数では，すべての係数の最大公約数が共通な因数になる。

(4)　$9x^2-12xy+15x$

最大公約数は 3

3 $a+b, \ ab \rightarrow a, \ b$　次の(1)〜(4)のそれぞれについて，あてはまる2つの数を見つけなさい。

(1)　積が 12，和が 8

(2)　積が 28，和が -11 教 p.31 問1, 3

(3)　積が -18，和が 3

(4)　積が -24，和が -10

(1)　和が8になるような2つの数はたくさんあるから，積のほうを先に考えよう。

4 $x^2+(a+b)x+ab$ の因数分解　次の式を因数分解しなさい。

(1)　x^2+4x+3

(2)　$5-6x+x^2$  教 p.31 たしかめ1, 2, 問2, 4

因数分解の問題で共通な因数が見つからないときは，因数分解の公式が使えないか，考えてみよう。

(3)　$a^2-11a+18$

(4)　x^2+x-12

(5)　$x^2+4x-21$

(6)　$-24-2x+x^2$

 2節　因数分解
❷ 乗法の公式を利用する因数分解(2)

例1 $x^2+2ax+a^2$, $x^2-2ax+a^2$, x^2-a^2 の因数分解　教 p.32, 33 → 基本 問題 ❶

次の式を因数分解しなさい。

(1)　$x^2+12x+36$　　　　　　　　(2)　x^2-25

考え方 因数分解の公式(2)′, (4)′ にあてはめて考える。

解き方 (1)　$36 = \boxed{①}^2$, $12 = 2\times\boxed{①}$ だから,

$x^2+12x+36$

$= x^2+2\times6\times x+6^2$

$= \boxed{②}$　←因数分解の公式(2)′を使う。

(2)　$25 = 5^2$ だから, $x^2-25 = x^2-5^2 = \boxed{③}$　←因数分解の公式(4)′を使う。

因数分解の公式(2)′, (3)′, (4)′

(2)′　$x^2+2ax+a^2 = (x+a)^2$

(3)′　$x^2-2ax+a^2 = (x-a)^2$

(4)′　$x^2-a^2 = (x+a)(x-a)$

例2 いろいろな式の因数分解　教 p.33〜35 → 基本 問題 ❷ ❸

次の式を因数分解しなさい。

(1)　$3x^2+9x+6$　　　　　　　　(2)　$4x^2-20x+25$

(3)　$(x-3)^2-(x-3)-6$　　　　(4)　$a(b+2)+3b+6$

考え方 工夫して, 公式が使える形にしてから因数分解をする。

解き方 (1)　$3x^2+9x+6$

$= 3(\boxed{④})$　各項に共通な因数をくくり出す。

$= \boxed{⑤}$　かっこの中を, さらに因数分解する。

(2)　$4x^2-20x+25$

$= (2x)^2-2\times5\times2x+5^2$　$2x$をひとまとまりにみる。

$= \boxed{⑥}$　公式(3)′を使って因数分解する。

(3)　$x-3 = M$ とおくと,

$(x-3)^2-(x-3)-6$　式の一部 $x-3$ を ひとまとまりにみる。

$= M^2-M-6$

$= (M+2)(M-3)$　公式(1)′を使って因数分解する。

M を $x-3$ に戻すと,

$(M+2)(M-3) = (x-3+2)(x-3-3)$

$= \boxed{⑦}$

(4)　$a(b+2)+3b+6$　式の一部 $3b+6$ について 共通な因数3をくくり出す。

$= a(b+2)+3(b+2)$　共通な因数 $b+2$ をくくり出す。

$= (\boxed{⑧})(b+2)$

因数分解は, これ以上できない, というところまで やるよ！

(2)は, $2x = M$ とおいて 考えてもいいね。

基 本 問 題 ·· 解答 p.2

解答 p.2

1 $x^2+2ax+a^2$, $x^2-2ax+a^2$, x^2-a^2 の因数分解　次の式を因数分解しなさい。

(1) $x^2+14x+49$ 　　(2) $y^2+16y+64$

教 p.32, 33 たしかめ3, 4, 問5〜7

(3) $x^2-18x+81$ 　　(4) $x^2+\dfrac{2}{5}x+\dfrac{1}{25}$

(5) x^2-81 　　(6) $a^2-0.16$

知ってると 得

どの公式にあてはめたらよいかわからない
ときは，まず，(1)′の公式を試してみ
よう。(1)の場合，(1)′の公式を使うと，
　$x^2+14x+49 = x^2+(7+7)x+7×7$
(2)′の公式を使うと，
　$x^2+14x+49 = x^2+2×7×x+7^2$

2 いろいろな式の因数分解　次の式を因数分解しなさい。

教 p.33 たしかめ5, 問8

(1) $3x^2+3x-36$ 　　(2) $2x^2-16x+32$

(3) $mx^2+6mx+9m$ 　　(4) $20y-5x^2y$

まず，各項に共通な因数を
見つけよう！
(1)　$3x^2+3x-36$
　　$= 3(x^2+x-12)$

3 いろいろな式の因数分解　次の式を因数分解しなさい。

教 p.34, 35 たしかめ6〜8, 問9〜11

(1) $4y^2-12y+9$ 　　(2) $25x^2+10x+1$

ここが ポイント

式の一部をひとまとまりに考
えると，因数分解の公式が使
える。
(1)　$4y^2-12y+9$
　　$= (2y)^2-2×3×2y+3^2$
(4)　$9x^2-24xy+16y^2$
　　$= (3x)^2-2×4y×3x+(4y)^2$

(3) $64x^2-25$ 　　(4) $9x^2-24xy+16y^2$

(5) $(x+3)^2+5(x+3)+6$ 　　(6) $(a+2)^2-6(a+2)+9$

(7) $(x-7)^2-4$ 　　(8) $x(y-5)+2y-10$

ここが ポイント

(8)〜(10)　まず，式の一部につ
いて，共通な因数をくくり出
してみよう。
(10)　$x^2-xy+3x-3y$
　　$= x(x-y)+3(x-y)$

(9) $(2x-3)y-4x+6$ 　　(10) $x^2-xy+3x-3y$

左ページの 例 の答え　① 6　② $(x+6)^2$　③ $(x+5)(x-5)$　④ x^2+3x+2　⑤ $3(x+1)(x+2)$　⑥ $(2x-5)^2$
⑦ $(x-1)(x-6)$　⑧ $a+3$

1 章

3節　式の活用

1 式の活用

例 **1** 計算の工夫
教 p.37 → 基本問題 ❶

次の式を，工夫（くふう）して計算しなさい。

(1)　98^2　　　　　　　　　　　　　　(2)　$75^2 - 25^2$

考え方 乗法の公式や因数分解の公式を使う。

解き方 (1)　98^2

$= (100-2)^2$ ← $98=100-2$ とする。

$= 100^2 - 2 \times 2 \times 100 + 2^2 = \boxed{①}$

工夫すると，
計算が簡単にできる
場合があるよ。

(2)　$75^2 - 25^2$

$= (75+25) \times (75-25)$ ← 公式(4)´を使って因数分解する。

$= \boxed{②} \times \boxed{③} = \boxed{④}$ ← かっこの中の計算をする。

例 **2** 整数の性質の証明
教 p.38, 39 → 基本問題 ❷ ❸

連続する2つの偶数（ぐうすう）の積に1を加えると奇数（きすう）の2乗になることを証明しなさい。

考え方 連続する2つの偶数を $2n$，$2n+2$ として考える。

解き方 連続する2つの偶数は，n を整数とすると，$2n$，$2n+2$ と表すことができる。この2つの偶数の積に1を加えると，　$2n(2n+2)+1 = \boxed{⑤}$

$= (\boxed{⑥})^2$ ← 因数分解する。

ここがポイント

偶数…$2n$　奇数…$2n+1$
連続する2つの整数…n，$n+1$
連続する2つの偶数…$2n$，$2n+2$
2桁（けた）の整数…$10a+b$　$(a \neq 0)$

$\boxed{⑥}$ は奇数を表しているから，連続する2つの偶数の積に1を加えた数は奇数の2乗になる。

例 **3** 図形の性質の証明
教 p.38, 39 → 基本問題 ❹

1辺の長さが x cm の正方形と y cm の正方形それぞれの面積の和に，縦 x cm，横 y cm の長方形の面積の2倍を加えると，1辺の長さが $(x+y)$ cm の正方形の面積に等しくなることを証明しなさい。

考え方 問題の面積が $(x+y)^2$ cm² になることをいえばよい。

解き方 1辺の長さが x cm と y cm の正方形の面積は，それぞれ x^2 cm² と y^2 cm²。縦 x cm，横 y cm の長方形の面積は xy cm²。したがって，問題の面積は，

$x^2 + y^2 + 2xy = (\boxed{⑦})^2$

となり，これは，1辺が $(x+y)$ cm の正方形の面積 $(x+y)^2$ cm² に等しい。

基本問題 .... 解答 p.3

1 計算の工夫 次の式を，工夫して計算しなさい。

教 p.37 たしかめ1, 問1

(1) 103^2

(2) $41^2 - 39^2$

(3) $185^2 - 15^2$

(4) 95×105

ここがポイント

(1) 乗法の公式(2)を使う。

(2)，(3) 因数分解の公式(4)′を使う。

(4) $95 = 100 - 5$，$105 = 100 + 5$
乗法の公式(4)を使う。

2 整数の性質の証明 連続する3つの整数で最も小さい数と最も大きい数の積に1を加えると，真ん中の数の2乗になります。
教 p.38〜40

(1) 真ん中の整数を n とすると，残りの2つの整数はどのように表せますか。

(2) (1)の結果を使って，証明しなさい。

真ん中の数の2乗だから，n^2 になることをいえばいいんだね。

3 整数の性質の証明 連続する2つの奇数で，2つの奇数の積から小さいほうの奇数の2倍をひいた数は，小さいほうの奇数の2乗に等しいことを証明しなさい。
教 p.38〜40

小さいほうの奇数を $2n-1$ とすると，大きいほうの奇数は，どう表せるかな？

4 図形の性質の証明 1辺の長さが x m の正方形の土地があります。この土地の縦の長さを a m 短くし，横の長さを a m 長くした長方形の土地にすると，面積はもとの面積より a^2 m² 小さくなることを証明しなさい。
教 p.38〜40

もとの土地の面積が x^2 m² だから，面積が $(x^2 - a^2)$ m² になることをいえばいいね。

左ページの 例 の答え ① 9604 ②，③ 100，50 ④ 5000 ⑤ $4n^2 + 4n + 1$ ⑥ $2n+1$ ⑦ $x+y$

2節 因数分解
3節 式の活用

❶ 次の式を因数分解しなさい。

(1) $2x^2y - 6xy^2$

(2) $x^2 + 8x + 7$

(3) $63 - 16a + a^2$

(4) $x^2 + 2x - 48$

(5) $x^2 - 9x - 10$

(6) $m^2 + 8m + 16$

(7) $x^2 + x + \dfrac{1}{4}$

(8) $a^2 - \dfrac{1}{81}$

❷ 次の式を因数分解しなさい。

(1) $2x^2 + 2x - 40$

(2) $xy^2 - 8xy - 33x$

(3) $9x^2 + 12x + 4$

(4) $4x^2 - 25y^2$

(5) $ab^3 - 3ab^2 + 2ab$

(6) $(x+3)^2 + 10(x+3) + 25$

(7) $(x-2)^2 - 5(x-2) + 4$

(8) $(a-5)^2 - 9$

❸ a, b を自然数とし，$x^2 + \boxed{}x + 10$ を $x^2 + \boxed{}x + 10 = (x+a)(x+b)$ の形に因数分解するとき，$\boxed{}$ にあてはまる自然数をすべて答えなさい。

❹ 次の式を，工夫して計算しなさい。

(1) $2001^2 - 1999^2$

(2) $2001 \times 1999 - 2002 \times 1998$

❺ 次の式の値を，工夫して求めなさい。

(1) $x = 17$ のとき，$3x^2 + 18x + 27$

(2) $x = 13$，$y = 16$ のとき，$4x^2 - y^2$

❸ 2つの自然数 a, b は，積が 10，和が $\boxed{}$ になる。
❺ 式を因数分解してから，x, y の値を代入する。

6 右の図のように，ある月のカレンダーで，5つの数をひし形状に囲みます。この囲まれた5つの数を $\begin{smallmatrix} & b & \\ c & a & e \\ & d & \end{smallmatrix}$ とするとき，$ce-bd$ の値はつねに 48 になることを証明しなさい。

日	月	火	水	木	金	土
				1	2	3	4
5	6	7	8	9	10	11
12	13	14	15	16	17	18
19	20	21	22	23	24	25
26	27	28	29	30	31	

7 右の図は，円と2つの半円を組み合わせたものです。色のついた部分の面積を $S\,\mathrm{cm}^2$ とするとき，$S=\pi a(a+b)$ となることを証明しなさい。

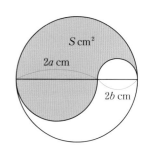

$S\,\mathrm{cm}^2$

$2a\ \mathrm{cm}$

$2b\ \mathrm{cm}$

入試問題を やってみよう！

1 次の式を因数分解しなさい。

(1) $(x+4)(x-3)-8$ 〔千葉〕 (2) $(x+1)(x+4)-2(2x+3)$ 〔愛知B〕

(3) $(x-4)^2+8(x-4)-33$ 〔神奈川〕 (4) $(a+2b)^2+a+2b-2$ 〔大阪〕

2 $a=\dfrac{1}{7}$，$b=19$ のとき，ab^2-81a の式の値を求めなさい。 〔静岡〕

3 小さい順に並べた連続する3つの奇数 3，5，7 において，$5\times7-5\times3$ を計算すると 20 となり，中央の奇数5の4倍になっています。

このように，「小さい順に並べた連続する3つの奇数において，中央の奇数と最も大きい奇数の積から，中央の奇数と最も小さい奇数の積をひいた差は，中央の奇数の4倍に等しくなる」ことを文字 n を使って説明しなさい。

ただし，説明は「n を整数とし，中央の奇数を $2n+1$ とする。」に続けて完成させなさい。

〔長崎〕

6 b，c，d，e を a を使って表す。

7 円の半径は，$(2a+2b)\div2=a+b\,(\mathrm{cm})$ となる。

解答　p.4

ステージ 3　式の計算

40分　　/100

1 次の式を展開しなさい。
3点×6（18点）

(1) $(x-3)(x+5)$

(2) $(-x+6)^2$

(　　　　　)　　(　　　　　)

(3) $(3x+2)^2$

(4) $\left(x+\dfrac{1}{7}\right)\left(x-\dfrac{1}{7}\right)$

(　　　　　)　　(　　　　　)

(5) $(2a+3)(2a-4)$

(6) $(x-y+5)(x-y-3)$

(　　　　　)　　(　　　　　)

2 次の式を因数分解しなさい。
3点×6（18点）

(1) $x^2-17x+72$

(2) $16x^2+8x+1$

(　　　　　)　　(　　　　　)

(3) $5x^2-25x-30$

(4) $(x+y)(x-y)-x+y$

(　　　　　)　　(　　　　　)

(5) $(x+2)^2+(x+2)-20$

(6) $(x-4)^2-8(x-4)+16$

(　　　　　)　　(　　　　　)

3 次の計算をしなさい。
4点×6（24点）

(1) $(5a-7b)\times(-3a)$

(2) $(6x^2y+8xy^2)\div2xy$

(　　　　　)　　(　　　　　)

(3) $(4x^2-12xy)\div\left(-\dfrac{3}{4}x\right)$

(4) $(x+a)^2-(x-a)^2$

(　　　　　)　　(　　　　　)

(5) $3(2a-b)^2-(a+2b)(a-2b)$

(6) $(2x+1)(2x-1)+(2x+1)^2$

(　　　　　)　　(　　　　　)

目標 式の展開と因数分解は重要。
公式を正確に覚えて，自由に使えるように
しよう。

自分の得点まで色をぬろう！

😖 がんばろう！　　😅 もう一歩　　😊 合格！

0　　　　　　　　　　　60　　80　　100点

4 次の式を，工夫して計算しなさい。 4点×2（8点）

(1) $153^2 - 147^2$

(2) $201^2 - 200 \times 198$

(　　　　　　　)　　(　　　　　　　)

5 次の問いに答えなさい。 4点×3（12点）

(1) a，b を異なる自然数とし，$x^2 + \boxed{}x + 16$ を $x^2 + \boxed{}x + 16 = (x+a)(x+b)$ の形に因数分解するとき，$\boxed{}$ にあてはまる自然数をすべて答えなさい。

(　　　　　　　)

(2) $a = \dfrac{2}{3}$，$b = -\dfrac{1}{2}$ のとき，$2ab + a^2 + b^2$ の値を，工夫して求めなさい。

(　　　　　　　)

(3) $x = 31$，$y = 29$ のとき，$xy - 2x + 2y$ の値を，工夫して求めなさい。

(　　　　　　　)

6 連続する2つの整数で大きいほうの数の2乗から小さいほうの数の2乗をひいた差は，小さいほうの数の2倍より1大きくなります。このことを証明しなさい。 （8点）

7 1辺の長さが a m の正方形と，横の長さがそれよりも b m 長い長方形があります。この2つの図形のまわりの長さが等しいとき，次の問いに答えなさい。 6点×2（12点）

(1) 長方形の縦の長さを a，b を使って表しなさい。

(　　　　　　　)

(2) この正方形と長方形では，どちらがどれだけ面積が大きいですか。

(　　　　　　　)

 アプリ【どこでもワーク計算編】をやって，さらに力をつけよう！

1節　平方根

１ ２乗すると a になる数⑴

例1 平方根

教 p.51 → 基本問題①

次の数の平方根を求めなさい。

(1)　49

(2)　0.16

考え方　2乗すると 49，0.16 になる数をさがす。

解き方　(1)　49 の平方根とは，2乗すると 49 になる数

のことで，正の数と負の数の2つがある。

$7^2 = 49$

$(-7)^2 = 49$

絶対値が等しく，
符号が異なる。

だから，49 の平方根は $\boxed{^{1}}$ と $\boxed{^{2}}$ である。

(2)　$0.4^2 = 0.16$

$(\boxed{^{3}})^2 = 0.16$

だから，0.16 の平方根は 0.4 と $\boxed{^{3}}$ である。

> **平方根**
>
> 2乗すると a になる数を，a の平方根という。
>
> 正の数には平方根が2つあり，それらの絶対値は等しく，符号が異なる。
>
> 0 の平方根は 0 である。
>
> 負の数の平方根はない。
>
> $\left.\begin{array}{l} 2^2 = 4 \\ (-2)^2 = 4 \end{array}\right\}$ 4の平方根は 2 と −2

例2 平方根の表し方

教 p.52, 53 → 基本問題②③④

次の数の平方根を，(1)は根号を使って，(2)は根号を使わずに表しなさい。

(1)　13

(2)　100

考え方　正と負の平方根は，まとめて $\pm\sqrt{a}$ と表す。

解き方　(1)　2乗して 13 になる整数はないので，根号

を使って表す。正のほうは $\boxed{^{4}}$，負のほうは

$\boxed{^{5}}$。この2つをまとめて，$\boxed{^{6}}$ と表す。

(2)　100 の平方根は，正の数は $\boxed{^{7}}$，負の数は

$\boxed{^{8}}$。この2つをまとめて，$\boxed{^{9}}$ と表す。

> **根号**
>
> 記号 $\sqrt{}$ を根号といい，$\sqrt{a}$ を「ルート a」と読む。
>
> 正の数 a の，正の平方根を $\sqrt{a}$，負の平方根を $-\sqrt{a}$ と表し，まとめて $\pm\sqrt{a}$（プラスマイナスルート a）と表す。

例3 根号のついた数の平方

教 p.53 → 基本問題⑤

次の値を求めなさい。

(1)　$(\sqrt{11})^2$

(2)　$(-\sqrt{0.4})^2$

考え方　平方根の定義から，$(\sqrt{a})^2 = a$，$(-\sqrt{a})^2 = a$ である。

解き方　(1)　$\sqrt{11}$ は $\boxed{^{10}}$ の平方根だから，2乗すると $\boxed{^{10}}$。

(2)　$-\sqrt{0.4}$ は $\boxed{^{11}}$ の平方根だから，2乗すると $\boxed{^{11}}$。

> **ここがポイント**
>
> $\sqrt{2}$ $\xrightarrow{\text{2乗（平方）}}$ 2
>
> $-\sqrt{2}$ $\xleftarrow{\text{平方根}}$

基本問題 解答 p.5

1 平方根　次の数の平方根を求めなさい。 教 p.51 たしかめ1, 問3

(1) 81

(2) 1

(3) 0.25

(4) $\dfrac{9}{64}$

 たいせつ

正の数の平方根は，正と負の2つ
あることに注意する。
a^2 の平方根は，a と $-a$ の2つ。

2 平方根の表し方　次の数の平方根を，根号を使って表しなさい。 教 p.52 たしかめ2

(1) 6

(2) 14

(3) 0.7

(4) $\dfrac{2}{3}$

 覚えておこう

a $(a>0)$ の平方根は，
$\sqrt{a}$ と $-\sqrt{a}$ の2つ。
2つをまとめて $\pm\sqrt{a}$
と表す。

3 平方根の表し方　次の数を，根号を使わずに表しなさい。

(1) $\sqrt{16}$

(2) $-\sqrt{64}$

教 p.52 たしかめ3, 問4, p.53 たしかめ4, 問5

(3) $\sqrt{3600}$

(4) $-\sqrt{0.49}$

 たいせつ

根号を使わないで表せると
きは，根号は使わない。

(5) $\sqrt{0.81}$

(6) $\sqrt{\dfrac{25}{36}}$

(7) $-\sqrt{4^2}$

(8) $\sqrt{\left(-\dfrac{1}{7}\right)^2}$

 ミス注意

$\sqrt{a^2}$ $(a>0)$ は a^2 の平方
根のうち，正のほうを表し
ている。だから，

○ $\sqrt{a^2}=a$ ←正しい
× $\sqrt{a^2}=-a$ ⎫
× $\sqrt{a^2}=\pm a$ ⎭ ←間違い

4 平方根の表し方　$\sqrt{(-10)^2}$ が -10 にならない理由を説明しなさい。 教 p.53 たしかめ4, 問5

5 根号のついた数の平方　次の値を求めなさい。 教 p.53 たしかめ5, 問6

(1) $(\sqrt{3})^2$

(2) $(-\sqrt{10})^2$

(3) $\left(\sqrt{\dfrac{1}{6}}\right)^2$

(4) $(-\sqrt{0.03})^2$

 ミス注意

符号に注意する。
(2) $(-\sqrt{10})^2 = (-\sqrt{10})\times(-\sqrt{10})$
$= \sqrt{10}\times\sqrt{10}$

左ページの
例 の答え ① 1，② 7，-7　③ -0.4　④ $\sqrt{13}$　⑤ $-\sqrt{13}$　⑥ $\pm\sqrt{13}$　⑦ 10　⑧ -10　⑨ ±10　⑩ 11　⑪ 0.4

確認のワーク **ステージ 1**

1節　平方根
■ 2乗すると a になる数(2)
■ 有理数と無理数

例 1 平方根の大小

教 p.54 → 基本問題 ❶

次の各組の数の大小を，不等号を使って表しなさい。

(1) $\sqrt{11}$, $\sqrt{13}$　　(2) 5, $\sqrt{24}$　　(3) $-\sqrt{5}$, $-\sqrt{7}$

考え方 根号の中の数の大小を比較する。

解き方 (1) $11 < 13$ だから，$\sqrt{11}$ □⁽¹⁾ $\sqrt{13}$

(2) $5 = \sqrt{5^2} = \sqrt{25}$, $25 > 24$ だから，$\sqrt{25}$ □⁽²⁾ $\sqrt{24}$　したがって，5 □⁽²⁾ $\sqrt{24}$

(3) $5 < 7$ だから，$\sqrt{5}$ □⁽³⁾ $\sqrt{7}$　負の数は，絶対値

が大きいほど小さいので，$-\sqrt{5}$ □⁽⁴⁾ $-\sqrt{7}$

たいせつ

$a > 0$, $b > 0$ のとき，$a < b$ ならば，
$\sqrt{a} < \sqrt{b}$, $-\sqrt{a} > -\sqrt{b}$

例 2 有理数と無理数

教 p.55 → 基本問題 ❷

次の数のうち，有理数はどれですか。また，無理数はどれですか。

$-\dfrac{2}{3}$, $\sqrt{15}$, 0.8, $\dfrac{\sqrt{3}}{2}$, $\sqrt{36}$, -7, π, 0

考え方 分数で表すことができるかどうかを調べる。

解き方 $0.8 = \dfrac{4}{5}$, $\sqrt{36} = 6 = \dfrac{6}{1}$, $-7 = -\dfrac{7}{1}$, $0 = \dfrac{0}{1}$ だから，

有理数… $-\dfrac{2}{3}$, 0.8, □⁽⁵⁾, -7, 0

無理数… $\sqrt{15}$, □⁽⁶⁾, π

有理数と無理数

m を整数，n を0でない整数とすると，分数 $\dfrac{m}{n}$ の形で表すことができる数を有理数，できない数を無理数という。

例 3 有限小数と無限小数

教 p.56 → 基本問題 ❸

次の数のうち，小数で表したときに有限小数になるのはどれですか。また，無限小数になるのはどれですか。無限小数のうち，循環小数になるのはどれですか。

$\dfrac{1}{3}$, $\dfrac{1}{4}$, $\dfrac{3}{8}$, $\sqrt{5}$, $\sqrt{0.3}$

考え方 分数は，小数に直して考える。

解き方 $\dfrac{1}{3} = 0.33\cdots\cdots$, $\dfrac{1}{4} = 0.25$, $\dfrac{3}{8} = 0.375$ だから，

有限小数になるもの… $\dfrac{1}{4}$, □⁽⁷⁾

無限小数になるもの… $\dfrac{1}{3}$, □⁽⁸⁾, □⁽⁹⁾

無限小数で循環小数になるもの… □⁽¹⁰⁾

たいせつ

有限小数…終わりのある小数。
無限小数…終わりのない小数。
循環小数…ある位から，いくつかの
　　　　　数字が繰り返し現れる無限小数。
　　　　　($0.33\cdots$, $0.2323\cdots$ など)

基本問題 .... 解答 p.5

1 平方根の大小　次の各組の数の大小を，不等号を使って表しなさい。教 p.54 たしかめ6, 問7

(1) $\sqrt{15}$, $\sqrt{14}$

(2) 2, $\sqrt{7}$

ここがポイント

根号がついていない数は，根号のついた数に直してから比較する。符号にも注意。

(4) $-5 = -\sqrt{5^2} = -\sqrt{25}$

(3) $\sqrt{17}$, 4

(4) -5, $-\sqrt{6}$

(5) $-\sqrt{13}$, $-\sqrt{10}$

(6) $-\sqrt{11}$, -11

(7) 4, $\sqrt{15}$, $\sqrt{18}$

(8) $-\sqrt{7}$, -3, $-\sqrt{8}$

2 有理数と無理数　次の数のうち，有理数はどれですか。また，無理数はどれですか。

$\sqrt{\dfrac{3}{5}}$, $\dfrac{8}{15}$, $-\sqrt{7}$, 4.6, $\sqrt{64}$, $\sqrt{2.5}$, 0, $-\dfrac{100}{3}$, $\sqrt{48}$, $\dfrac{2}{\sqrt{3}}$

教 p.55 たしかめ1

3 数の分類　次の(1)〜(5)の［　　］にあてはまる言葉を，⑦〜㋑の中から選びなさい。

教 p.55 たしかめ1, p.56

⑦有理数　　㋑無理数　　㋒有限　　㋓循環　　㋔循環しない無限

(1) 17 の平方根は 2 つとも［　　］である。

(2) 49 の平方根は 2 つとも［　　］である。

(3) $\dfrac{25}{6}$ を小数で表すと，［　　］小数になる。

(4) $\dfrac{35}{8}$ を小数で表すと，［　　］小数になる。

知ってると得

$\sqrt{2} = 1.41421356\cdots\cdots$
（一夜一夜に人見ごろ）

$\sqrt{3} = 1.7320508\cdots\cdots$
（人並みにおごれや）

$\sqrt{5} = 2.2360679\cdots\cdots$
（富士山麓オウム鳴く）

(5) 数は右のように分類される。

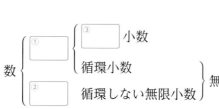

数 ｛ ①［　　］ ｛ ③［　　］小数
　　　　　　循環小数
　②［　　］　循環しない無限小数 ｝ 無限小数

解答 p.6

 **1節 平方根**

1 次の数の平方根を求めなさい。

(1) 121

(2) 900

(3) 0.64

(4) $\dfrac{25}{144}$

2 次のことは正しいですか。誤りがあれば____線部分を正しく直しなさい。

(1) $\sqrt{36} = \underline{\pm 6}$

(2) $-\sqrt{64} = \underline{\pm 8}$

(3) $\sqrt{(-13)^2} = \underline{-13}$

(4) $-(\sqrt{14})^2 = \underline{-14}$

(5) 81 の平方根は $\underline{9}$ である。

(6) 7 の平方根は $\underline{\sqrt{7}}$ である。

3 次の数を，根号を使わずに表しなさい。

(1) $\sqrt{64}$

(2) $\sqrt{400}$

(3) $\sqrt{1.44}$

(4) $-\sqrt{0.8^2}$

(5) $\sqrt{(-23)^2}$

(6) $(\sqrt{13})^2$

(7) $-(\sqrt{15})^2$

(8) $\left(\sqrt{\dfrac{5}{11}}\right)^2$

(9) $(-\sqrt{21})^2$

(10) $(-\sqrt{0.49})^2$

2 $\sqrt{a}$ は a の平方根のうち正のほうの数，$-\sqrt{a}$ は a の平方根のうち負のほうの数。

3 (5) $a > 0$ のとき，$\sqrt{(-a)^2} = \sqrt{a^2} = a$ （$-a$ ではない。）

4 次の各組の数の大小を，不等号を使って表しなさい。

(1)　3，$\sqrt{3}$

(2)　$\sqrt{50}$，8

(3)　$\sqrt{101}$，10

(4)　-5，$-\sqrt{24}$

(5)　4，6，$\sqrt{29}$

(6)　-4，$-\sqrt{15}$，$-\sqrt{17}$

5 次の㋐〜㋔の数のうち，無理数はどれですか。

㋐　$\sqrt{160}$　　　㋑　$\sqrt{225}$　　　㋒　$\sqrt{0.09}$　　　㋓　$\sqrt{0.036}$　　　㋔　$\sqrt{\dfrac{64}{81}}$

6 次の問いに答えなさい。

(1)　$\sqrt{11}$ より大きく $\sqrt{51}$ より小さい整数はいくつありますか。

(2)　$a<\sqrt{80}<a+1$ となる整数 a の値を求めなさい。

入試問題を やってみよう！ ·····················

1 次の問いに答えなさい。

(1)　$5<\sqrt{n}<6$ をみたす自然数 n の個数を求めなさい。　　　〔京都〕

(2)　$\sqrt{24n}$ の値が自然数となるような自然数 n のうち，最も小さいものを求めなさい。〔佐賀〕

(3)　$\sqrt{\dfrac{72}{n}}$ の値が整数となるような自然数 n をすべて求めなさい。　　　〔大分〕

2 $\sqrt{10-n}$ の値が自然数となるような自然数 n を，すべて求めなさい。　　　〔和歌山〕

---

6 (1) $\sqrt{9}<\sqrt{11}<\sqrt{16}$，$\sqrt{49}<\sqrt{51}<\sqrt{64}$ より，$3<\sqrt{11}<4$，$7<\sqrt{51}<8$ となることから考える。
1 (2)は 24 を素因数分解する。(3)は根号の中が (整数)^2 となればよい。

 ステージ **1**　2節　平方根の計算
1 平方根の乗法，除法(1)

例 **1** **平方根の乗法，除法**　　　　　　　　　　　　 教 p.58, 59 → 基本 問題 **1**

次の計算をしなさい。

(1) $\sqrt{5} \times \sqrt{2}$　　　　　　　　　(2) $\sqrt{15} \div \sqrt{3}$

考え方 　根号の中の数の乗・除の計算をして，結果に根号をつける。

解き方 (1) $\sqrt{5} \times \sqrt{2}$　　　(2) $\sqrt{15} \div \sqrt{3}$

$= \sqrt{5 \times 2}$　　　　　$= \dfrac{\sqrt{15}}{\sqrt{3}} = \sqrt{\dfrac{15}{3}} = $ ②□

$= $ ①□

> **たいせつ**
> $a > 0,\ b > 0$ のとき，
> $\sqrt{a} \times \sqrt{b} = \sqrt{ab}$
> $\dfrac{\sqrt{a}}{\sqrt{b}} = \sqrt{\dfrac{a}{b}}$

例 **2** **根号がついた数の表し方**　　　　　　　　 教 p.59, 60 → 基本 問題 **2 3**

次の数を，(1)は $\sqrt{a}$ の形で，(2)は $a\sqrt{b}$ の形で表しなさい。

(1) $6\sqrt{3}$　　　　　　　　　(2) $\sqrt{54}$

考え方 (1) 根号のついた数どうしの乗法に直す。

(2) $\sqrt{a} \times \sqrt{b} = \sqrt{ab}$ を逆に使って変形する。

解き方 (1) $6\sqrt{3}$　　　　(2) $\sqrt{54}$　　　⎞ 54を素因数分解すると，

$= 6 \times \sqrt{3}$　　　　$= \sqrt{3^2 \times 6}$ ⎠ $54 = 2 \times 3^3$

$= \sqrt{6^2} \times \sqrt{3}$　　$= \sqrt{3^2} \times \sqrt{6}$

$= \sqrt{36 \times 3}$　　　$= 3 \times \sqrt{6}$

$= $ ③□　　　　　$= $ ④□

> **平方根の変形**
> $a > 0,\ b > 0$ のとき，
> $a\sqrt{b} = \sqrt{a^2 b}$

> $\sqrt{a} \times \sqrt{b}$ は，$\sqrt{a}\sqrt{b}$ と書くこともあるよ。

例 **3** **根号のついた数の乗法や除法**　　　　　　　 教 p.61 → 基本 問題 **4**

次の計算をしなさい。

(1) $\sqrt{6} \times \sqrt{15}$　　　　　　　　　(2) $4\sqrt{6} \div 2\sqrt{3}$

考え方 　根号の中の数をできるだけ小さい自然数にし，$a\sqrt{b}$ の形に直す。

解き方 (1) $\sqrt{6} \times \sqrt{15}$　　　(2) $4\sqrt{6} \div 2\sqrt{3}$

$= (\sqrt{2} \times \sqrt{3}) \times (\sqrt{3} \times \sqrt{5})$　　$= \dfrac{4\sqrt{6}}{2\sqrt{3}}$

$= (\sqrt{3})^2 \times \sqrt{2} \times \sqrt{5}$　　　$= \dfrac{4\sqrt{2 \times 3}}{2\sqrt{3}}$

$= $ ⑤□　　　　　　　　　$= \dfrac{4\sqrt{2} \times \sqrt{3}}{2\sqrt{3}}$　⎞ $\sqrt{6} = \sqrt{2} \times \sqrt{3}$

$= $ ⑥□

> $\sqrt{}$ の中は，できるだけ小さい自然数にするよ。

基 本 問 題 ·· 解答 ▶ p.6

1 平方根の乗法，除法　次の計算をしなさい。 　　教 ▶ p.59 たしかめ1, 2, 問2, 3

(1) $\sqrt{7} \times \sqrt{5}$　　　　(2) $(-\sqrt{11}) \times \sqrt{14}$

ここが ポイント
根号の中の数どうしの乗・除の計算をして，結果に根号をつける。
(2) $(-\sqrt{11}) \times \sqrt{14} = -\sqrt{11 \times 14}$
(3) $\sqrt{27} \div \sqrt{3} = \sqrt{27 \div 3}$

(3) $\sqrt{27} \div \sqrt{3}$　　　　(4) $\sqrt{42} \div (-\sqrt{6})$

2 根号がついた数の表し方　次の数を，$\sqrt{a}$ の形で表しなさい。 　教 ▶ p.59 たしかめ3

(1) $2\sqrt{5}$　　　　(2) $4\sqrt{3}$

ここが ポイント
$a > 0$ のとき，$a = \sqrt{a^2}$ となることを利用する。
(1) $2\sqrt{5} = 2 \times \sqrt{5} = \sqrt{2^2} \times \sqrt{5}$
(3) $5\sqrt{6} = 5 \times \sqrt{6} = \sqrt{5^2} \times \sqrt{6}$

(3) $5\sqrt{6}$　　　　(4) $2\sqrt{13}$

3 根号がついた数の表し方　次の数を変形して，根号の中をできるだけ簡単な数にしなさい。

教 ▶ p.60 たしかめ4, 5, 問4, 5

(1) $\sqrt{24}$　　　　(2) $\sqrt{72}$

ここが ポイント
(1) $\sqrt{24} = \sqrt{4 \times 6} = \sqrt{2^2 \times 6}$
(3) $\sqrt{\dfrac{11}{25}} = \dfrac{\sqrt{11}}{\sqrt{25}} = \dfrac{\sqrt{11}}{\sqrt{5^2}}$
(4) $\sqrt{0.0003} = \sqrt{\dfrac{3}{10000}} = \dfrac{\sqrt{3}}{\sqrt{10000}}$

(3) $\sqrt{\dfrac{11}{25}}$　　　　(4) $\sqrt{0.0003}$

4 根号のついた数の乗法や除法　次の計算をしなさい。 　教 ▶ p.61 たしかめ6, 問6〜8

(1) $\sqrt{3} \times \sqrt{6}$　　　　(2) $(-\sqrt{15}) \times \sqrt{10}$

ここが ポイント
(1) $\sqrt{3} \times \sqrt{6} = \sqrt{3} \times (\sqrt{2} \times \sqrt{3})$
(3) $\sqrt{21} \times \sqrt{28}$
$= (\sqrt{3} \times \sqrt{7}) \times (\sqrt{2} \times \sqrt{2} \times \sqrt{7})$
(6) $\sqrt{24} \times \sqrt{30} \div \sqrt{45}$
$= \dfrac{\sqrt{24} \times \sqrt{30}}{\sqrt{45}}$

(3) $\sqrt{21} \times \sqrt{28}$　　　　(4) $3\sqrt{10} \div (-\sqrt{5})$

(5) $9\sqrt{39} \div 3\sqrt{13}$　　　　(6) $\sqrt{24} \times \sqrt{30} \div \sqrt{45}$

左ページの
例 の答え
① $\sqrt{10}$　② $\sqrt{5}$　③ $\sqrt{108}$　④ $3\sqrt{6}$　⑤ $3\sqrt{10}$　⑥ $2\sqrt{2}$

2章

2節 平方根の計算
1 平方根の乗法，除法(2)
2 平方根の加法，減法

例 1 分母の有理化

教 p.62 → 基本 問題 ①

次の数の分母を有理化しなさい。

(1) $\dfrac{1}{\sqrt{7}}$　　　(2) $\dfrac{\sqrt{2}}{2\sqrt{3}}$　　　(3) $\dfrac{4}{\sqrt{2}}$

考え方 分母と分子に同じ数をかける。

解き方 (1) $\dfrac{1}{\sqrt{7}}$　　(2) $\dfrac{\sqrt{2}}{2\sqrt{3}}$　　(3) $\dfrac{4}{\sqrt{2}}$

$= \dfrac{1 \times \sqrt{7}}{\sqrt{7} \times \sqrt{7}}$　　$= \dfrac{\sqrt{2} \times \sqrt{3}}{2\sqrt{3} \times \sqrt{3}}$　　$= \dfrac{4 \times \sqrt{2}}{\sqrt{2} \times \sqrt{2}}$

$= \boxed{①}$　　$= \boxed{②}$　　$= \boxed{③}$

> **👆 分母の有理化**
>
> 分母に根号をふくまない形に直すことを，分母を有理化するという。
>
> $\dfrac{1}{\sqrt{a}} = \dfrac{1 \times \sqrt{a}}{\sqrt{a} \times \sqrt{a}}$
>
> $= \dfrac{\sqrt{a}}{a}$

例 2 根号がついた数の近似値

教 p.62 → 基本 問題 ②

$\sqrt{2} = 1.414$，$\sqrt{20} = 4.472$ として，次の値を求めなさい。

(1) $\sqrt{200}$　　　(2) $\sqrt{2000}$　　　(3) $\sqrt{0.02}$

考え方 根号の中が 2 か 20 になるように変形する。

解き方 (1) $\sqrt{200}$　　(2) $\sqrt{2000}$　　(3) $\sqrt{0.02}$

$= \sqrt{2 \times 10^2}$　　$= \sqrt{20 \times 10^2}$　　$= \sqrt{\dfrac{2}{100}}$

$= 10\sqrt{2}$　　$= 10\sqrt{20}$　　$= \dfrac{\sqrt{2}}{10}$

$= 10 \times 1.414$　　$= 10 \times 4.472$

$= \boxed{④}$　　$= \boxed{⑤}$　　$= \boxed{⑥}$

> 10 倍か $\dfrac{1}{10}$ 倍になったね。小数点を動かして答えよう。

例 3 平方根の加法，減法

教 p.63, 64 → 基本 問題 ③

次の計算をしなさい。

(1) $7\sqrt{5} - 3\sqrt{3} - 3\sqrt{5}$　　　(2) $\sqrt{54} - \sqrt{27} + 4\sqrt{6}$

考え方 根号の中が同じ数は，分配法則を使ってまとめる。

解き方 (1) $7\sqrt{5} - 3\sqrt{3} - 3\sqrt{5}$　　(2) $\sqrt{54} - \sqrt{27} + 4\sqrt{6}$

$= 7\sqrt{5} - 3\sqrt{5} - 3\sqrt{3}$　　$= 3\sqrt{6} - 3\sqrt{3} + 4\sqrt{6}$

$= (7-3)\sqrt{5} - 3\sqrt{3}$　　$= (3+4)\sqrt{6} - 3\sqrt{3}$

$= \boxed{⑦}$　　$= \boxed{⑧}$

> **たいせつ**
>
> $m\sqrt{a} + n\sqrt{a} = (m+n)\sqrt{a}$
> $m\sqrt{a} - n\sqrt{a} = (m-n)\sqrt{a}$
>
> 根号の中の数を，できるだけ小さい自然数にしてから計算する。

基本問題

解答 ▶ p.7

1 分母の有理化 次の数の分母を有理化しなさい。

教 p.62 たしかめ7, 問9

(1) $\dfrac{5}{\sqrt{2}}$

(2) $\dfrac{\sqrt{3}}{\sqrt{7}}$

(3) $\dfrac{10}{3\sqrt{5}}$

(4) $\dfrac{\sqrt{5}}{2\sqrt{10}}$

ここがポイント

分母にある根号のついた数と同じ数を，分母と分子にかける。

(1) $\dfrac{5}{\sqrt{2}} = \dfrac{5 \times \sqrt{2}}{\sqrt{2} \times \sqrt{2}}$

(2) $\dfrac{\sqrt{3}}{\sqrt{7}} = \dfrac{\sqrt{3} \times \sqrt{7}}{\sqrt{7} \times \sqrt{7}}$

(3) $\dfrac{10}{3\sqrt{5}} = \dfrac{10 \times \sqrt{5}}{3\sqrt{5} \times \sqrt{5}}$

2 根号がついた数の近似値 $\sqrt{6} = 2.449$, $\sqrt{60} = 7.746$ として，次の値を求めなさい。

(1) $\sqrt{6000}$

(2) $\sqrt{60000}$

教 p.62 たしかめ8

(3) $\sqrt{0.6}$

(4) $\dfrac{12}{\sqrt{6}}$

ここがポイント

$\sqrt{6} \times \bigcirc$ や $\sqrt{60} \times \bigcirc$ のような形にしてから計算する。

(4) 分母を有理化してから計算する。

3 平方根の加法，減法 次の計算をしなさい。

教 p.63, 64 たしかめ1〜3, 問1〜3

(1) $7\sqrt{6} - 2\sqrt{6} - 2\sqrt{3}$

(2) $8\sqrt{5} - 3\sqrt{3} - 4\sqrt{5}$

(3) $4\sqrt{7} + 2\sqrt{3} - 8\sqrt{3} + 3\sqrt{7}$

(4) $\sqrt{20} + \sqrt{45}$

(5) $\sqrt{18} + \sqrt{8} - \sqrt{28}$

(6) $\sqrt{48} - \sqrt{18} + \sqrt{27}$

(7) $\sqrt{50} - \sqrt{8} + \sqrt{32}$

(8) $-\sqrt{28} + \sqrt{18} + \sqrt{63} - \sqrt{72}$

(9) $\sqrt{3} + \dfrac{1}{\sqrt{3}}$

(10) $\sqrt{18} - \dfrac{5}{\sqrt{2}}$

ここがポイント

根号の中が同じ数は，文字式の文字と同じように，分配法則を使ってまとめることができる。

$3a + 4a = 7a$

同じように，

$3\sqrt{2} + 4\sqrt{2} = 7\sqrt{2}$

ミス注意

うっかり，

$\times \sqrt{3} + \sqrt{2} = \sqrt{5}$

としてしまわないように注意すること。

2節 平方根の計算 **3** 平方根のいろいろな計算
3節 平方根の活用 **1** 平方根の活用 **2** 近似値と有効数字

例1 平方根のいろいろな計算

教 p.65 → 基本問題①

次の計算をしなさい。

(1) $\sqrt{3}(\sqrt{2}+\sqrt{3})$

(2) $(\sqrt{2}+4)(\sqrt{2}+2)$

考え方 (1)は分配法則を，(2)は乗法の公式 $(x+a)(x+b)=x^2+(a+b)x+ab$ を使う。

解き方 (1) $\sqrt{3}(\sqrt{2}+\sqrt{3})$

$= \underbrace{\sqrt{3}\times\sqrt{2}}_{①} + \underbrace{\sqrt{3}\times\sqrt{3}}_{②}$

$= \boxed{①}$

(2) $(\sqrt{2}+4)(\sqrt{2}+2)$

$= (\sqrt{2})^2 + (4+2)\sqrt{2} + 4\times2$

$= 2+6\sqrt{2}+8 = \boxed{②}$

乗法の公式を
使って式を
展開する。

例2 式の値

教 p.66 → 基本問題②

$x=\sqrt{2}-1$ のとき，式 x^2-3x-4 の値を求めなさい。

考え方 因数分解の公式を使って，式を簡単にしてから x の値を代入する。

解き方 x^2-3x-4

$= (x+1)(x-4)$ ← 因数分解する。

$x=\sqrt{2}-1$ を代入すると，

$(x+1)(x-4)$

$= \{(\sqrt{2}-1)+1\}\{(\sqrt{2}-1)-4\}$ ← $x=\sqrt{2}-1$ を代入。

$= \sqrt{2}(\sqrt{2}-5)$ ← かっこの中の計算をする。

$= \boxed{③}$ ← 分配法則を使う。

→たいせつ

分配法則や乗法の公式，因数分解の公式を使って，できるだけ計算しやすい形に直してから代入するとよい。
計算しやすい形を見つけるのがポイント。

例3 近似値と有効数字

教 p.70〜72 → 基本問題③④

ある本の重さを 1g の位まではかったら，450g になりました。

(1) 真の値を ag とすると，a はどんな範囲にあると考えられますか。不等号を使って表しなさい。また，誤差の絶対値は何 g 以下といえますか。

(2) この 450g を，整数部分が 1 桁の数と 10 の累乗の積の形で表しなさい。

考え方 (1) 何の位を四捨五入して得られた値か考える。(2) 信頼できる数字を確認する。

解き方 (1) 450g は，小数第 1 位を四捨五入して得た近似値だから，$\boxed{④} \leqq a < \boxed{⑤}$

また，誤差の絶対値は $\boxed{⑥}$ g 以下である。

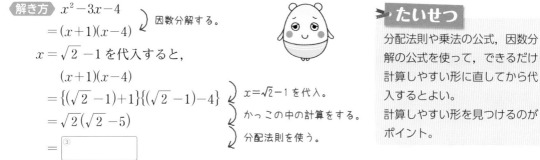

真の値の範囲
449.5　450　450.5
0.5　0.5

(2) 有効数字は，4，5，0 だから，$4.50\times\boxed{⑦}$ g

整数部分が1桁 ↑ ↑ 有効数字の0は消さない。

近似値と誤差

近似値…真の値に近い値。
誤差…近似値から真の値をひいた差。
有効数字…近似値を表す数字のうち，信頼できる数字。

基本問題 ··· 解答 ▶ p.7

1 平方根のいろいろな計算 次の計算をしなさい。 教 p.65 たしかめ1, 2, 問1, 2

(1) $\sqrt{5}(\sqrt{2}+\sqrt{5})$　　(2) $\sqrt{3}(4\sqrt{3}-5\sqrt{6})$

(3) $(\sqrt{2}+4)(\sqrt{2}+3)$　　(4) $(\sqrt{3}+4)(\sqrt{3}-8)$

(5) $(\sqrt{5}+5)(\sqrt{5}-2)$　　(6) $(\sqrt{6}+2)^2$

(7) $(\sqrt{3}-\sqrt{5})^2$　　(8) $(\sqrt{7}+\sqrt{2})(\sqrt{7}-\sqrt{2})$

> **覚えておこう**
>
> 根号がついた数は，文字式の文字と同じように考えて計算すればよい。
>
> (1) 分配法則を使って，
> $\sqrt{5}(\sqrt{2}+\sqrt{5})$
> $=\sqrt{5}\times\sqrt{2}+\sqrt{5}\times\sqrt{5}$
>
> (3) 乗法の公式を使って，
> $(\sqrt{2}+4)(\sqrt{2}+3)$
> $=(\sqrt{2})^2+(4+3)\sqrt{2}+4\times3$
>
> (6) 乗法の公式を使って，
> $(\sqrt{6}+2)^2$
> $=(\sqrt{6})^2+2\times\sqrt{6}\times2+2^2$

2 章

2 式の値 次の問いに答えなさい。 教 p.66 たしかめ3, 問3

(1) $x=\sqrt{2}+1$ のとき，式 x^2+x-2 の値を求めなさい。

(2) $x=\sqrt{5}-3$ のとき，式 $2x^2+4x-6$ の値を求めなさい。

> **ここがポイント**
>
> そのまま代入すると，計算が複雑で，間違えやすい。式を因数分解してから代入しよう。
>
> (2) $2x^2+4x-6$
> $=2(x^2+2x-3)$
> $=2(x-1)(x+3)$

3 近似値と誤差 あるものの長さをはかったら，2.9 m という値を得ました。このとき，真の値を a m として，a の範囲を不等号を使って表しなさい。また，誤差の絶対値は何 m 以下となりますか。

教 p.70 たしかめ1

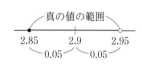

真の値の範囲
2.85　　2.9　　2.95
0.05　　0.05

4 有効数字 次の問いに答えなさい。 教 p.71, 72 たしかめ2, 3, 問1～3

(1) あるものの重さをはかったら，5300 kg になりました。有効数字が 5, 3, 0 のとき，この重さを，整数部分が 1 桁の数と 10 の累乗の積の形で表しなさい。

(2) 四捨五入して得た近似値が，7.2×10^3 のとき，この近似値の誤差の絶対値は，最も大きい場合でどれだけですか。

> **ここがポイント**
>
> (2) まず真の値の範囲を考える。

2節　平方根の計算
3節　平方根の活用

1 次の数を，$\sqrt{a}$ の形で表しなさい。

(1)　$8\sqrt{3}$

(2)　$\dfrac{\sqrt{15}}{3}$

2 次の数を，$a\sqrt{b}$ の形で表しなさい。

(1)　$\sqrt{108}$

(2)　$\sqrt{\dfrac{6}{49}}$

3 次の数の分母を有理化しなさい。

(1)　$\dfrac{3}{\sqrt{7}}$

(2)　$\dfrac{\sqrt{8}}{2\sqrt{5}}$

(3)　$\dfrac{3\sqrt{3}}{\sqrt{6}}$

4 次の計算をしなさい。

(1)　$3\sqrt{12}+5\sqrt{3}$

(2)　$\sqrt{48}-\sqrt{75}+\sqrt{32}-\sqrt{18}$

(3)　$\sqrt{6}(\sqrt{2}+\sqrt{27})$

(4)　$(-\sqrt{75})\div\sqrt{45}\times\sqrt{12}$

(5)　$(7-\sqrt{6})^2$

(6)　$(\sqrt{5}+\sqrt{2})^2$

(7)　$(2\sqrt{2}+\sqrt{3})(2\sqrt{2}-\sqrt{3})$

(8)　$\sqrt{8}\times\left(-\dfrac{1}{\sqrt{3}}\right)$

(9)　$(4-3\sqrt{3})\div2\sqrt{2}$

(10)　$5\sqrt{3}-\sqrt{48}+\dfrac{8}{\sqrt{3}}$

4 (1)，(2)　まず，根号の中の数をできるだけ小さい自然数にしてから計算する。
(3)，(5)〜(7)　分配法則や乗法の公式が利用できるかどうか考える。(7)は，$(a+b)(a-b)$ の形。

5 $x=\sqrt{5}+2$, $y=\sqrt{5}-2$ のとき，次の式の値を求めなさい。

(1) $x^2+2xy+y^2$ (2) $xy+y^2$ (3) x^2-y^2

6 あるものの量をはかったところ，3.20 L という値を得ました。真の値を a L として，a の範囲を不等号を使って表しなさい。また，誤差の絶対値は何 L 以下となりますか。

7 次の値を有効数字が2桁の近似値とするとき，整数部分が1桁の数 a（$1\leqq a<10$）と10の累乗を用いて，近似値を $a\times10^n$ または $a\times\dfrac{1}{10^n}$（n は自然数）という形で表しなさい。

(1) 18000 L   (2) 0.075 kg

入試問題を やってみよう！

1 次の計算をしなさい。

(1) $\sqrt{63}+\dfrac{42}{\sqrt{7}}$ 〔神奈川〕 (2) $\dfrac{4}{\sqrt{2}}-\sqrt{3}\times\sqrt{6}$ 〔千葉〕

(3) $(\sqrt{7}-2\sqrt{5})(\sqrt{7}+2\sqrt{5})$ 〔三重〕 (4) $(\sqrt{3}+1)^2-2(\sqrt{3}+1)$ 〔愛知B〕

(5) $(3\sqrt{2}-1)(2\sqrt{2}+1)-\dfrac{4}{\sqrt{2}}$ 〔愛媛〕 (6) $(\sqrt{3}-1)^2+\sqrt{48}-\dfrac{9}{\sqrt{3}}$ 〔長崎B〕

2 $a=\sqrt{30}-6$ のとき，式 $a^2+12a+35$ の値を求めなさい。 〔京都〕

3 ある生徒の身長をはかり，小数第2位を四捨五入して得られた測定値は，157.4 cm でした。この真の値を a cm として，a の範囲を不等号を使って表しなさい。 〔和歌山〕

5 式の値は，いきなり値を代入せず，どのような変形を行うと計算がしやすくなるかを考える。
6 有効数字は 3，2，0 だから，3.20 L は小数第3位を四捨五入して得られた値である。

解答　p.8

ステージ 3　平方根

40分　　/100

1 次の各組の数を，小さい順に左から並べなさい。　5点×2（10点）

(1)　$7,\ 3\sqrt{5},\ \sqrt{50}$

(2)　$-3,\ -2\sqrt{3},\ -\sqrt{10}$

（　　　　　　）　　（　　　　　　）

2 次の計算をしなさい。　5点×8（40点）

(1)　$(-\sqrt{18})\times\sqrt{24}$

(2)　$\sqrt{12}\div\sqrt{8}\div\sqrt{6}$

（　　　　　　）　　（　　　　　　）

(3)　$2\sqrt{5}\div\sqrt{10}\times\dfrac{3}{\sqrt{2}}$

(4)　$2\sqrt{27}+\sqrt{48}-3\sqrt{75}$

（　　　　　　）　　（　　　　　　）

(5)　$\sqrt{50}-2\sqrt{18}+\sqrt{32}$

(6)　$\dfrac{\sqrt{3}}{2}(2\sqrt{2}-\sqrt{3})+\sqrt{24}$

（　　　　　　）　　（　　　　　　）

(7)　$\sqrt{5}\times\sqrt{35}-\dfrac{14}{\sqrt{7}}$

(8)　$(\sqrt{6}-\sqrt{2})(\sqrt{6}+3\sqrt{2})$

（　　　　　　）　　（　　　　　　）

目標 平方根はこれからの学習に必要になる。$\sqrt{\ }$ の意味を理解し，計算できるようにしよう。

自分の得点まで色をぬろう!

がんばろう!　もう一歩　合格!

0　60　80　100点

よく出る **3** $x=\sqrt{5}+\sqrt{3}$，$y=\sqrt{5}-\sqrt{3}$ のとき，次の式の値（あたい）を求めなさい。　6点×2（12点）

(1)　$x^2-2xy+y^2$　　(2)　x^2-y^2

4 $\sqrt{3}=a$ とするとき，$\sqrt{300}+\sqrt{0.03}$ を a を使って表しなさい。　（7点）

5 面積が $50\,\mathrm{cm}^2$ の正方形の1辺の長さは，面積が $10\,\mathrm{cm}^2$ の正方形の1辺の長さの何倍になるか，求めなさい。　（7点）

6 地球と月の平均距離（きょり）は約 384400 km で，3，8，4，4 は有効数字です。　8点×3（24点）

(1)　この数の真の値 a の範囲を，不等号を使って表しなさい。また，誤差の絶対値は，何km以下となりますか。

範囲　　誤差の絶対値

(2)　地球と月の距離を，整数部分が1桁の数と10の累乗（るいじょう）の積の形で表しなさい。

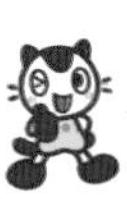

アプリ【どこでもワーク計算編】をやって，さらに力をつけよう！

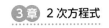

1節　2次方程式とその解き方
1 2次方程式とその解
2 因数分解による解き方

例 **1** 2次方程式とその解 〔教〕 p.82, 83 →〔基本〕問題 **1 2**

次の方程式のうち，2次方程式はどれですか。また，解の1つが2であるものはどれですか。

㋐　$x^2 = 3$　　　　㋑　$x^2 = 4x - 4$　　　　㋒　$(3x+1)^2 = 9x^2$

考え方 $ax^2 + bx + c = 0$ の形にしてから考える。

解き方 それぞれの方程式について，すべての項を左辺に移項して簡単にすると，次のようになる。

㋐　$x^2 - 3 = 0$
$a = \boxed{①}$，2次方程式である。
$b = \boxed{②}$，
$c = \boxed{③}$

㋑　$x^2 - 4x + 4 = 0$
$a = 1$，2次方程式である。
$b = -4$，
$c = 4$

㋒　$6x + 1 = 0$
$a = 0$，2次方程式ではない。
$b = 6$，
$c = 1$

したがって，2次方程式は㋐と $\boxed{④}$ である。

また，解が2となるものは，$x = 2$ を簡単にした式の左辺に代入して，その値が0になるものだから，$\boxed{⑤}$ である。

> **たいせつ**
> 2次方程式
> （2次式）＝0 の形になる方程式
> $ax^2 + bx + c = 0$
> （a は0でない定数，b，c は定数）で表される。
> 2次方程式の**解**
> 2次方程式を成り立たせる文字の値

例 **2** 因数分解による解き方 〔教〕 p.84, 85 →〔基本〕問題 **3 4**

次の方程式を解きなさい。

(1)　$(x+2)(x-3) = 0$　　　　(2)　$x(x-5) = 0$

(3)　$x^2 + 3x - 10 = 0$　　　　(4)　$x^2 + 4x + 4 = 0$

考え方 (1)(2)　$AB = 0$ ならば，$A = 0$ または $B = 0$ であることを利用する。

(3)(4)　因数分解を利用して，$(x+a)(x+b) = 0$ の形にする。

解き方 (1)　$(x+2)(x-3) = 0$ ならば，$x+2 = 0$ または $x-3 = 0$

$x+2 = 0$ のとき，$x = \boxed{⑥}$　　$x-3 = 0$ のとき，$x = \boxed{⑦}$

(2)　$x(x-5) = 0$ ならば，$x = 0$ または $x-5 = 0$

$x-5 = 0$ のとき，$x = \boxed{⑧}$

(3)　$x^2 + 3x - 10 = 0$
$(x-2)(x+5) = 0$ 〔左辺を因数分解する。〕

$x = \boxed{⑨}$，$x = \boxed{⑩}$

(4)　$x^2 + 4x + 4 = 0$
$(x+2)^2 = 0$ 〔左辺を因数分解する。〕

$x = \boxed{⑪}$ ←2つの解が一致して，解が1つだけになることもある。

> **ここがポイント**
> $(x+a)(x+b) = 0$
> → $\begin{cases} x+a = 0 \rightarrow x = -a \\ \text{または} \\ x+b = 0 \rightarrow x = -b \end{cases}$

> **思い出そう**
> 因数分解の公式
> (1)′　$x^2 + (a+b)x + ab = (x+a)(x+b)$
> (2)′　$x^2 + 2ax + a^2 = (x+a)^2$
> (3)′　$x^2 - 2ax + a^2 = (x-a)^2$
> (4)′　$x^2 - a^2 = (x+a)(x-a)$

基本問題 解答 p.9

1 2次方程式とその解　次の方程式のうち，2次方程式はどれですか。 教 p.82 たしかめ1

⑦　$x^2-3x-7=0$　　⑦　$2x^2=6$　　⑨　$x^2+5x-6=x^2+3$

2 2次方程式とその解　次の2次方程式で，$ax^2+bx+c=0$のa, b, cにあたる数を，それぞれ答えなさい。また，〔 〕の中の数が，2次方程式の解であるかどうかを答えなさい。

(1)　$3x^2-5x-2=0$　〔3〕　　　(2)　$4x^2-16=0$　〔-2〕　　教 p.82, 83 たしかめ2, 3

3 因数分解による解き方　次の方程式を解きなさい。 教 p.84, 85 たしかめ1〜3, 問2〜4

(1)　$(x+6)(x+7)=0$　　　(2)　$(x+5)(x-3)=0$

$AB=0$になるのは，A, Bのどちらかが0のときだけだよ。

(3)　$x(x-4)=0$　　　(4)　$(x-6)^2=0$

(5)　$x^2-7x+12=0$　　　(6)　$x^2+9x-10=0$

ここが ポイント

共通な因数をくくり出したり，因数分解の公式を使ったりして，左辺を因数分解する。

(7)　$x^2+6x=0$　　　(8)　$x^2-36=0$

(7)　$x^2+6x=0$
$x(x+6)=0$

(9)　$x^2+10x+25=0$　　　(10)　$x^2-24x+144=0$

(9)　$x^2+10x+25=0$
$(x+5)^2=0$

4 因数分解による解き方　次の方程式の解き方には間違いがあります。どこが間違っているかを説明し，正しく方程式を解きなさい。 教 p.85 問5

$$\begin{bmatrix} 間違い \quad x(x-3)=x \\ 両辺を x でわると， \\ x-3=1 \\ x=4 \end{bmatrix}$$

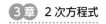

　1節　2次方程式とその解き方
3 平方根の考えによる解き方
4 2次方程式の解の公式　**5** いろいろな2次方程式

例**1** 平方根の考えによる解き方　教 p.86, 87 → 基本問題**①**

次の方程式を解きなさい。

(1)　$(x+3)^2 = 5$　　　　(2)　$x^2 + 6x + 2 = 0$

考え方　$(x+●)^2 = ▲ → x+● = ±\sqrt{▲}$ を利用して2次方程式を解く。

解き方

(1)　$(x+3)^2 = 5$

$x + 3 = $ ①

$x = $ ②

$x^2 = a$
$→ x = ±\sqrt{a}$
$+3$を移項する。

(2)　$x^2 + 6x + 2 = 0$

$x^2 + 6x = -2$

$x^2 + 2 \times 3x + 3^2 = -2 + 3^2$

$(x+3)^2 = 7$

$x + 3 = $ ③

$x = $ ④

$+2$を移項する。
$\left(6 \times \dfrac{1}{2}\right)^2$ を両辺にたす。
左辺を因数分解する。
$x^2 = a → x = ±\sqrt{a}$
$+3$を移項する。

例**2** 2次方程式の解の公式　教 p.88〜90 → 基本問題**②**

方程式 $3x^2 + 6x + 2 = 0$ を，解の公式を使って解きなさい。

考え方　解の公式にあてはめて解を求める。

解き方　解の公式で $a = 3$, $b = 6$, $c = 2$ だから，

$$x = \dfrac{-6 ± \sqrt{⑤ - 4 \times ⑥ \times ⑦}}{2 \times ⑧} = \dfrac{-6 ± \sqrt{⑨}}{⑩}$$

$$= ⑪$$

2次方程式の解の公式

2次方程式 $ax^2 + bx + c = 0$ の解は，次のようになる。

$$x = \dfrac{-b ± \sqrt{b^2 - 4ac}}{2a}$$

例**3** いろいろな2次方程式　教 p.91, 92 → 基本問題**③④**

次の方程式を解きなさい。

(1)　$2x^2 + 8x - 10 = 0$　　　　(2)　$(x-3)(x-7) = 2x - 15$

考え方　$ax^2 + bx + c = 0$ の形に整理し，左辺が因数分解できないか考える。

解き方　(1)　$2x^2 + 8x - 10 = 0$　　両辺を2でわると，$x^2 + 4x - 5 = 0$

左辺を因数分解して，$(x-1)(x+5) = 0$　　$x = 1$, $x = $ ⑫

(2)　$(x-3)(x-7) = 2x - 15$　　左辺を展開して整理すると，

$x^2 - 10x + 21 = 2x - 15$

$x^2 - 12x + 36 = 0$　　左辺を因数分解して，$(x-6)^2 = 0$　　$x = $ ⑬

まずは，
(2次式) $= 0$ の形
にするんだね。

基本問題

解答 p.10

1 平方根の考えによる解き方　次の方程式を解きなさい。

教 p.86, 87 たしかめ1, 2, 問1〜5

(1)　$x^2 - 10 = 0$

(2)　$3x^2 - 8 = 4$

(3)　$(x+4)^2 = 25$

(4)　$(x-4)^2 - 60 = 0$

(5)　$x^2 - 10x - 3 = 0$

(6)　$x^2 + 5x + 1 = 0$

ここがポイント

(2)　$x^2 = ▲$ の形に変形し，▲の平方根を求める。

(5), (6)では，$(x+●)^2 = ▲$ の形にするために，x の係数の $\frac{1}{2}$ の2乗を両辺に加える。

3章

2 2次方程式の解の公式　次の方程式を解きなさい。

教 p.88〜90 たしかめ1〜3, 問1〜4

(1)　$2x^2 - 7x + 4 = 0$

(2)　$x^2 + 3x - 7 = 0$

(3)　$2x^2 = 4x - 1$

(4)　$3x^2 + 4x - 4 = 0$

たいせつ

2次方程式の解の公式は，きちんと暗記して，正しく使えるようにする。符号にも注意する。

$$ax^2 + bx + c = 0$$
$$\downarrow$$
$$x = \frac{-b \pm \sqrt{b^2 - 4ac}}{2a}$$

3 いろいろな2次方程式　次の方程式を解きなさい。

教 p.91, 92 たしかめ1, 2, 問2, 3

(1)　$-3x^2 + 3x + 18 = 0$

(2)　$\frac{1}{3}x^2 - 27 = 0$

(3)　$(x+4)(x-1) = 9x - 12$

(4)　$x^2 + (x+10)^2 = 50$

ここがポイント

(1)　まず両辺を -3 でわる。

(3)　まず左辺を展開し，移項して，（2次式）$= 0$ の形にする。
→左辺を因数分解する。

4 2次方程式の解から定数を求める　x についての2次方程式 $x^2 + ax + b = 0$ の解が -5 と2のとき，a と b の値をそれぞれ求めなさい。

教 p.92 たしかめ3

$x^2 + ax + b = 0$ の x に -5 と2をそれぞれ代入して連立方程式をつくろう。

左ページの **例** の答え　①$\pm\sqrt{5}$　②$-3\pm\sqrt{5}$　③$\pm\sqrt{7}$　④$-3\pm\sqrt{7}$　⑤$6^2$　⑥, ⑦3, 2　⑧3　⑨12　⑩6　⑪$\frac{-3\pm\sqrt{3}}{3}$　⑫-5　⑬6

 **1節 2次方程式とその解き方**

1 次の方程式を解きなさい。

(1) $(x-2)(x+14)=0$

(2) $x(x+2)=0$

(3) $(x+9)^2=0$

(4) $x^2+10x-24=0$

(5) $x^2-2x-15=0$

(6) $x^2-9x=0$

(7) $x^2-144=0$

(8) $x^2-16x+64=0$

2 次の方程式を解きなさい。

(1) $5x^2-6=24$

(2) $4x^2+6=21$

(3) $(x+2)^2=14$

(4) $(x+3)^2-7=18$

(5) $x^2+12x+12=0$

(6) $x^2-7x+1=0$

3 次の方程式を解きなさい。

(1) $2x^2+9x+3=0$

(2) $x^2-x-5=0$

(3) $4x^2+6x-3=0$

(4) $2x^2=-4x+1$

(5) $6x^2-5x+1=0$

(6) $5x^2-2x-3=0$

1 (4)〜(8)は左辺を因数分解して解を求める。
2 (4)〜(6)は $(x+●)^2=▲$ の形に変形して解く。
3 2次方程式の解の公式を利用する。

4 次の方程式を解きなさい。

(1) $2x^2 - 14x + 24 = 0$

(2) $\dfrac{1}{4}x^2 - 16 = 0$

(3) $(x-2)(x+5) = 18$

(4) $(x+8)^2 + x^2 = 32$

5 x についての2次方程式 $x^2 + ax + b = 0$ の解が -2 と 6 のとき，a と b の値をそれぞれ求めなさい。

3章

1 次の方程式を解きなさい。

(1) $x^2 - 5x - 14 = 0$ 〔山口〕

(2) $2x^2 + x - 4 = 0$ 〔千葉〕

(3) $6x^2 - 2x - 1 = 0$ 〔神奈川〕

(4) $(2x+1)(x-1) - (x+2)(x-1) = 0$ 〔大分〕

(5) $(x+3)(x-8) + 4(x+5) = 0$ 〔愛知A〕

(6) $(x-6)(x+6) = 20 - x$ 〔静岡〕

2 次の問いに答えなさい。

(1) x についての2次方程式 $x^2 - 5x + a = 0$ の解の1つが 2 であるとき，a の値を求めなさい。

〔愛媛〕

(2) a, b を定数とします。2次方程式 $x^2 + ax + 15 = 0$ の解の1つは -3 で，もう1つの解は1次方程式 $2x + a + b = 0$ の解でもあります。このとき，a, b の値を求めなさい。

〔愛知B〕

4 (3)(4)はまず，$ax^2 + bx + c = 0$ の形に変形する。

5 $x^2 + ax + b = 0$ に解をそれぞれ代入し，a と b の連立方程式をつくる。

2 (2)はまず，$x^2 + ax + 15 = 0$ の x に -3 を代入して，a の値ともう1つの解を求める。

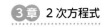

 2節　2次方程式の活用
1　2次方程式の活用

例 **1** 数についての問題

教 p.94 → 基本 問題 **1**

ある数の2乗は，もとの数の10倍と39の和に等しくなります。ある数を求めなさい。

考え方 ある数を x として，数の関係から方程式をつくり，それを解く。

解き方 ある数を x とすると，もとの数の
10倍と39の和は $10x+39$ と表すことが
できる。したがって，

$$x^2 = 10x+39$$

$$x^2-10x-39 = 0$$

$$(x+3)(x-13) = 0$$ ⟵ 左辺を因数分解する。

$$x = \boxed{①}, \quad x = \boxed{②}$$

これらは，どちらも問題に適している。

> **たいせつ**
>
> **2次方程式の文章題を解く手順**
> ① 問題をよく読み，何を x で表すかを決める。
> ② 等しい数量の関係を，2次方程式に表す。
> ③ 2次方程式を解く。
> ④ 求めた解が問題に適しているかどうか確かめる。
> ⑤ 答えを決める。

例 **2** 図形についての問題

教 p.95 → 基本 問題 **2**

面積が $104\,\mathrm{cm}^2$ で，横が縦より5cm長い長方形の縦の長さを求めなさい。

考え方 縦の長さを x cm として，面積の関係から方程式をつくり，それを解く。

解き方 縦の長さを x cm とすると，横の長さは $(x+5)$ cm と表すことができる。したがって，

$$x(x+5) = 104 \qquad (x-8)(x+13) = 0$$

$$x^2+5x-104 = 0 \qquad x = \boxed{③}, \quad x = \boxed{④}$$

$x>0$ だから，$\boxed{④}$ cm は問題に適していない。答えは $\boxed{③}$ cm

> 長さは負の数にはならないね。

例 **3** 図形の辺上を動く点の問題

教 p.96 → 基本 問題 **3**

右の図のような直角二等辺三角形 ABC で，点Pは辺 AB 上を
AからBまで動きます。また，点Qは点PがAを出発するのと
同時にBを出発し，辺 BC 上を点Pと同じ速さでCまで動きます。
△PBQ の面積が $6\,\mathrm{cm}^2$ になるのは，点Pが何cm動いたときですか。

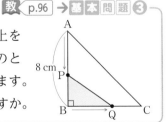

考え方 $\mathrm{AP} = x$ cm として方程式をつくる。

解き方 $\mathrm{AP} = x$ cm とすると，$\mathrm{BQ} = x$ cm，$\mathrm{PB} = (8-x)$ cm と表すことができる。したがって，

$$\frac{1}{2}x(8-x) = 6 \qquad (x-2)(x-6) = 0$$

$$x^2-8x+12 = 0 \qquad x = \boxed{⑤}, \quad x = \boxed{⑥}$$

$0 \leqq x \leqq 8$ だから，$\boxed{⑤}$ cm，$\boxed{⑥}$ cm はともに問
題に適している。

> 点Pは辺 AB 上を動くから x は正の数で，8以下になるよ。

基本問題 .... 解答 p.11

❶ 数についての問題 次の問いに答えなさい。 教 p.94 問1〜3

(1) 連続する2つの整数のそれぞれを2乗した和が145のとき，この2つの整数を求めなさい。

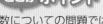

ここがポイント

数についての問題では，条件をどのような式で表すかがカギになる。

(1) 連続する2つの整数は，小さいほうをnとすると，n，$n+1$と表すことができる。

(2) 大小2つの自然数があります。その差は8で，積が65になります。この2つの自然数を求めなさい。

知ってると得

nを整数とする。
偶数…$2n$　奇数…$2n+1$
連続する2つの整数…n，$n+1$
連続する2つの偶数…$2n$，$2n+2$

❷ 図形についての問題 次の問いに答えなさい。 教 p.95 問4,5

(1) 正方形の形をした土地の縦を4m短くし，横を3m長くしたら，その面積は144 m²になりました。もとの土地の1辺の長さを求めなさい。

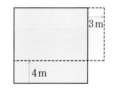

図をかくとイメージしやすいよ。

(2) 長さ60 cmのひもで長方形をつくり，その面積が125 cm²になるようにします。長方形の縦と横の長さを求めなさい。

ここがポイント

(2) 縦の長さをx cmとしたとき，横の長さをどのように表すかがポイント。

　周の長さが60 cmであることから，横の長さをxで表す。

❸ 図形の辺上を動く点の問題 教 p.96 問6

右の図のような直角三角形 ABC で，点Pは辺BA上をBからAまで秒速3 cmで，点Qは辺BC上をBからCまで秒速2 cmで動きます。点Pと点Qが同時に出発したとき，△PBQの面積が75 cm²になるのは何秒後ですか。

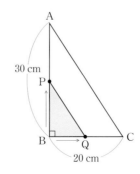

ここがポイント

点Pと点Qが同時に出発してからt秒後のPB，BQは
　PB $= 3t$ cm
　BQ $= 2t$ cm

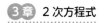
解答 p.12

定着
のワーク ステージ **2** 　**2節　2次方程式の活用**

1 ある自然数を4倍した数は，もとの数の2乗から12をひいた数に等しくなります。この自然数を求めなさい。

2 連続する3つの正の偶数があります。最も大きい数の12倍は，ほかの2つの数の積より8小さくなります。真ん中の数を求めなさい。

3 ある自然数に4を加えた数を2乗するところを，誤って4を加えて2倍したために正しい答えより35小さくなりました。ある数を求めなさい。

4 縦が10m，横が5mの長方形の土地の縦と横を同じだけのばして，面積をもとの長方形の面積の3倍にします。縦と横の長さをどれだけのばせばよいか求めなさい。

5 横が縦よりも5cm長い長方形の紙があります。この紙の4すみから1辺が2cmの正方形を切り取って，ふたのない直方体の箱をつくったところ，直方体の箱の体積が72cm³になりました。もとの長方形の縦の長さを求めなさい。

2 真ん中の数を $2n$ とすると，他の2つの数は $2n-2$，$2n+2$ と表せる。
3 正しい答えの式と誤った答えの式について等式で表す。

6 縦が横より 5 cm 長い長方形があります。この長方形の縦の長さを 3 cm 短くし，横の長さを 2 倍にすると，面積は 20 cm² 増加しました。もとの長方形の縦の長さを求めなさい。

7 右の図のような △ABC で，点 P は A を出発して AB 上を B まで毎秒 2 cm の速さで動き，点 Q は B を出発して BC 上を C まで毎秒 1 cm の速さで動きます。点 P，Q がそれぞれ A，B を同時に出発するとき，△PBQ の面積が 15 cm² になるのは，点 P，Q が出発してから何秒後ですか。

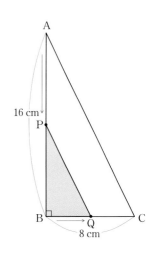

入試問題を やってみよう！ ┈┈┈┈┈┈┈┈┈┈┈┈┈┈┈┈┈

① ある素数 x を 2 乗したものに 52 を加えた数は，x を 17 倍した数に等しい。このとき，素数 x を求めなさい。ただし，x についての方程式をつくり，答えを求めるまでの過程も書きなさい。　　〔佐賀〕

② 右の図のような，周の長さが 24 cm，AB ＝ 2 cm，BC ＝ 4 cm である 6 点 A，B，C，D，E，F を頂点とする図形があります。この図形の面積が 19 cm² となるとき，辺 DE の長さを求めなさい。ただし，辺 DE の長さを x cm として x についての方程式をつくり，答えを求めるまでの過程も書きなさい。　　〔佐賀〕

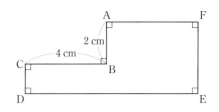

① 方程式の解が，問題にあうかどうかを確認する。
② まず，辺 EF の長さを x を使って表す。

解答 p.12

実力判定テスト ステージ**3**

2次方程式

40分 /100

1 次の方程式を解きなさい。 5点×8（40点）

(1) $x^2 - 7x - 98 = 0$

(2) $2x^2 = 5x$

(3) $6x^2 = 72$

(4) $(x-7)^2 = 64$

(5) $x^2 - 18x - 9 = 0$

(6) $2x^2 - x - 5 = 0$

(7) $-\dfrac{1}{3}x^2 + 8x - 48 = 0$

(8) $(x+3)(x-5) = 3x - 10$

2 次の問いに答えなさい。 6点×3（18点）

(1) a が正の整数で，x についての2次方程式 $x^2 + (a-8)x + a^2 - a = 0$ の1つの解が2であるとき，a の値ともう1つの解を求めなさい。

a の値 （ ）

もう1つの解 （ ）

(2) 2次方程式 $x^2 + ax + b = 0$ をA君とB君で解くことになりました。A君は a の値を見間違えたので，解が1と6になり，B君は b の値を見間違えたので，解が1と -8 になりました。もとの2次方程式の正しい解を求めなさい。

（ ）

目標 因数分解や平方根の考え，解の公式を使って，いろいろな 2 次方程式が確実に解けるようにしよう。

自分の得点まで色をぬろう！

😣がんばろう！　　😓もう一歩　　😊合格！

0　　　　　　　　　　　60　　80　　100点

3 ある正の数に 3 を加えて 2 乗するところを，誤って 3 を加えて 2 倍したため，正しい計算より答えが 63 小さくなりました。次の問いに答えなさい。　　6点×2（12点）

(1) ある正の数を x として，方程式をつくりなさい。

（　　　　　　　　　　　）

(2) ある正の数を求めなさい。

（　　　　　　　　　　　）

4 ある自然数を 3 倍した数は，もとの数の 2 乗から 10 をひいた数に等しくなります。もとの自然数を求めなさい。　　（10点）

（　　　　　　　　　　　）

5 縦が 20 m，横が 30 m の長方形の土地に，右の図のように同じ幅の通路をつくり，残りの土地を花だんにしたところ，花だんの面積は 504 m² になりました。このとき，通路の幅は何 m ですか。　　（10点）

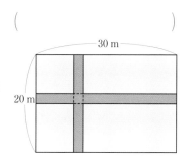

30 m

20 m

（　　　　　　　　　　　）

6 右の図のように，長さ 10 cm の線分 AB があります。点 P は A を出発して線分 AB 上を B まで秒速 1 cm で動きます。

AP＝AC，BP＝BD となる 2 つの直角二等辺三角形 APC と BPD の面積の和が 32 cm² になるのは，点 P が A を出発してから何秒後ですか。　　（10点）

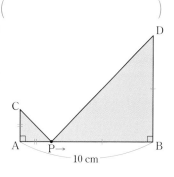

D

C

A　P→　　B

10 cm

（　　　　　　　　　　　）

3 章

アプリ【どこでもワーク計算編】をやって，さらに力をつけよう！

1節 関数 $y = ax^2$
❶ 関数 $y = ax^2$
❷ 関数 $y = ax^2$ のグラフ(1)

例1 y が x の2乗に比例する関数

教 p.106, 107 → 基本問題❶❷

次の㋐〜㋒について，y が x の2乗に比例するものを答えなさい。

㋐ 1辺が x cm の立方体の表面積 y cm²

㋑ 底面の半径が4 cm，高さが x cm の円柱の体積 y cm³

㋒ 直角をはさむ2辺が x cm の直角二等辺三角形の面積 y cm²

考え方 y を x の式で表し，$y = ax^2$ の形になるかを調べる。

解き方 それぞれ，y を x の式で表すと，

㋐ $y = \boxed{①}\, x^2$ ㋑ $y = \boxed{②}\, x$ ㋒ $y = \boxed{③}\, x^2$

したがって，y が x の2乗に比例するのは，$\boxed{④}$

> **たいせつ**
> y が x の関数で，
> $$y = ax^2 \ (a \text{ は } 0 \text{ でない定数})$$
> → y は x の2乗に比例する

例2 関数 $y = ax^2$ の式を求める

教 p.107 → 基本問題❸

y は x の2乗に比例し，$x = 3$ のとき $y = 36$ です。

(1) y を x の式で表しなさい。

(2) $x = -4$ のときの y の値を求めなさい。

考え方 y が x の2乗に比例するなら，$y = ax^2$（a は0でない定数）の形で表すことができる。

解き方 (1) 求める式を $y = ax^2$ とすると，$x = 3$ のとき $y = 36$ だから，$36 = a \times 3^2$ となる。これを解いて，$a = \boxed{⑤}$

したがって，求める式は，$y = \boxed{⑤}\, x^2$

(2) (1)で求めた式に $x = -4$ を代入する。

$y = \boxed{⑤} \times (-4)^2$　$y = \boxed{⑥}$

> **ここがポイント**
> $y = ax^2$ の式で，a, x, y のうち2つがわかれば，残りの1つは計算で求めることができる。

例3 関数 $y = ax^2$ のグラフ

教 p.108〜112 → 基本問題❹

関数 $y = \dfrac{1}{4}x^2$ のグラフをかきなさい。

考え方 $y = ax^2$ のグラフは，原点を通るなめらかな曲線になる。

解き方 下のような表をつくり，いくつかの x と y の値の組を見つけ，それを座標とする点をなめらかな曲線で結ぶ。

x	…	-4	-2	0	2	4	…
y	…	$\boxed{⑦}$	1	0	$\boxed{⑧}$	$\boxed{⑨}$	…

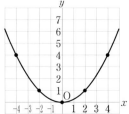

> **たいせつ**
> $y = ax^2$ のグラフ
> →原点を通り，y 軸について対称な曲線

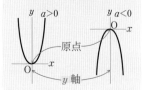

基 本 問 題 ····················· 解答 p.14

1 y が x の2乗に比例する関数　斜面でボールを転がします。 　教 p.106 問1, 問2

(1)　x 秒間にボールが転がる距離を y m とします。下の表の □ をうめなさい。

x	0	1	2	3	4	5	6	7	8	……
x^2	0	1	4	9	16					……
y	0	3	12	27	48					……

ここが **ポイント**

表に記入されている値を見て, y が x の2乗に比例していることに気がつくことが大切。

(2)　y を x の式で表しなさい。

式は $y = ax^2$ の形になるよ。

(3)　9秒間にボールが転がる距離を求めなさい。

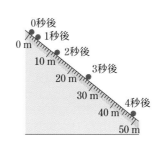

0秒後
0 m
1秒後
10 m　2秒後
20 m　3秒後
30 m
40 m　4秒後
50 m

2 y が x の2乗に比例する関数　次の(1)～(3)について, y を x の式で表しなさい。また, y が x の2乗に比例するかどうかを調べなさい。 　教 p.107 たしかめ1

(1)　底辺と高さが x cm の三角形の面積 y cm^2

(2)　縦が x cm, 横が $2x$ cm の長方形の周の長さ y cm

(3)　底面の半径が x cm, 高さが 10 cm の円柱の体積 y cm^3

思い出そう

図形の周の長さ, 面積, 体積を求める公式に, x, y をあてはめて考えよう。

3 関数 $y = ax^2$ の式　y は x の2乗に比例し, $x = -2$ のとき $y = -8$ です。 教 p.107 たしかめ2

(1)　y を x の式で表しなさい。

(2)　$x = 3$ のときの y の値を求めなさい。

ここが **ポイント**

(1)　y は x の2乗に比例していることがわかっているので, 求める式は $y = ax^2$ とおくことができる。

4 関数 $y = ax^2$ のグラフ　次の関数のグラフをかきなさい。 　教 p.111, 112 たしかめ1, 2

(1)　$y = \dfrac{1}{3}x^2$　　　　(2)　$y = -x^2$

ここが **ポイント**

まず, x, y の値の組をいくつか求めよう。

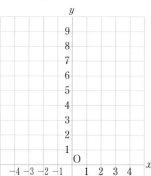

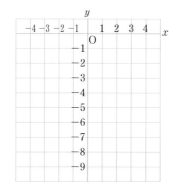

たいせつ

$y = ax^2$ のグラフは, 原点を通るなめらかな曲線になる。

4 章

1節　関数 $y=ax^2$
2 関数 $y=ax^2$ のグラフ(2)
3 関数 $y=ax^2$ の値の変化(1)

例1 関数 $y=ax^2$ のグラフの特徴　　教 p.113, 114 → 基本問題❶

次の関数の中から，グラフが下に開いているものを選びなさい。

⑦　$y=-4x^2$　　⑦　$y=2.5x^2$　　⑦　$y=\dfrac{1}{3}x^2$　　⑤　$y=-\dfrac{2}{5}x^2$

考え方 $y=ax^2$ の a の正負に注目して判断する。

解き方 $y=ax^2$ において，グラフが下に開くのは $a<0$ のとき

だから，答えは ① ⬚ 。

> **たいせつ**
>
> 関数 $y=ax^2$ のグラフは，
> $a>0 \rightarrow$ 上に開く
> $a<0 \rightarrow$ 下に開く

例2 関数 $y=ax^2$ の値の変化　　教 p.115 → 基本問題❷

関数 $y=-2x^2$ で，x の値が次の(1), (2)のように増加するとき，y の値はどのように変化しますか。

(1)　-2 から -1 まで　　　　　　　　(2)　1 から 2 まで

考え方 まず，それぞれの x の値に対応する y の値を求める。

解き方 (1)　$x=-2$ のとき $y=$ ② ⬚，$x=-1$ のとき $y=$ ③ ⬚ だから，

y の値は ② ⬚ から ③ ⬚ まで ④ ⬚ する。

(2)　$x=1$ のとき $y=$ ⑤ ⬚，$x=2$ のとき $y=$ ⑥ ⬚ だから，y の値は

⑤ ⬚ から ⑥ ⬚ まで ⑦ ⬚ する。

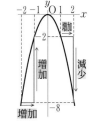

例3 変域とグラフ　　教 p.116 → 基本問題❸❹

関数 $y=-\dfrac{1}{3}x^2$ で，x の変域が $-3 \leqq x \leqq 6$ のときの y の変域を求めなさい。

考え方 x が -3, 6 のときの y の値を求めて考える。y の最大値に注意する。

解き方 $x=-3$ のとき

$y=$ ⑧ ⬚，$x=6$ の

とき $y=$ ⑨ ⬚ だから，

$-3 \leqq x \leqq 6$ に対応する

部分は，右の図の赤い

部分である。したがっ

て，y の変域は，⑩ ⬚ $\leqq y \leqq$ ⑪ ⬚

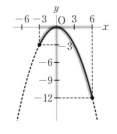

> **たいせつ**
>
> 関数 $y=ax^2$ の x の変域と y の変域
>
>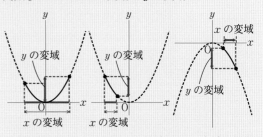
>
> x の変域に 0 をふくむときに注意する。変域の問題では，グラフをかいてみるとよい。

基本問題

解答 p.14

1 関数 $y=ax^2$ のグラフの特徴　次の(1), (2)にあてはまる関数を，⑦〜⊕の中からすべて選びなさい。

教 p.114 問7

⑦　$y=2x^2$　　④　$y=-\dfrac{1}{4}x^2$　　⑦　$y=4x^2$　　⊕　$y=-2x^2$

(1)　関数 $y=-4x^2$ のグラフと x 軸について対称なグラフになる。

(2)　関数 $y=\dfrac{1}{3}x^2$ のグラフよりも，グラフの開き方が小さい。

ここが ポイント

$y=ax^2$ のグラフは，a の絶対値が大きいほど開き方が小さくなる。

2 関数 $y=ax^2$ の値の変化　次の(1), (2)にあてはまる関数を，⑦〜⑰の中からすべて選びなさい。

教 p.115 問1

⑦　$y=2x^2$　　④　$y=\dfrac{1}{5}x+1$　　⑦　$y=-4x^2$

⊕　$y=-x$　　⑦　$y=-x^2$　　⑰　$y=\dfrac{1}{3}x^2$

(1)　$x>0$ のとき，x の値が増加すると，y の値も増加する。

(2)　$x<0$ のとき，x の値が増加すると，y の値は減少する。

ここが ポイント

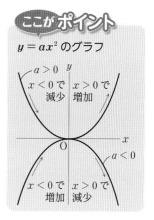

$y=ax^2$ のグラフ

3 変域とグラフ　関数 $y=\dfrac{1}{2}x^2$ で，x の変域が次の(1), (2)のときの y の変域を求めなさい。

(1)　$-2\leqq x\leqq 4$　　　　(2)　$-2\leqq x\leqq 2$

教 p.116 たしかめ1, 問3

4 変域とグラフ　次の問題に対する求め方には間違いがあります。どこが間違っているかを説明し，正しい答えを求めなさい。

教 p.116 問2

[問題]　　関数 $y=x^2$ で，x の変域が $-1\leqq x\leqq 3$ のときの y の変域を求めなさい。

[求め方]　$x=-1$ のとき，$y=1$，$x=3$ のとき，$y=9$

したがって，y の変域は，$1\leqq y\leqq 9$

左ページの 例 の答え　①⑦と⊕　②-8　③-2　④増加　⑤-2　⑥-8　⑦減少　⑧-3　⑨-12　⑩-12　⑪0

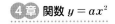

確認のワーク ステージ1 1節 関数 $y = ax^2$
❸ 関数 $y = ax^2$ の値の変化(2)

例❶ 変化の割合
教 p.117, 118 → 基本問題❶❷

関数 $y = \dfrac{1}{2}x^2$ で，x の値が次の(1), (2)のように増加するときの変化の割合を求めなさい。

(1) 2 から 6 まで　　　　　　(2) -8 から -4 まで

考え方 まず，x の値に対応する y の値を求める。

解き方 (1) $x = 2$ のとき，$y = \boxed{①}$ 増加

$x = 6$ のとき，$y = \boxed{②}$

したがって，変化の割合は，

$\dfrac{(y\text{の増加量})}{(x\text{の増加量})} = \dfrac{\boxed{②} - \boxed{①}}{6-2} = \dfrac{\boxed{③}}{4} = \boxed{④}$

(2) $x = -8$ のとき，$y = \boxed{⑤}$ 減少……変化の割合は負になる。

$x = -4$ のとき，$y = \boxed{⑥}$

したがって，変化の割合は，

$\dfrac{(y\text{の増加量})}{(x\text{の増加量})} = \dfrac{\boxed{⑥} - \boxed{⑤}}{-4-(-8)} = \dfrac{\boxed{⑦}}{4} = \boxed{⑧}$

> **たいせつ**
>
> 関数 $y = ax^2$ の変化の割合
>
> 変化の割合 $= \dfrac{(y\text{の増加量})}{(x\text{の増加量})}$
>
>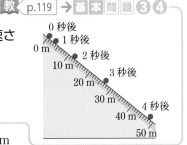
>
> 変化の割合は，x の範囲によって異なり，一定ではない。

例❷ 平均の速さ
教 p.119 → 基本問題❸❹

斜面で，ボールが転がり始めてから1秒間ごとの平均の速さを，次の(1)〜(4)の場合についてそれぞれ求めなさい。

(1) 0秒後から1秒後まで　　(2) 1秒後から2秒後まで
(3) 2秒後から3秒後まで　　(4) 3秒後から4秒後まで

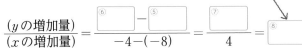

考え方 ボールが転がり始めてから x 秒間に転がる距離を y m とすると，下の表のようになる。

x(秒)	0	1	2	3	4	……
y(m)	0	3	12	27	48	……

> $y = 3x^2$ の関係になっている。

> **ここがポイント**
>
> y を x の式で表すと，
> $y = ax^2$ となっている。
> したがって，平均の速さは
> $y = ax^2$ の変化の割合に等しい。

解き方 (1) 転がる時間は $1 - 0 = 1$（秒），転がる距離は

$3 - 0 = 3$（m）だから，平均の速さは秒速 $\boxed{⑨}$ m

(2) 距離…$12 - 3 = 9$（m）　　平均の速さ…秒速 $\boxed{⑩}$ m

(3) 距離…$27 - 12 = 15$（m）　　平均の速さ…秒速 $\boxed{⑪}$ m

(4) 距離…$48 - 27 = 21$（m）　　平均の速さ…秒速 $\boxed{⑫}$ m

基本問題

解答 p.14

1 変化の割合　関数 $y=-3x^2$ で，x の値が次の(1)，(2)のように増加するときの変化の割合を求めなさい。

教 p.118 たしかめ2, 問4

(1)　1 から 4 まで

(2)　-5 から -2 まで

2 変化の割合　次の(1)～(3)にあてはまる関数を，㋐～㋕の中からすべて選びなさい。

教 p.117, 118 たしかめ2, 問4

㋐　$y=\dfrac{3}{2}x^2$　　㋑　$y=-2x-2$　　㋒　$y=\dfrac{3}{2}x+1$

㋓　$y=\dfrac{1}{2}x^2$　　㋔　$y=-\dfrac{1}{3}x^2$　　㋕　$y=6x$

> **ここがポイント**
> (1)　変化の割合は，$y=ax+b$ ではつねに傾き a と等しいが，$y=ax^2$ では一定ではない。

(1)　変化の割合がいつも $\dfrac{3}{2}$ である。

(2)　x の値が -4 から 0 まで増加するとき，y の増加量は -8 である。

(3)　x の値が 1 から 3 まで増加するときの，変化の割合が等しい関数の組。

3 平均の速さ　50 ページ 例2 の斜面で，ボールの平均の速さを，次の(1)～(3)の場合についてそれぞれ求めなさい。

教 p.119 たしかめ3

(1)　0 秒後から 2 秒後まで　　(2)　1 秒後から 3 秒後まで　　(3)　2 秒後から 4 秒後まで

4 平均の速さ　右のグラフは，ある物体の移動した時間 x 秒と移動した距離 y m の関係を表したもので，y は x の2乗に比例しています。

教 p.119

(1)　y を x の式で表しなさい。

(2)　直線 AB の傾きを求めなさい。

(3)　移動し始めてから 2 秒後から 4 秒後までの平均の速さを求めなさい。

平均の速さは，$y=ax^2$ の変化の割合に等しいから……

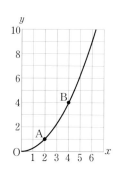

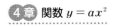
解答▶p.15

 **1節　関数 $y=ax^2$**

❶ y は x の2乗に比例し，$x=-3$ のとき $y=-63$ です。このとき，y を x の式で表しなさい。

❷ 右の図の①〜⑥は，すべて $y=ax^2$ のグラフです。グラフが
①〜⑥となる関数の式を，それぞれ求めなさい。

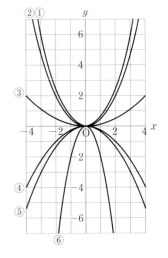

❸ 関数 $y=-3x^2$ で，x の値が次の⑴，⑵のように増加すると
き，y の値はどのように変化しますか。y の値を具体的に示し
て説明しなさい。

⑴　-2 から 0 まで　　　　⑵　1 から 4 まで

❹ 次の⑴〜⑶にあてはまる関数を，㋐〜㋓の中からすべて選びなさい。

　㋐　$y=4x^2$　　　　㋑　$y=-4x+5$　　　　㋒　$y=-\dfrac{1}{4}x^2$　　　　㋓　$y=4x-2$

⑴　$y=\dfrac{1}{4}x^2$ のグラフと x 軸について対称である。

⑵　$x<0$ のとき，x の値が増加すると y の値は減少する。

⑶　変化の割合が一定でない。

❺ 関数 $y=-5x^2$ で，x の変域が次の⑴〜⑶のときの y の変域を，それぞれ求めなさい。
⑴　$-4\leqq x\leqq -2$　　　　⑵　$-2\leqq x\leqq 3$　　　　⑶　$2\leqq x\leqq 4$

 ❺ 簡単なグラフをかいて考えるとよい。
x の変域に 0 がふくまれるときは，y の最大値に注意する。

6 関数 $y=-\dfrac{2}{3}x^2$ で，x の値が次の(1)，(2)のように増加するときの変化の割合を求めなさい。

(1) 2から4まで

(2) -5から-1まで

7 ある斜面で，ボールが転がり始めてから x 秒間に転がる距離を y m とすると，$y=\dfrac{1}{2}x^2$ の関係があります。このとき，3秒後から7秒後までの間のボールの平均の速さを求めなさい。

1 次の問いに答えなさい。

(1) 関数 $y=\dfrac{1}{2}x^2$ について，x の変域が $-3 \leqq x \leqq 4$ のときの y の変域を求めなさい。

〔富山〕

(2) 関数 $y=\dfrac{1}{4}x^2$ について，x の値が -4 から -2 まで増加するときの変化の割合を求めなさい。

〔富山〕

(3) x の変域が $-1 \leqq x \leqq 5$ であるとき，関数 $y=ax^2 \ (a>0)$ の y の変域を a を用いて表しなさい。

〔静岡〕

2 関数 $y=ax^2 \cdots$ ①について，(1)，(2)の問いに答えなさい。　　〔佐賀〕

(1) 関数①のグラフが点 $(3, 18)$ を通るとき，a の値を求めなさい。

(2) 関数①について，x の値が1から3まで増加するときの変化の割合が -2 となるとき，a の値を求めなさい。

1 (3) x の変域に0がふくまれているので，y の最小値は0になる。

2 (2) 変化の割合を a を使って表し，方程式をつくる。

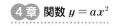

確認のワーク ステージ 1

2節 関数 $y = ax^2$ の活用　**1** 関数 $y = ax^2$ の活用
3節 いろいろな関数　**1** いろいろな関数

例 1 図形の移動と面積

教 p.122 → 基本問題 1

右の図のように，2つの直角二等辺三角形⑦と④が直線 ℓ 上に並んでいます。④を固定し，⑦を秒速 1 cm で，点Cと点Eが重なる位置から点Cと点Fが重なる位置まで，矢印の方向に移動します。移動し始めてから x 秒後に図形が重なる部分の面積を $y\,\text{cm}^2$ とするとき，y を x の式で表しなさい。また，x の変域を求めなさい。

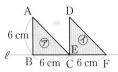

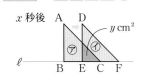

考え方 重なる部分は直角二等辺三角形となることに着目して考える。

解き方 ⑦は1秒間に 1 cm 動くので，x 秒後，重なってできる直角二等辺三角形の底辺は

[①____] cm，高さも [②____] cm だから，$y = \dfrac{1}{2} \times x \times x$ より，$y =$ [③____]　EF = 6 cm だか

ら，点Cと点Fが重なるのは [④____] 秒後。つまり，x の変域は [⑤____] $\leq x \leq$ [⑥____]

例 2 移動した時間と道のり

教 p.123～126 → 基本問題 2

電車が走るまっすぐな線路と，それに平行な道路があります。電車が発車してから x 秒間に進む距離を $y\,\text{m}$ とすると，x の変域が $0 \leq x \leq 50$ のとき，y は x の2乗に比例します。電車が駅を発車すると同時に，電車と同じ方向に秒速 5 m で走ってきた自転車が駅の横を通過しました。右の図は，そのようすを表したグラフです。電車が自転車に追いつくのは，電車が駅を出発してから何秒後ですか。

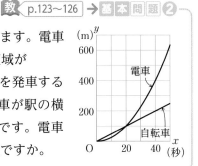

考え方 追いつくのは，走った距離が等しくなるとき。

解き方 グラフから，駅から 100 m の地点で電車が自転車に追いついていることがわかる。

このとき，$x = 20$ だから，[⑦____] 秒後。

例 3 いろいろな関数

教 p.127, 128 → 基本問題 3

右の図は，ある鉄道の旅客運賃をグラフにしたものです。運賃が 170 円のとき，2つの駅の間の距離はどの範囲か求めなさい。

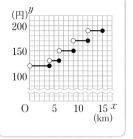

考え方 端の点をふくむ場合は ●，ふくまない場合は ○ と表す。

解き方 グラフから，料金が 170 円であるのは，[⑧____] km と 12 km

の間だとわかる。ただし，[⑧____] km は ○ でふくまず，12 km は ●

でふくむので，[⑧____] km より長く 12 km 以下。

解答 p.16

1 図形の移動と面積　右の図のように，直線 ℓ 上に正方形 ABCD と直角二等辺三角形 EFG が並んでいます。直角二等辺三角形を固定し，正方形を秒速 3 cm で，矢印の方向に点 C と点 G が重なるまで移動します。移動し始めてから x 秒後に図形が重なる部分の面積を y cm² として，次の問いに答えなさい。

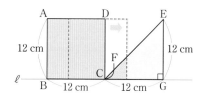

教 p.122 問1, 問2

⑴ y を x の式で表しなさい。また，x の変域も求めなさい。

⑵ 出発してから 3 秒後の重なった部分の面積を求めなさい。

⑶ 重なった部分の面積が △EFG の面積の $\dfrac{1}{4}$ となるのは，出発して何秒後ですか。

2 移動した時間と道のり　ある自動車の性能を調べるために，直線のテスト用コースを使って実験をしました。右の表は，一定の速度で走る自動車に停止の合図を送り，実際に停止するまでの空走距離と制動距離を調べたものです。空走距離は合図からブレーキがきき始めるまでの距離で，速さに比例し，制動距離はブレーキがきき始めてから停止するまでの距離で，速さの 2 乗に比例します。

速度 (km/h)	20	30	40	50	60
空走距離 (m)	6	9	12	15	18
制動距離 (m)	4	9	16	25	36

教 p.124〜126

⑴ 速度を x km/h，空走距離を y m として，y を x の式で表しなさい。

⑵ 速度を x km/h，制動距離を y m として，y を x の式で表しなさい。

⑶ 速度が 80 km/h のとき，合図から実際に停止するまでに，何 m 走りますか。

3 いろいろな関数　ある駐車場の駐車料金は，最初の 1 時間までは無料，1 時間を超えると 1000 円になり，以降，30 分ごとに 400 円ずつ加算されます。

　駐車する時間を x 分，そのときの駐車料金を y 円とするとき，$60 < x \leqq 180$ のときの x と y の関係を表すグラフを，右の図にかきなさい。

教 p.128 問3〜5

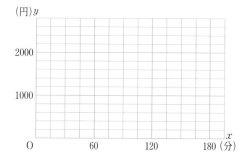

・と。の区別を間違えないように気をつけよう。

左ページの 例 の答え ① x ② x ③ $\dfrac{1}{2}x^2$ ④ 6 ⑤ 0 ⑥ 6 ⑦ 20 ⑧ 9

数学の広場
発展 放物線と直線の交点

発展 例1 放物線と直線の交点

教 p.132 → 基本 問題 ① ②

関数 $y=x^2$ のグラフと，1次関数 $y=x+6$ のグラフの交点の座標を求めなさい。

考え方 2つの関数の式を，連立方程式として解く。

解き方 $\begin{cases} y=x^2 & \cdots\cdots① \\ y=x+6 & \cdots\cdots② \end{cases}$ とおく。

①を②に代入すると，$x^2=x+6$　移項して，$x^2-x-6=0$

左辺を因数分解すると，$(x+2)(x-3)=0$

これを解いて，$x=-2$，$x=3$

$x=-2$ を①に代入すると，$y=(-2)^2=$ ⬛①

$x=3$ を①に代入すると，$y=3^2=$ ⬛②

したがって，交点の座標は，$(-2,$ ⬛① $)$，$(3,$ ⬛② $)$

> **たいせつ**
>
> 交点とは，つまり，$y=x^2$ のグラフ上の点であり，同時に $y=x+6$ のグラフ上の点でもあるということ。
>
> したがって，2つの式をともに満たすような x，y の値の組を見つければよい。
>
> そのためには，2つの式を連立方程式として解けばよい。

発展 例2 放物線と直線，三角形の面積

教 p.132 → 基本 問題 ③

関数 $y=-2x^2$ のグラフと1次関数 $y=-2x-4$ のグラフが，右の図のように2点 A，B で交わっています。△OAB の面積を求めなさい。ただし，座標軸の1目もりを 1 cm とします。

考え方 △OAB を2つの三角形に分けて考える。

解き方 まず，2点 A，B の座標を求める。

連立方程式 $\begin{cases} y=-2x^2 \\ y=-2x-4 \end{cases}$ を解いて，

A$(-1,\ -2)$，B$(2,\ -8)$

$y=-2x-4$ のグラフと y 軸の交点を C とすると，C$(0,\ -4)$

ここで，△OAB ＝ △OAC＋△OBC と考えて，△OAC と △OBC の面積を，それぞれ求める。

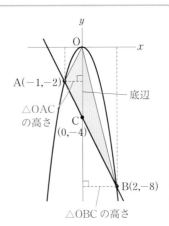

A$(-1,-2)$
△OAC の高さ
C$(0,-4)$
底辺
△OBC の高さ
B$(2,-8)$

> **ここがポイント**
>
> △OAB を，y 軸で2つに分けて考えるとよい。2つの三角形の底辺と高さは，点 A，B，C の座標から求める。

△OAC で，OC を底辺と考えて底辺の長さと高さを求める。

点 C の y 座標が -4 であることから，底辺の長さは 4 cm，点 A の x 座標が -1 であることから，高さは 1 cm。△OBC も同様に考えて，底辺の長さは ⬛③ cm，高さは ⬛④ cm。

$$△OAB = △OAC+△OBC = \frac{1}{2}\times4\times1+\frac{1}{2}\times⬛③\times⬛④ = ⬛⑤ \ (\text{cm}^2)$$

基本問題

解答 p.17

発展 1 放物線と直線の交点 次の関数のグラフの交点の座標を求めなさい。

(1) 関数 $y = 3x^2$ と 1 次関数 $y = 3x + 6$

(2) 関数 $y = -\dfrac{1}{4}x^2$ と 1 次関数 $y = -\dfrac{1}{2}x - 2$

2 つの式を連立方程式として解けば，その解の x，y の値の組が交点の座標になるよ。

発展 2 放物線と直線の交点 電車が走るまっすぐな線路と，それと平行な道路があります。電車が駅を出発すると同時に，電車と同じ方向に秒速 12 m で走ってきた自動車が駅の横を通過しました。電車が駅を発車してから x 秒間に進む距離を y m とすると，$0 \leqq x \leqq 60$ のとき，$y = \dfrac{1}{4}x^2$ の関係があります。電車と自動車が進むようすを表すグラフが右の図のようになるとき，次の問いに答えなさい。 教 p.132

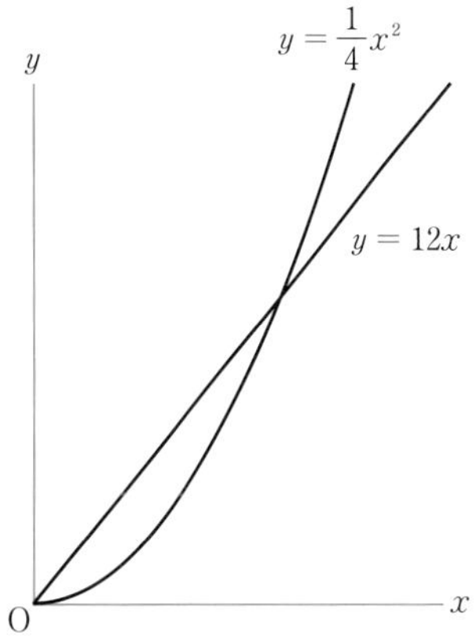

(1) 電車が自動車に追いつくのは，電車が駅を発車してから何秒後ですか。

(2) 電車が自動車に追いつくのは，駅から何 m の地点ですか。

$y = \dfrac{1}{4}x^2$

$y = 12x$

4 章

グラフの目もりがなくても計算で求めることができるね。

発展 3 放物線と直線，三角形の面積 右の図のように，関数 $y = \dfrac{1}{2}x^2$ のグラフと 1 次関数 $y = -x + 4$ のグラフが 2 点 A，B で交わっているとき，次の問いに答えなさい。 教 p.132

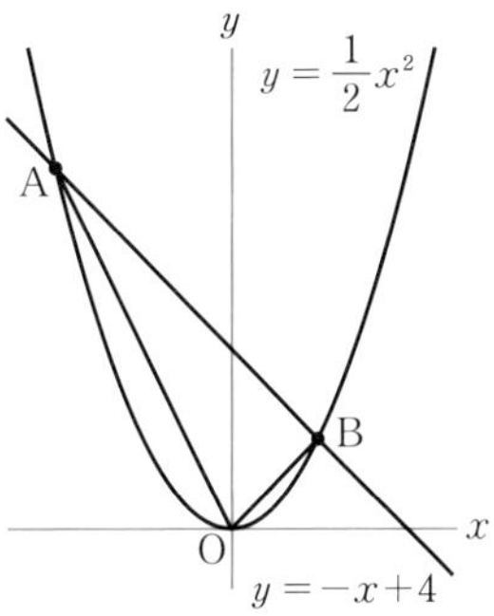

(1) 2 点 A，B の座標を求めなさい。

(2) △AOB の面積を求めなさい。
ただし，座標軸の 1 目もりを 1 cm とします。

(3) △AOB ＝ △APB となるように，放物線上の OA 間に点 P をとるとき，点 P の座標を求めなさい。

$y = \dfrac{1}{2}x^2$

$y = -x + 4$

ここがポイント

(1) 2 つの式を連立方程式として解こう。

(2) △AOB を y 軸で 2 つの三角形に分けて求める。

(3) 原点を通り，直線 AB と平行な直線をひいて考える。

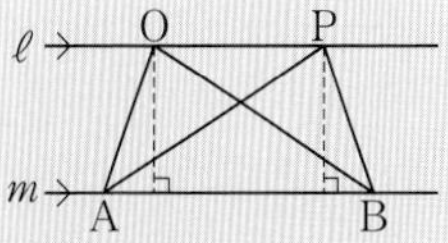

$\left(\begin{array}{l}\ell \,/\!/\, m \text{ のとき，}\\ \triangle\text{AOB} = \triangle\text{APB}\end{array}\right)$

左ページの例の答え ①4 ②9 ③4 ④2 ⑤6

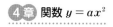

解答 p.17

定着のワーク　ステージ2

2節　関数 $y = ax^2$ の活用
3節　いろいろな関数

❶ 1辺が 4 cm の正方形 ABCD で，点 P，Q が頂点 A を同時に出発して，点 P は秒速 2 cm で辺 AB，BC 上を頂点 C まで動き，点 Q は辺 AD 上を秒速 1 cm で頂点 D まで動きます。点 P，Q が出発してから x 秒後の △APQ の面積を y cm² とします。

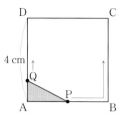

(1) 点 P が次の辺⑦，④の上を動くとき，y を x の式で表し，x の変域も求めなさい。

　　　⑦　辺 AB　　　　　　④　辺 BC

(2) (1)のとき，x と y の関係を表すグラフを，右の図にかきなさい。

(3) △APQ の面積が 6 cm² となるのは，A を出発してから何秒後ですか。

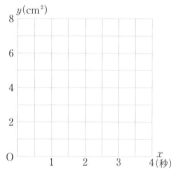

❷ 電車がある駅を発車してからまっすぐな線路上を x 秒間に進む距離を y m とすると，x の変域が $0 \leqq x \leqq 20$ の範囲では，$y = ax^2$ の関係が成り立ちます。

　この線路と平行な高速道路を秒速 24 m で走っている乗用車が，電車が発車してから 10 秒後に駅を通過し，さらにその 10 秒後，電車に追いつきました。

　このとき，次の問いに答えなさい。

(1) 右の図に，乗用車が進むようすを表すグラフをかき入れなさい。ただし，$10 \leqq x \leqq 20$ の部分だけでよい。

(2) 乗用車が電車に追いついたのは，駅から何 m の地点ですか。

(3) a の値を求めなさい。

❶ (1)　AQ を △APQ の底辺と見たとき，点 P が BC 上を動いている間の △APQ の高さは一定であることに着目する。

❷ (1)　$x = 10$ のとき $y = 0$ で，$x = 20$ のとき放物線と交わる。

3 ある細菌は，1度分裂した後成長し，また分裂します。つまり，1個の細菌が1回の分裂で2個に，2回の分裂で2×2＝4（個）に，3回の分裂で4×2＝8（個）に増えていきます。1個の細菌が x 回の分裂で y 個の細菌になるとします。

(1) x と y の関係を右の表にまとめました。
　　①　　，　②　　にあてはまる数を求めなさい。

x	0	1	2	3	4	5
y	1	2	4	8	①	②

(2) 細菌の数が100個を超えるのは，1個の細菌が何回分裂したときか求めなさい。

4 N社の宅配料金は，縦，横，高さの合計の長さで決まり，右のグラフはその合計の長さと料金の関係を表したものです。

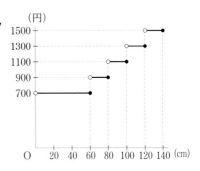

(1) 合計の長さが75 cm の荷物と120 cm の荷物を送るときの料金をそれぞれ求めなさい。

(2) 1100円の料金で送ることのできる荷物の合計の長さは何 cm までですか。

入試問題を やってみよう！

1 1辺が4 cm の正方形 ABCD で，点 P，Q がそれぞれ頂点 A，B を同時に出発して，P は辺 AB，BC 上を秒速0.5 cm で頂点 C に向かって動き，Q は辺 BC，CD，DA 上を秒速1 cm で頂点 A に向かって動きます。点 P，Q が出発してから x 秒後の △APQ の面積を y cm² とするとき，次の(1)～(3)の場合に y を x の式で表し，そのグラフをかきなさい。

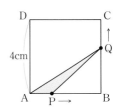

(1) $0 \leqq x \leqq 4$　　　(2) $4 \leqq x \leqq 8$　　　(3) $8 \leqq x \leqq 12$　　〔愛媛〕

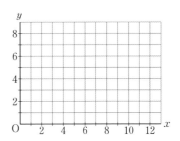

1 点 P，Q の位置に注意し，図をかいて考える。(1)では点 P は辺 AB 上，点 Q は辺 BC 上，(2)では点 P は辺 AB 上，点 Q は辺 CD 上，(3)では点 P は辺 BC 上，点 Q は辺 DA 上にある。

 ステージ **3** 関数 $y = ax^2$

解答 p.19

40分 /100

1 右の図は，⑦〜㋑の関数のグラフを，同じ座標軸を使ってかいたものです。(1)〜(5)の式をそれぞれ⑦〜㋑の中から選びなさい。

4点×5 (20点)

⑦ $y = -2x^2$　　㋑ $y = \dfrac{3}{2}x^2$　　㋒ $y = \dfrac{1}{4}x^2$

㋓ $y = -\dfrac{1}{4}x^2$　　㋔ $y = -x^2$

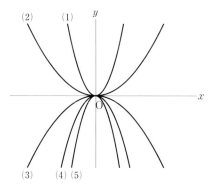

(1) (　　　)　　(2) (　　　)　　(3) (　　　)

(4) (　　　)　　(5) (　　　)

2 次の問いに答えなさい。

4点×6 (24点)

(1) y は x の2乗に比例し，$x = 6$ のとき $y = 12$ です。このとき，y を x の式で表しなさい。また，$y = 3$ のときの x の値を求めなさい。

式 (　　　　　　)　x の値 (　　　　　　)

(2) 関数 $y = -\dfrac{1}{4}x^2$ で，x の変域が次の①，②のときの y の変域を，それぞれ求めなさい。

① $-4 \leqq x \leqq 2$　　　　　　② $-3 \leqq x \leqq -1$

(　　　　　　)　　　　　　(　　　　　　)

(3) 関数 $y = \dfrac{1}{3}x^2$ で，x の値が次の①，②のように増加するときの変化の割合を求めなさい。

① -6 から -3 まで　　　　　② 1 から 5 まで

(　　　　　　)　　　　　　(　　　　　　)

3 次の(1)〜(5)について，a の値を求めなさい。

4点×5 (20点)

(1) 関数 $y = ax^2$ で，x の変域が $-4 \leqq x \leqq 2$ のとき，y の変域は $0 \leqq y \leqq 8$ である。

(　　　　　　)

(2) 関数 $y = \dfrac{1}{3}x^2$ で，x の変域が $-3 \leqq x \leqq 6$ のとき，y の変域は $a \leqq y \leqq 12$ である。

(　　　　　　)

(3) 関数 $y = ax^2$ で，x の値が2から4まで増加するときの変化の割合が18である。

(　　　　　　)

(4) 関数 $y = 2x^2$ で，x の値が a から $a+1$ まで増加するときの変化の割合が6である。

(　　　　　　)

(5) 関数 $y = 3x^2$ と $y = ax$ で，x の値が -2 から -1 まで増加するときの変化の割合が等しい。

(　　　　　　)

4 長さ 32 m のリボンがあります。これを半分に折って 2 本に切り，その 2 本を重ねて，ま た半分に切ります。このような切り方を x 回行ったときの，1 本の長さを y cm とします。

4点×2（8点）

(1) 右の表の ☐ をうめなさい。

(2) 1 本の長さが 25 cm になるの は，何回切ったときですか。

x（回）	0	1	2	3	4	……
y（cm）	3200	1600				……

（　　　　　　　　　）

5 右の図で，関数 $y = ax^2$ のグラフと直線 ℓ が 2 点 A，B で 交わっていて，A の x 座標は -4 です。また，ℓ が y 軸と交 わる点を C とすると，C の y 座標は -4 です。

関数 $y = ax^2$ で，x の値が -3 から -1 まで増加するとき の変化の割合が 2 であるとき，次の問いに答えなさい。ただし， 座標軸の 1 目もりを 1 cm とします。　　　4点×4（16点）

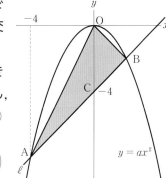

(1) a の値を求めなさい。

（　　　　　　　　　）

(2) 直線 ℓ の式を求めなさい。

（　　　　　　　　　）

発展 (3) 点 B の座標を求めなさい。

（　　　　　　　　　）

(4) △OAB の面積を求めなさい。

（　　　　　　　　　）

よく出る **6** 1 辺が 9 cm の正方形 ABCD で，点 P，Q が頂点 A を同時に 出発して，P は秒速 3 cm で辺 AB，BC，CD 上を頂点 D まで動き， Q は辺 AD 上を秒速 1.5 cm で頂点 D まで動いて D で止まります。 点 P が出発してから x 秒後の △APQ の面積を y cm² とすると き，次の問いに答えなさい。　　　　3点×4（12点）

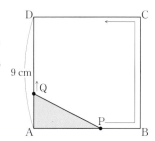

(1) 点 P が次の㋐，㋑，㋒上を動くとき，y を x の式で表しなさ い。また，x の変域を求めなさい。

　㋐ 辺 AB　　　　　　　　　　（　　　　　　　　　）

　㋑ 辺 BC　　　　　　　　　　（　　　　　　　　　）

　㋒ 辺 CD　　　　　　　　　　（　　　　　　　　　）

(2) △APQ の面積が最大となるとき，点 P はどの頂点にありますか。

（　　　　　　　　　）

1節　相似な図形
1 相似な図形

例1 相似な図形

教 p.138, 139 → 基本問題①

右の図の2つの四角形は相似です。頂点A，辺BC，∠H に対応する頂点，辺，角を答えなさい。また，2つの四角形が相似であることを，記号 ∽ を使って表しなさい。

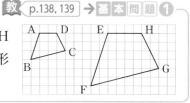

考え方 右の四角形は，左の四角形を拡大したものである。

解き方 頂点 A に対応するのは，頂点 [①]，辺 BC に対応するのは，辺 [②]，∠H に対応するのは，∠[③]。

記号を使って表すと，四角形 ABCD ∽ 四角形 [④]

> **相似**
> ある図形を拡大・縮小した図形があるとき，その図形ともとの図形は相似（そうじ）であるという。

例2 相似比

教 p.139, 140 → 基本問題②

右の図で，△ABC ∽ △DEF です。

(1)　△ABC と △DEF の相似比を求めなさい。
(2)　CA：FD を求めなさい。

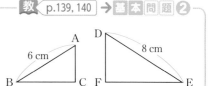

考え方 2つの三角形は相似だから，対応する辺の長さの比が相似比となる。

解き方 (1)　辺 AB と辺 DE は対応しているので，

△ABC と △DEF の相似比は 6：8 = [⑤]

> **たいせつ**
> 相似な図形で，対応する線分の長さの比を，相似比という。

(2)　対応する辺の長さの比はすべて等しいので，

CA：FD = [⑥]

例3 相似な図形の性質

教 p.140, 141 → 基本問題③

右の図で，△ABC ∽ △DEF です。

(1)　辺 AB の長さを求めなさい。
(2)　辺 EF の長さを求めなさい。

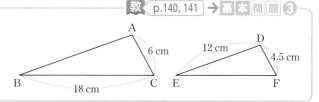

考え方 (2)　対応する角をはさんだ隣（とな）り合う 2 辺の長さの比も等しいことを利用する。

解き方 (1)　AB：DE = CA：FD で，AB = x cm とすると，x：12 = [⑦]：4.5 だから，4.5x = [⑧] より，

x = [⑨]

(2)　△ABC で，BC：CA = 18：6 = 3：1 であることを利用する。

BC：CA = EF：FD で，EF = y cm とすると，

3：1 = y：[⑩] だから，y = [⑪]

> **ここがポイント**
> $a：b = c：d$ ならば，$a：c = b：d$
> $a：b = c：d$ ならば，$ad = bc$

計算がラクになるね。

基本問題 　　　　　　　　　　　　　　　　解答 ▶ p.21

1 相似な図形　下の図で，四角形⑦と四角形⑦は相似です。このとき，次の問いに答えなさい。

教 p.138, 139 問1, 2

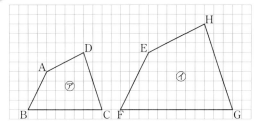

> **相似な図形の性質**
> ① 対応する線分の長さの比はすべて等しい。
> ② 対応する角の大きさはそれぞれ等しい。

(1) 2つの四角形が相似であることを，記号 ∽ を使って表しなさい。

(2) 2つの四角形について，対応する辺の長さの比や角の大きさの関係を，記号を使って表しなさい。

2 相似比　次の問いに答えなさい。

教 p.140 たしかめ1

(1) △ABC ∽ △DEF で，AB = 4 cm，DE = 7 cm のとき，△ABC と △DEF の相似比を求めなさい。

(2) 右の図で，△ABC ∽ △DEF のとき，△ABC と △DEF の相似比を求めなさい。

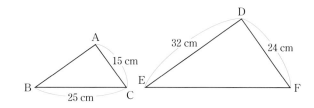

3 相似な図形の性質　次の(1)，(2)の図で，それぞれ 2 つの図形が相似であるとき，x，y の値を求めなさい。

教 p.140, 141 たしかめ2, 3

(1) 四角形 ABCD ∽ 四角形 EFGH

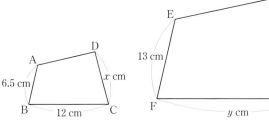

> まず，頂点がどのように対応しているかを確認してから考えるよ。

(2) △ABC ∽ △DEF

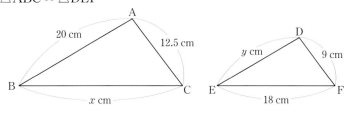

> **知ってると得**
> (2)は，対応する辺の比から式をつくっても解けるが，隣り合う辺の比を利用すると計算ミスが減らせるよ。
> EF : FD = 18 : 9
> 　　　　= 2 : 1
> に注目しよう。

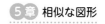
 1節 相似な図形
❷ 三角形の相似条件
❸ 三角形の相似条件と証明(1)

例1 三角形の相似条件 — 教 p.142〜144 → 基本問題❶

右の図で，相似な三角形を見つけ，記号 ∽ を使って表しなさい。また，そのときに使った相似条件を答えなさい。

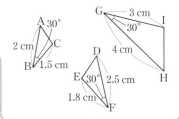

考え方 どの三角形も，2辺とその間の角の大きさがわかっているので，「2組の辺の比が等しく，その間の角が等しい」という条件に合うかどうかを調べる。

解き方 30°をはさむ2辺について，辺の長さの比を調べると，

△ABC と △DFE で，
　AB：DF = 2：2.5 = 4：5
　BC：FE = 1.5：1.8 = 5：6
△ABC と △HGI で，
　AB：HG = 2：4 = 1：2
　BC：GI = 1.5：3 = 1：2

三角形の相似条件

2つの三角形は，次のどれかが成り立つとき，相似である。
① 3組の辺の比がすべて等しい。　② 2組の辺の比が等しく，その間の角が等しい。　③ 2組の角がそれぞれ等しい。

$a:a' = b:b' = c:c'$　　$a:a' = c:c'$　　$\angle B = \angle B'$
$\angle B = \angle B'$　　$\angle C = \angle C'$

したがって，2組の辺の比が等しく，その間の角が等しいのは，△ABC と △HGI で，記号を使うと，

① [　　　　　　　　　]

例2 相似条件を使った証明① — 教 p.145 → 基本問題❷

∠B = 90° である直角三角形 ABC の頂点 B から斜辺 CA に垂線をひき，辺 CA との交点を D とする。このとき，△ABC ∽ △ADB であることを証明しなさい。

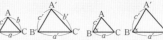

考え方 2つの三角形はともに直角三角形で，∠A が共通であることに着目する。

証明 △ABC と △ADB で，
仮定から，
　∠ABC = ∠ADB = 90°　……①
共通な角だから，
　∠BAC = ∠DAB　……②
①，②より，[② 　　　　　]　がそれぞれ等しいから，
　△ABC ∽ △ADB

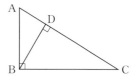

たいせつ

三角形の相似条件と証明
仮定…与えられた条件。証明の根拠として使うことができる。
証明…仮定と，これまでにわかっていることを使って，筋道をたてて結論を導くこと。

相似の証明
辺の長さの比や角の大きさに着目して，3つの相似条件のうち，あてはまるものを利用して証明する。

基本問題 ·············· 解答 p.21

1 **三角形の相似条件** 次の図で，相似な三角形の組をすべて選び出し，記号 ∽ を使って表しなさい。また，そのときに使った相似条件を答えなさい。

教 p.144 たしかめ1

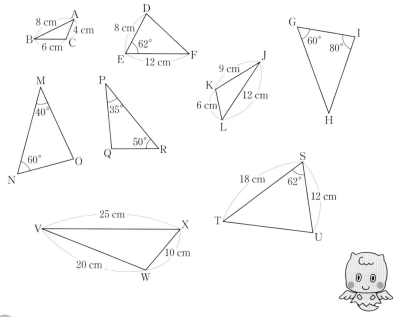

知ってると得

三角形の2つの角がわかっているときは，三角形の内角の和が180°であることから，残りの1つの角の大きさを求めることができる。

これを使うと，与えられた条件だけではわからなかった相似な三角形が見つかることがある。

2 **相似条件を使った証明①** 次の問いに答えなさい。

教 p.145 たしかめ1, 問1

(1) 右の図は，∠A = 90° である直角三角形 ABC の頂点 A から斜辺 BC に垂線をひき，辺 BC との交点を D としたものです。

このとき，△ABC ∽ △DAC であることを証明しなさい。また，BC = 10 cm，CA = 6 cm のとき，線分 CD の長さを求めなさい。

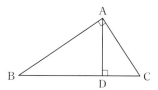

ここがポイント

三角形の相似条件は3つだけ。そのうち，どれを使えばよいか考えよう。

(1) 辺の長さがわからないので，角の大きさに注目してみる。また，線分 CD の長さを x cm とおき，対応する辺の比が等しいことから，比例式をつくる。

(2) 右の図は，直角三角形 ABC の辺 CA の延長線上に点 D をとり，点 D から辺 BC へ垂線 DE をひいたものです。△ABC ∽ △EDC であることを証明しなさい。

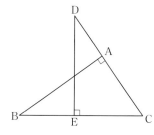

(2) 2つの三角形に共通の角があることに着目しよう。

5章

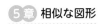
確認のワーク ステージ 1

1節 相似な図形
❸ 三角形の相似条件と証明(2)
■ 相似な図形のかき方

例 1 相似条件を使った証明②

教 p.146 → 基本問題 ❶❷❸

△ABC の辺 AB，AC 上に，右の図のように点 D，E をとります。このとき，△ABC ∽ △AED であることを証明しなさい。

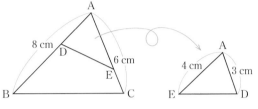

考え方 わかっている辺の長さから，比を求めて考えよう。

証明 △ABC と △AED で，

仮定から，AB : AE = 8 : 4 = 2 : 1

AC : AD = 6 : 3 = 2 : 1

したがって，AB : AE = AC : AD ……①

共通な角だから，∠BAC = ∠EAD ……②

①，②より，〔 ① 〕 が等しく，

その間の角が等しいから，△ABC ∽ △AED

対応する辺や角がどれなのか，しっかりとらえよう。

例 2 相似な図形のかき方

教 p.147, 148 → 基本問題 ❹

右の図は，△ABC を 3 倍に拡大した △A′B′C′ をかいたものです。
(1) どのようにかいたかを説明しなさい。
(2) △ABC ∽ △A′B′C′ であることを証明しなさい。

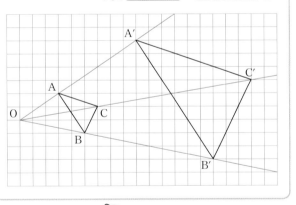

考え方 点 O，A，A′ は同じ直線上にあり，OA′ = 3OA となっていることに着目する。

解き方 (1) 半直線 OA，OB，OC をひき，それぞれの線上に OA′ = 3OA，OB′ = 3OB，OC′ = 〔 ② 〕となる点，A′，B′，C′ をとる。
3 点 A′，B′，C′ をそれぞれ線分で結ぶ。

(2) **証明** △OAB と △OA′B′ で，∠O は共通，

OA : OA′ = OB : OB′ = 1 : 3 したがって，

△OAB ∽ △OA′B′ で，AB : A′B′ = 1 : 3

同じように，BC : B′C′ = 1 : 3,

AC : A′C′ = 1 : 3 したがって，△ABC と

△A′B′C′ で，3 組の辺の比がすべて等しいから，〔 ③ 〕

👉 相似の位置と相似の中心

2つの図形の対応する点を通る直線がすべて1点Oを通り，点Oから対応する点までの距離の比がすべて等しいとき，この2つの図形は，相似の位置にあるという。また，このときの点Oを，相似の中心という。

基本問題 ━━━━━━━━━━━━━━━━━━━━━━━━━━━━━━ 解答 p.22

① 相似条件を使った証明②

右の図のように，△ABC の辺 AB 上に点 D をとるとき，△ABC と相似な三角形を見つけ，相似であることを証明しなさい。

教 p.146 問2

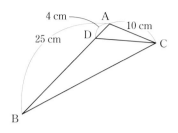

ここがポイント

2つの三角形は，∠A が共通であることに注目する。対応する辺を間違えないように辺の比を調べよう。

② 相似条件を使った証明②

右の図のように，点 C で交わる線分 AD と BE の A と B，D と E を結ぶとき，△ABC ∽ △DEC であることを証明しなさい。

教 p.146 問2

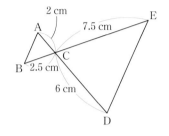

ここがポイント

∠ACB と ∠DCE は，対頂角なので等しい。

③ 相似条件を使った証明②

右の図は，長方形 ABCD の頂点 C が辺 AD 上にくるように，BF を折り目として，折り返したものです。このとき，△ABE と相似な三角形を見つけ，相似であることを証明しなさい。

教 p.146 問3

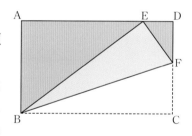

ここがポイント

「折り返した」のだから，△BCF ≡ △BEF である。つまり，
∠BEF = ∠BCF = 90°
であり，
∠AEB + ∠DEF
= 180° − 90° = 90°
これを利用する。

5章

④ 相似な図形のかき方　点 O を次のようにとるとき，点 O を相似の中心として，△ABC を 2 倍に拡大した △A′B′C′ をかきなさい。

教 p.147

ここがポイント

まず，点 O から，3 点 A，B，C に半直線をひいて考える。点 A′，B′，C′ は，この 3 本の直線上にある。

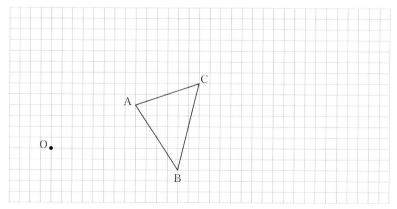

左ページの
例 の答え　　①2 組の辺の比　②3OC　③△ABC ∽ △A′B′C′

1節　相似な図形

1 右の図で，四角形 ABCD ∽ 四角形 EFGH のとき，∠F の
大きさと GH の長さを求めなさい。また，相似比を求めなさ
い。

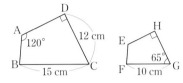

2 次の(1)〜(3)の図で，相似な三角形を記号 ∽ を使って表しなさい。また，(1)，(2)は x の値を，
(3)は x，y の値を求めなさい。ただし，同じ印をつけた角はそれぞれ等しいとします。

(1)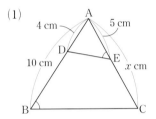

(2)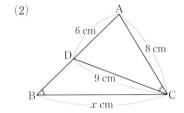

(3)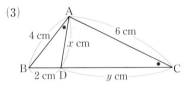

3 右の図の四角形 ABCD で，∠BAC = ∠BDC です。
△AOB ∽ △DOC であることを証明しなさい。

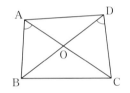

4 右の図の □ABCD で，頂点 A と辺 CD 上の点 E を通る直線が，
辺 BC を延長した直線と交わる点を F とします。
このとき，△ABF ∽ △EDA であることを証明しなさい。

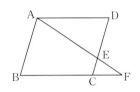

5 ∠C = 90° である直角三角形 ABC の辺 BC の延長上に点 D をとり，
D から斜辺 AB に垂線 DE をひきます。AB = 12 cm，BC = 6 cm，
BD = 10 cm のとき，線分 AE の長さを求めなさい。

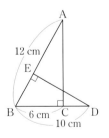

4 AD ∥ BC であること，平行四辺形の対角が等しいことを使って証明する。
5 △ABC ∽ △DBE より，まずは線分 BE の長さを求める。

6 右の図のように，△ABC の頂点 B と辺 AC 上の点 D を結んだとき，△ABC ∽ △ADB であることを証明しなさい。また，BC : DB を求めなさい。

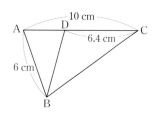

7 右の図で，点 O を相似の中心として，△ABC を $\dfrac{1}{2}$ に縮小した △A′B′C′ をかきなさい。

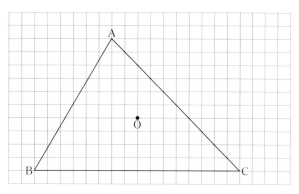

![入試問題を やってみよう！]

1 右の図のように △ABC は AB = AC の二等辺三角形で，頂点 A から辺 BC にひいた垂線と辺 BC との交点を D とします。辺 AB 上に点 E をとり，点 E から辺 AC にひいた垂線と辺 AC との交点を F とします。点 E を通り辺 AC に平行な直線と C を通り線分 EF に平行な直線との交点を G，線分 EG と辺 BC との交点を H とします。四角形 EGCF が長方形であるとき，△ABD ∽ △CHG であることを証明しなさい。　　　　　　　〔大阪・改〕

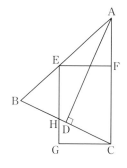

2 図で，四角形 ABCD は長方形，E は辺 AD 上の点，F，G はともに辺 BC 上の点で EF ⊥ AC，EG ⊥ BC である。また，H，I はそれぞれ線分 AC と EF，EG との交点である。
　AB = 4 cm，AD = 6 cm，AE = 4 cm のとき，線分 FG の長さは何 cm か，求めなさい。　　〔愛知 B〕

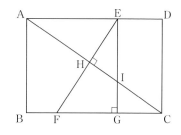

1 90° の角と，二等辺三角形や平行線の性質を利用する。
2 △EFG ∽ △EIH，△EIH ∽ △CAB だから，△EFG ∽ △CAB となる。

2節　平行線と線分の比

1 三角形と比

例1 三角形と比の定理 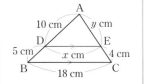 教 p.150〜152 → 基本問題①

右の図で，DE∥BC のとき，x，y の値をそれぞれ求めなさい。

考え方 三角形と比の定理の①か②のどちらかを利用する。

解き方 x の値…三角形と比の定理①より，$x : 18 = 10 :$ ①☐

$x : 18 = 2 : 3$　　よって，$x =$ ②☐

y の値…三角形と比の定理②より，

$y : 4 = 10 :$ ③☐

よって，$y =$ ④☐

> **☞ 三角形と比の定理**
> 右の図で，DE∥BC ならば，
> ① **AD : AB = AE : AC = DE : BC**
> ② **AD : DB = AE : EC**
>
>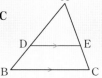

例2 三角形と比の定理の逆 教 p.152〜154 → 基本問題②③

右の図で，線分 DE，EF，FD が △ABC の辺に平行であるか調べなさい。

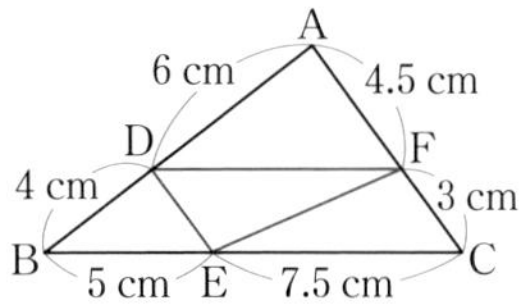

考え方 三角形と比の定理の逆があてはまるか調べる。

解き方 AD : DB = 6 : 4 = 3 : 2，AF : FC = 4.5 : 3 = 3 : 2

したがって，AD : DB = AF : FC だから，

DF∥ ⑤☐　　同様に，BD : DA = BE : EC = 2 : 3 → DE∥ ⑥☐

また，CE : EB = 3 : 2，
CF : FA = 2 : 3
三角形と比の定理の逆にあてはまらないので，線分 EF は辺 BA と平行ではない。

> **☞ 三角形と比の定理の逆**
> 右の図で，
> ① **AD : AB = AE : AC ならば，**
> 　　　**DE∥BC**
> ② **AD : DB = AE : EC ならば，**
> 　　　**DE∥BC**
>
>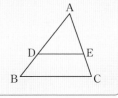

例3 角の二等分線と辺の比 教 p.154〜156 → 基本問題④

右の図で，線分 AD は ∠BAC の二等分線です。このとき，x の値を求めなさい。

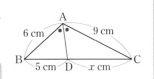

考え方 AB : AC = BD : CD にあてはめる。

解き方 $6 : 9 = 5 : x$

$6x = 45$　　$x =$ ⑦☐

> **➤ たいせつ**
> △ABC で，線分 AD が ∠BAC の二等分線のとき，
> AB : AC = BD : CD
>
>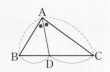

基本問題 .... 解答 p.23

1 三角形と比の定理 次の図で，DE∥BC のときの x，y の値をそれぞれ求めなさい。

(1)
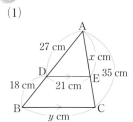

(2)
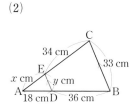

(3)
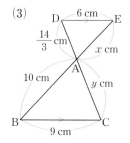

教 p.152 たしかめ1

ここがポイント

(1) $x : AC = AD : AB$
$x : EC = AD : DB$
どちらで計算しても
よい。

2 三角形と比の定理の逆 次の図で，DE∥BC であるといえるかを調べなさい。

(1)
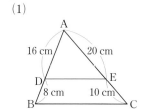

(2)
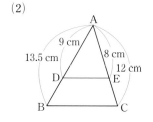

教 p.153, 154 問5

ここがポイント

(1) AD : DB，
AE : EC をそれ
ぞれ調べて，比べ
てみよう。

5
章

3 三角形と比の定理の逆 右の図で，
線分 DE，EF，FD のうち，△ABC の
辺に平行なものを答えなさい。

教 p.154 問5

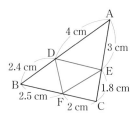

ここがポイント

AD : DB，AE : EC を
調べれば，DE と BC が
平行かどうかがわかる。
他の線分も同様に調べる。

4 角の二等分線と辺の比 下の図で，x の値を求めなさい。

教 p.156 たしかめ2, 問7

(1)
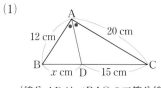

（線分 AD は ∠BAC の二等分線）

(2)
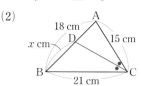

（線分 CD は ∠BCA の二等分線）

ここがポイント

(2) $AD = (18 - x)$cm とおいて，
$(18 - x) : x = 5 : 7$
また，
$CA : CB = AD : BD$
$= 5 : 7$
だから，$x = 18 \times \dfrac{7}{5 + 7}$
と解いてもよい。

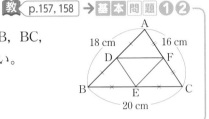

 **2節 平行線と線分の比**
2 中点連結定理
3 平行線と線分の比

例 **1** 中点連結定理 ──────── 教 p.157, 158 → 基本 問題 ❶ ❷

右の図の △ABC で，点 D，E，F は，それぞれ辺 AB，BC，CA の中点です。線分 DF，DE，FE の長さを求めなさい。

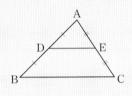

考え方 点 D，F はそれぞれ辺 AB，CA の中点だから，中点連結定理を使って，BC の長さから DF の長さを求める。同じように，CA から DE を，AB から FE を求める。

解き方 △ABC で 2 点 D，F はそれぞれ辺 AB，AC の中点なので，中点連結定理により，

$$DF = \frac{1}{2}BC = \boxed{}^{①}\ cm$$

同様に $DE = \frac{1}{2}AC = \boxed{}^{②}\ cm$，

$$FE = \frac{1}{2}AB = \boxed{}^{③}\ cm$$

> **中点連結定理**
>
>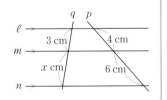
>
> △ABC の 辺 AB，AC の中点をそれぞれ D，E とするとき，
>
> $$DE \parallel BC,\quad DE = \frac{1}{2}BC$$

例 **2** 平行線と線分の比 ──────── 教 p.159, 160 → 基本 問題 ❸

右の図のように，平行な 3 つの直線 ℓ，m，n に 2 つの直線 p，q が交わっています。このとき，x の値を求めなさい。

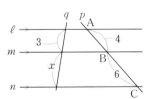

考え方 ℓ，m，n は平行だから「平行線と線分の比」の定理を利用する。

解き方 直線 p が 3 つの直線 ℓ，m，n と交わる点を A，B，C とすると，AB : BC = 4 : 6 = 2 : 3 である。平行線と線分の比の定理から，直線 q も同じ比で分けられていると考えることができる。

したがって，$3 : x = 2 : 3$

これを解いて，$x = \boxed{}^{④}$

> **平行線と線分の比**
>
> 3 つ以上の平行線に 2 直線が交わるとき，2 直線は平行線によって，等しい比に分けられる。
>
> ℓ，m，n が平行ならば，
>
> $$a : b = a' : b'$$

基本問題 .... 解答 p.24

1 中点連結定理　右の図の △ABC で，辺 AB，BC，CA の中点をそれぞれ D，E，F とします。このとき，△DEF の周の長さを求めなさい。 教 p.157 問2

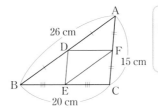

> 辺の中点どうしを結んでいるから，中点連結定理が使えるね。

2 中点連結定理を使った証明　右の図の四角形 ABCD で，点 E，F，G はそれぞれ AD，BD，BC の中点です。また，AB = DC です。△EFG は二等辺三角形であることを証明しなさい。 教 p.158 たしかめ1

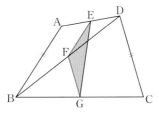

ここがポイント

二等辺三角形であることを証明するには，FE = FG をいえばよい。

3 平行線と線分の比　次の(1)～(3)で x の値を，(4)で，x，y の値をそれぞれ求めなさい。

(1) ℓ，m，n は平行

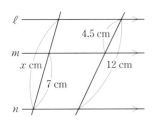

(2) ℓ，m，n は平行

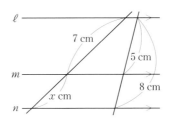

教 p.160 たしかめ1

ここがポイント

平行線と線分の比の定理を使って計算する。

(3) ℓ，m，n は平行

(4) ℓ，m，n，o は平行

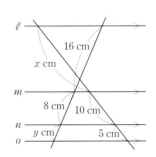

知ってると得

上の図のように，直線をずらして考えると，p.70 の三角形と比の定理の考え方で求めることもできる。

左ページの 例 の答え　① 10　② 8　③ 9　④ $\frac{9}{2}$

 3節　相似な図形の面積の比と体積の比
1 相似な図形の面積

例 **1** 相似な三角形の相似比と面積の比

右の図で，△ABC ∞ △DEF です。

(1)　△ABC と △DEF の相似比を求めなさい。

(2)　△ABC と △DEF の面積の比を求めなさい。

考え方　相似比が $m:n$ のとき，面積の比は
$m^2:n^2$ となることを使う。

解き方 (1)　対応する辺 BC と辺 EF の長さ
がわかっているので，そこから求める。
相似比は，

BC : EF = 9 : 6 = □① : □②

➤ たいせつ

相似な三角形では，相似比が $m:n$ のとき，
面積の比は $m^2:n^2$ である。

例　右の図の2つの三角形
が相似であるとき
$S:S' = 3^2:4^2 = 9:16$

(2)　相似比が □① : □② なので，面積の比は

□①² : □②² = □③ : □④

例 **2** 相似な平面図形の面積の比

右の図で，五角形 ABCDE ∞ 五角形 FGHIJ で，
相似比は 3:4 です。

(1)　五角形 ABCDE と五角形 FGHIJ の面積の比
を求めなさい。

(2)　五角形 ABCDE の面積が $18\,\text{cm}^2$ のとき，五
角形 FGHIJ の面積を求めなさい。

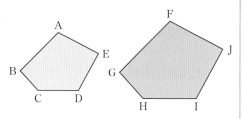

考え方 (1)　相似比から面積の比を求める。(2)　面積の比を利用して，比例式をつくる。

解き方 (1)　五角形 ABCDE と五角形 FGHIJ の相
似比は 3:4 だから，面積の比は，

□⑤² : □⑥² = □⑦ : □⑧

相似な平面図形の面積の比

相似な平面図形では，相似比が $m:n$ の
とき，面積の比は $m^2:n^2$ である。

(2)　五角形 ABCDE と五角形 FGHIJ の面積の比
は，(1)より，□⑦ : □⑧ だから，

五角形 FGHIJ の面積を $x\,\text{cm}^2$ とすると，

$18:x = $ □⑦ : □⑧

これを解いて，$x = $ □⑨

したがって，五角形 FGHIJ の面積は，□⑨ cm^2

相似な図形の相似比と，どちらか
1つの図形の面積がわかれば，もう
1つの図形の面積も求められるね。

基本問題 .... 解答 p.24

1 **相似な三角形の相似比と面積の比** △ABC ∽ △DEFで，その相似比が5：9のとき，△ABCと△DEFの面積の比を求めなさい。

教 p.163 たしかめ1

ここが ポイント
相似な三角形では，
相似比が $m : n$ なら，
面積の比は $m^2 : n^2$

2 **相似な平面図形の面積の比** 右の図のように，直径3cmの円Pと，直径5cmの円Qがあります。これについて，次の問いに答えなさい。

(1) 円Pと円Qの相似比を求めなさい。　教 p.164 問2

(2) 円Pと円Qの周の長さの比を求めなさい。

(3) 円Pと円Qの面積の比を求めなさい。

ここが ポイント
三角形だけでなく，どんな平面図形も相似比から面積の比を求めることができる。
円や正三角形，正方形のような図形は，その性質から必ず相似になる。

まずは，
相似比→面積の比の
順に求めよう。

5章

3 **相似な平面図形の面積の比** 四角形 ABCD ∽ 四角形 EFGH で，AB = 8cm，EF = 14cm です。四角形 ABCD の面積が 48cm² のとき，四角形 EFGH の面積を求めなさい。　教 p.164 たしかめ2

4 **相似な平面図形の面積の比** 右の図で，点 D，E はそれぞれ辺 AB，AC 上の点で，DE∥BC です。BC = 20cm，DE = 16cm として，次の問いに答えなさい。　教 p.164 問3

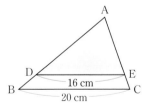

(1) △ADE と △ABC の関係を，記号を使って表しなさい。

(2) △ADE と △ABC の面積の比を求めなさい。

(3) △ADE の面積が 80cm² のとき，四角形 DBCE の面積を求めなさい。

ここが ポイント
(3) 四角形 DBCE の面積は，
△ABC－△ADE
であることに気がつけば，計算することができる。

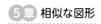

　3節　相似な図形の面積の比と体積の比
2 相似な立体の表面積と体積

教 p.165, 166 → 基本問題 ❶

例 1 相似な立体

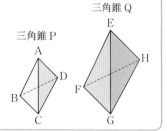

　右の図で，三角錐 P と三角錐 Q は相似です。頂点 A と E，B と F，C と G，D と H が対応していて，相似比は 2：3 です。

(1)　AB ＝ 4 cm のとき，辺 EF の長さを求めなさい。

(2)　△BCD と △FGH の関係を記号を使って表し，面積の比も求めなさい。

考え方 (2)相似な立体では，対応する面は相似である。

解き方 (1)　対応する辺の長さの比は相似比に等しいので，

AB：EF ＝ 2：3　AB ＝ 4 cm だから，

4：EF ＝ 2：3　これを解いて，EF ＝ ① ◯◯◯ cm

(2)　△BCD と △FGH は相似だから，△BCD ② ◯◯◯ △FGH

よって，面積の比は，

△BCD：△FGH ＝ 2^2：3^2 ＝ ③ ◯◯◯ ： ④ ◯◯◯

> **たいせつ**
> 相似な立体…ある立体を拡大したり縮小したりした立体は，もとの立体と相似であるという。相似な立体では，平面図形と同様，対応する線分の長さの比は等しく，この比を相似比という。また，対応する面も相似である。

例 2 相似な立体の表面積の比と体積の比

教 p.166, 167 → 基本問題 ❷ ❸

　相似な 2 つの円柱 P，Q があり，円柱 P の高さは 8 cm，円柱 Q の高さは 10 cm です。

(1)　円柱 P と円柱 Q の相似比を求めなさい。

(2)　円柱 P と円柱 Q の表面積の比を求めなさい。

(3)　円柱 P の体積が 32π cm³ のとき，円柱 Q の体積を求めなさい。

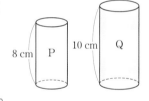

考え方 高さの比が相似比となることに着目する。

解き方 (1)　高さの比は，8：10 ＝ 4：5 だから，相似比は

⑤ ◯◯◯ ： ⑥ ◯◯◯

> **相似な立体の表面積の比・体積の比**
> 相似な立体では，
> 相似比が $m：n$ のとき，
> 表面積の比は，$m^2：n^2$
> 体積の比は，$m^3：n^3$

(2)　相似比は ⑤ ◯◯◯ ： ⑥ ◯◯◯ だから，表面積の比は，

⑤ ◯◯◯ ² ： ⑥ ◯◯◯ ² ＝ ⑦ ◯◯◯ ： ⑧ ◯◯◯

(3)　相似比は ⑤ ◯◯◯ ： ⑥ ◯◯◯ だから，体積の比は，

⑤ ◯◯◯ ³ ： ⑥ ◯◯◯ ³ ＝ ⑨ ◯◯◯ ： ⑩ ◯◯◯

円柱 Q の体積は，32π：(円柱 Q の体積) ＝ ⑨ ◯◯◯ ： ⑩ ◯◯◯ を解いて，⑪ ◯◯◯ cm³

基本問題 ···································· 解答 p.24

① 相似な立体 右の図で，立方体Q
は立方体Pを3倍に拡大した立体
です。 教 p.165, 166 問1, 2

立方体Q

立方体P

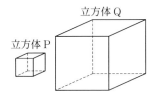

(1) 立方体PとQの相似比を求め
なさい。

> **ここがポイント**
> ある立体を拡大したり縮小したりした立体は，もとの立体と相似である。

(2) 立方体Pの1辺の長さが1cmのとき，立方体Qの表面積
を求めなさい。

(3) 立方体PとQの体積の比が1:27になることを，立方体
Pの1辺の長さを a とおいて説明しなさい。

② 相似な立体の表面積の比と体積の比 相似比が5:7
の相似な2つの立体P，Qがあります。立体Pの表面
積が $325\,\text{cm}^2$，体積が $250\,\text{cm}^3$ のとき，立体Qの表面積
と体積を，それぞれ求めなさい。 教 p.167 たしかめ1

> 相似比がわかっているから，表面積の比と体積の比もわかるね。立体Qの表面積を $x\,\text{cm}^2$，体積を $y\,\text{cm}^3$ とおいて比例式をつくろう。

5章

③ 相似な立体の体積の比 右の図のように，
三角錐Pを底面に平行な平面で切り，三
角錐Qと立体Rに分けます。三角錐Qの
高さが三角錐Pの高さの $\dfrac{2}{5}$ であるとき，
次の問いに答えなさい。 教 p.167 たしかめ2

三角錐Q

立体R
三角錐P

> **ここがポイント**
> (1) 2つの三角錐は相似で，相似比は高さの比に等しい。相似比から体積の比を求める。
> (2) 立体Rの体積は，
> (三角錐P) − (三角錐Q)
> である。

(1) 三角錐Pと三角錐Qの体積の比を求めなさい。

(2) 三角錐Qと立体Rの体積の比を求めなさい。

左ページの 例 の答え ①6 ②∞ ③4 ④9 ⑤4 ⑥5 ⑦16 ⑧25 ⑨64 ⑩125 ⑪$\dfrac{125}{2}\pi$

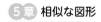

　４節　相似な図形の活用
1 相似な図形の活用
数学の広場 発展 三角形の重心

例 **1** 相似な図形の活用 　教 p.169, 170 → 基本 問題 ❶ ❷

　川の向こう側の A 地点との距離(きょり)をはかるために，∠ABC が直角となるように２地点 B，C をとり，∠ACB をはかったら 27° でした。右の図は，△ABC の $\dfrac{1}{1000}$ の縮図 △A′B′C′ です。辺 B′C′ が 3.2 cm となるとき，２地点 A，B 間の距離を求めなさい。

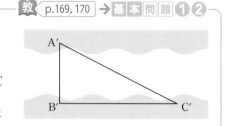

考え方　△ABC と △A′B′C′ は相似で，その相似比は 1000：1 である。A′B′ の長さをはかり，それをもとに計算する。

解き方　縮図の △A′B′C′ 上で線分 A′B′ の長さをものさしではかってみたところ，A′B′ = 1.6 cm であった。したがって，A，B 間の距離は，

　　AB = 1.6×1000 (cm) = 1600 (cm) = □(①) (m)

> **➡ たいせつ**
>
> 直接はかることができない２地点間の距離は，縮図をかいて求めることができる。

発展 例 **2** 三角形の重心 　教 p.175, 176 → 基本 問題 ❸ ❹

　右の図の △ABC で，点 G が重心(じゅうしん)であるとき，次の問いに答えなさい。

(1)　AB = 12 cm のとき，線分 AN の長さを求めなさい。

(2)　CG = 8 cm のとき，線分 GN の長さを求めなさい。

(3)　AL = 21 cm のとき，線分 AG の長さを求めなさい。

考え方　点 G は △ABC の重心なので，線分 AL，BM，CN は中線である。

解き方　(1)　N は辺 AB の中点だから，

　　$AN = \dfrac{1}{2} AB = \dfrac{1}{2} \times 12 =$ □(②) (cm)

(2)　点 G は重心なので，中線 CN を 2：1 に分ける。したがって，

　　CG：GN = 2：1

　　　8：GN = 2：1

　　2GN = 8　　GN = □(③) cm

(3)　AG：GL = 2：1 だから，

　　$AG = \dfrac{2}{2+1} \times AL =$ □(④) ×21 = □(⑤) (cm)

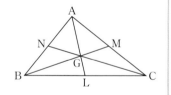

> **👆 中線**
>
> 三角形の１つの頂点と，それに向かい合う辺の中点を結ぶ線分を，中線(ちゅうせん)という。

> **👆 三角形の重心**
>
> 三角形の３つの中線は１点で交わり，その点を重心という。重心は，それぞれの中線を 2：1 に分ける。
>
>

基本問題 ·· 解答 ▶ p.25

1 相似な図形の活用　右の図で，木の影の長さをはかったところ，3 m でした。身長が 1.6 m の A さんの同じ時刻における影の長さを利用して，木の高さを求めます。A さんの影の長さが 1.2 m のとき，木の高さはおよそ何 m ですか。　教 ▶ p.169

木の影　Aさんの影

2 相似な図形の活用　池の両端の A 地点，B 地点間の距離をはかるために，A 地点から 30 m，B 地点から 36 m のところに C 地点を選び，∠ACB をはかったら 80° でした。A，B 間の距離を縮図をかいて求めなさい。

教 ▶ p.169 問1

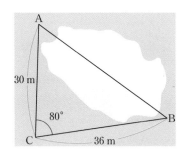

ここがポイント

$\dfrac{1}{1000}$ の縮図をかいて，AB に対応する辺の長さをものさしではかってみること。相似な図形の性質を使って，実際の距離を求めることができる。

発展 3 三角形の重心　右の図で，点 N，M はそれぞれ辺 AB，CA の中点です。線分 BM と CN の交点を G とするとき，△GBC ∽ △GMN を証明し，BG : GM ＝ 2 : 1 であることを説明しなさい。　教 ▶ p.175, 176

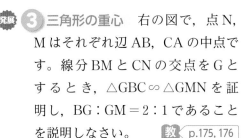

ここがポイント

中点連結定理より，
NM ∥ BC
NM ＝ $\dfrac{1}{2}$ BC を利用する。

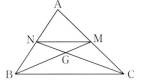

△GBC と △GMN で，2 組の等しい角をみつけよう。

発展 4 三角形の重心　次の(1)，(2)の図で，G は △ABC の重心です。このとき，x，y，z の値を求めなさい。　教 ▶ p.175, 176

ここがポイント

三角形の重心は，3 つの中線の交点で，中線を 2 : 1 に分けることを利用して計算する。

(1)

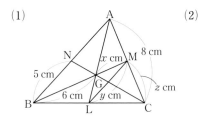

(2)

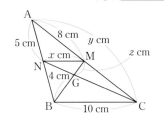

左ページの 例 の答え　① 16　② 6　③ 4　④ $\dfrac{2}{3}$　⑤ 14

2節　平行線と線分の比
3節　相似な図形の面積の比と体積の比
4節　相似な図形の活用

解答 ▶ p.25

1 次の(1)，(2)の図で，x と y の値を，(3)の図で x の値をそれぞれ求めなさい。

(1)　DE ∥ BC

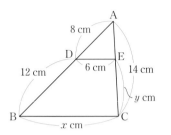

(2)　ℓ，m，n，o は平行

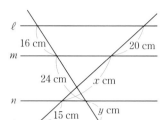

(3)　∠ABD ＝ ∠CBD

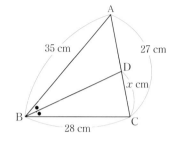

2 右の図で，EF ∥ AB，DC ∥ AB です。

(1)　BE：ED および BE：BD を求めなさい。

(2)　(1)の結果を利用して，線分 EF の長さを求めなさい。

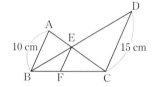

3 四角形 ABCD の辺 DA，BC，対角線 BD，AC の中点をそれぞれ P，Q，R，S とします。

(1)　四角形 PRQS はどんな四角形になりますか。

(2)　AB ＝ CD のとき，四角形 PRQS はどんな四角形になりますか。理由も説明しなさい。

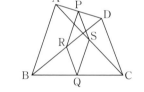

4 右の図の △ABC で，点 D，E は辺 AB を 3 等分する点，点 F は辺 AC の中点です。BC，DF それぞれの延長の交点を G とします。

(1)　BC ＝ CG であることを証明しなさい。

(2)　DF ＝ 2 cm のとき，線分 FG の長さを求めなさい。

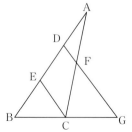

2 (1)，(2)の両方とも，三角形と比の定理を利用する。

5 右の図で，DE∥AC，AD：DB＝2：3です。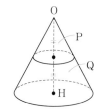

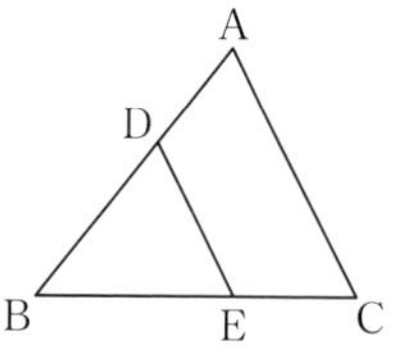

(1) △ABC と △DBE の周の長さの比を求めなさい。

(2) △DBE の面積が 36 cm² のとき，四角形 ADEC の面積を求めなさい。

6 右の図のように，円錐を高さ OH の中点を通り底面に平行な平面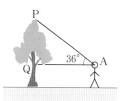
で切り，2つの立体 P と Q に分けます。

(1) 切り取った円錐 P ともとの円錐の表面積の比を求めなさい。

(2) 切り取った円錐 P ともとの円錐の体積の比を求めなさい。

7 右の図のように，A さんが木から 4.5 m 離れたところから木を見上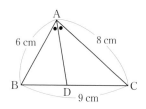
げたら，∠PAQ＝36° でした。

目の高さを 1.5 m として，この木の高さを縮図をかいて求めなさい。

入試問題を やってみよう！ ‥‥‥‥‥‥‥‥‥

5章

1 右の図のように，AB＝6 cm，BC＝9 cm，CA＝8 cm の △ABC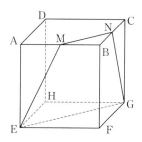
がある。∠A の二等分線が辺 BC と交わる点を D とするとき，線分
BD の長さを求めなさい。　〔長崎〕

2 右の図のように，1辺の長さが 4 cm の立方体があり，辺 AB の
中点を M，辺 BC の中点を N とします。この立方体を 4 点 M，E，G，
N を通る平面で 2 つの立体に切ります。2 つの立体のうち，頂点 B
をふくむ立体の体積を求めなさい。　〔佐賀〕

2 直線 EM，FB，GN は 1 点で交わり，その交点を P とすると，三角錐 PMBN と PEFG は相似である。

解答 p.27

ステージ3 相似な図形

実力判定テスト

40分　/100

1 下の図で，相似な三角形の組をすべて見つけ，記号 ∽ を使って表しなさい。また，その
ときに使った相似条件を答えなさい。

5点×3（15点）

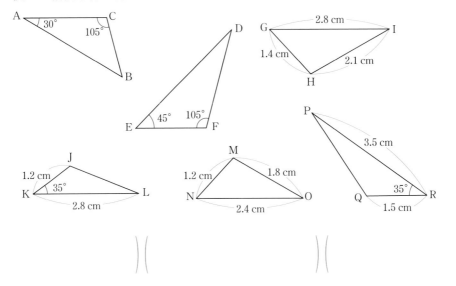

$($　　　　　　　$)($　　　　　　$)($　　　　　　$)$

2 次の(1)，(2)の図で，それぞれ相似な三角形を見つけ，記号 ∽ を使って表しなさい。また，
そのときに使った相似条件と相似比を答えなさい。

5点×4（20点）

(1)　　　　　　　　　　　　　　　(2)

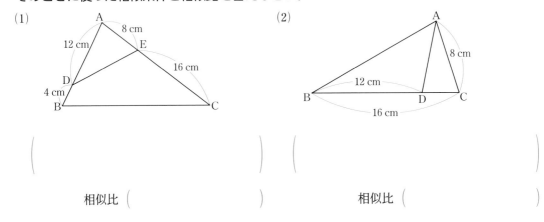

$($　　　　　　　　　　$)$　　　　　$($　　　　　　　　　　$)$

相似比 $($　　　　　　　$)$　　　　相似比 $($　　　　　　　$)$

3 右の図の台形 ABCD で，AD，EF，BC は平行です。このとき，
次の問いに答えなさい。

5点×3（15点）

(1)　x の値を求めなさい。

$($　　　　　　　　　　　$)$

(2)　CG：CA を求めなさい。

$($　　　　　　　　　　　$)$

(3)　y の値を求めなさい。

$($　　　　　　　　　　　$)$

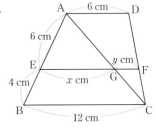

目標 相似な図形の性質を理解し，中点連結定理や平行線と線分の比の定理を使いこなせるようにしよう。

自分の得点まで色をぬろう！

0　　　　　　　　　60　80　100点

4 右の図のような AD ∥ BC の台形 ABCD で，点 M，N はそれぞれ辺 AB，CD の中点です。直線 DM と CB の交点を E とするとき，次の問いに答えなさい。　　　5点×2（10点）

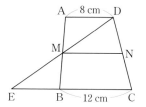

(1) 線分 BE の長さを求めなさい。

（　　　　　　　　　　　）

(2) 線分 MN の長さを求めなさい。

（　　　　　　　　　　　）

5 右の図の △ABC で，DE ∥ BC のとき，次の問いに答えなさい。
　　　5点×4（20点）

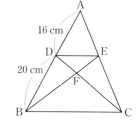

(1) △ADE と四角形 DBCE の面積の比を求めなさい。

（　　　　　　　　　　　）

(2) EF：FB を求めなさい。

（　　　　　　　　　　　）

(3) △DFE の面積を S とするとき，△DBF と △FBC の面積をそれぞれ S を使って表しなさい。　　　△DBF（　　　　　　　　）　△FBC（　　　　　　　）

6 右の図で，点 M，N は四角錐 P の辺 AB を 3 等分する点です。図のように，四角錐 P を M，N を通り，底面に平行な面で 3 つの部分 Q，R，S に分けます。　　　5点×3（15点）

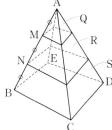

(1) Q と四角錐 P の表面積の比を求めなさい。

（　　　　　　　　　　　）

(2) Q の体積を V と表すとき，R，S の体積を V を使って表しなさい。
　　　R（　　　　　　　　）　S（　　　　　　　　）

7 池の両端の A 地点，B 地点の距離をはかるために，A 地点から 44 m，B 地点から 56 m のところに C 地点を選び，∠ACB をはかったら 88° でした。2 地点 A，B 間の距離を縮図をかいて求めなさい。　　　（5点）

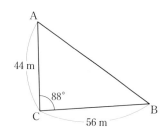

（　　　　　　　　　　　）

 アプリ【どこでもワーク計算編・図形編】をやって，さらに力をつけよう！

1節　円周角の定理
1 円周角の定理
2 円周角の定理の逆

例1 円周角の定理　　　　　　　　　　教 p.180〜182 → 基本問題 1 2

右の図で，∠x の大きさを求めなさい。

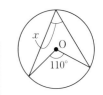

考え方 同じ弧に対する円周角と中心角の関係から計算する。

解き方 円周角は中心角の $\frac{1}{2}$ だから，∠$x = 110° × \frac{1}{2} = \boxed{①}$°

たいせつ

円周角と中心角

右の図の円Oで，
∠APB を $\overset{\frown}{AB}$ に対
する円周角，∠AOB
を $\overset{\frown}{AB}$ に対する中
心角という。

円周角の定理

① 1つの弧に対する円周角の
大きさは，その弧に対する中
心角の大きさの $\frac{1}{2}$ である。

② 1つの弧に対する円周角の
大きさは，すべて等しい。

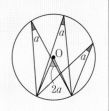

例2 円周角と弧　　　　　　　　　　　　教 p.183, 184 → 基本問題 3

右の図で，$\overset{\frown}{BC} = \overset{\frown}{AB}$，$\overset{\frown}{CD} = 2\overset{\frown}{AB}$ のとき，∠x と∠y の大きさを求め
なさい。

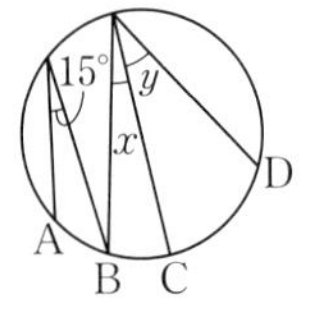

考え方 弧の長さと円周角の大きさは
比例することから考える。

解き方 $\overset{\frown}{BC} = \overset{\frown}{AB}$ より，∠$x = \boxed{②}$°

$\overset{\frown}{CD} = 2\overset{\frown}{AB}$ より，∠$y = \boxed{③} × 15° = \boxed{④}$°
　　　　　　　　　　　弧の長さに比例する

円周角と弧（定理）

1つの円で，
① 等しい弧に対する円周角は等しい。
② 等しい円周角に対する弧は等しい。

例3 円周角の定理の逆　　　　　　　　　教 p.185, 186 → 基本問題 4

右の図で，4点 A，B，C，D が1つの円周上にあるとき，
∠x，∠y の大きさを求めなさい。

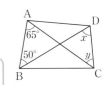

考え方 円周角の定理の逆を利用する。

解き方 2点 A，D は直線 BC について

同じ側にあるから，∠$x = \boxed{⑤}$°

また，2点 B，C は直線 AD について

同じ側にあるから，∠$y = \boxed{⑥}$°

円周角の定理の逆

2点 P，Q が直線 AB につ
いて同じ側にあるとき，
∠APB = ∠AQB ならば，
4点 A，B，P，Q は1つ
の円周上にある。

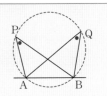

基本問題

解答 p.28

1 円周角の定理の証明　右の図のように，円 O の周上に 3 点 A, B, P があります。弦 AP が円の中心を通るとき，$\angle APB = \dfrac{1}{2}\angle AOB$ であることを，次のように証明しました。□ にあてはまる記号を答えなさい。

教 p.180, 181 問1, 2

証明　△OBP で，OB ＝ OP だから，$\angle OPB = \angle \boxed{}$ ……①

$\angle AOB$ は △OBP の外角だから，$\angle AOB = \angle OPB + \angle \boxed{}$ ……②

①，②より，$\angle AOB = 2\angle OPB$，すなわち，$\angle AOB = 2\angle APB$

したがって，$\angle APB = \dfrac{1}{2}\angle AOB$

> △OBP は，OP ＝ OB の二等辺三角形！

2 円周角の定理　下の図で，$\angle x$ の大きさを求めなさい。

教 p.182 たしかめ1, 問3

(1) 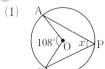　(2) 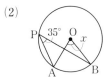　(3)

> ➤ **たいせつ**
> (6) 半円の弧に対する円周角は 90°

> 中心角は 円周角×2 で計算できるよ。

(4) 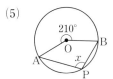　(5) 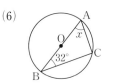　(6)

6
章

3 円周角と弧　下の図で，x の値を求めなさい。

教 p.184 たしかめ2, 問5

(1) 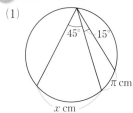　(2) 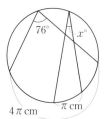　(3)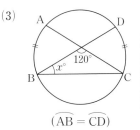

$(\overset{\frown}{AB} = \overset{\frown}{CD})$

> **ここがポイント**
> (3) 1 つの円で，等しい弧に対する円周角は等しいことを利用する。

4 円周角の定理の逆　次の⑦～⊆の中で，4 点 A, B, C, D が 1 つの円周上にあるものを答えなさい。

教 p.186 たしかめ1

⑦ 　④ 　⑨ 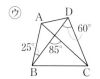　④

> **ここがポイント**
> 四角形の 1 つの辺に対して同じ側にある 2 つの角の大きさを比べる。

1節　円周角の定理

1 次の図で，∠x，∠y の大きさを求めなさい。

(1)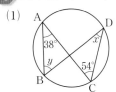

(2)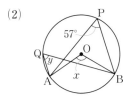

(3)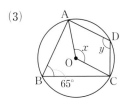

(4)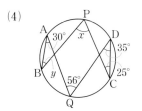

(5)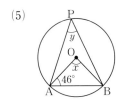

(6)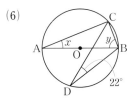

2 次の図で，∠x の大きさを求めなさい。

(1)

(2)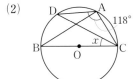

(3)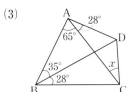

(4)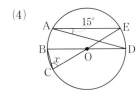

(5)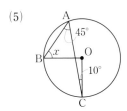

(6)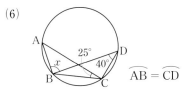

3 右の図のように，円 O の周を 5 等分した点を A，B，C，D，E とします。

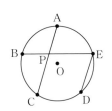

(1)　∠BED の大きさを求めなさい。

(2)　AC と BE の交点を P とするとき，∠BPC の大きさを求めなさい。

2 (4)　補助線として線分 CD をひくと，特別な三角形が見えてくる。

3 (2)　点 A と点 B を結び，△ABP をつくると，∠BPC は △ABP の外角である。

4 次の図で，4点 A，B，C，D が1つの円周上にあるものはどちらですか。記号で答えなさい。

⑦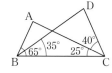

④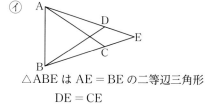

△ABE は AE＝BE の二等辺三角形
DE＝CE

5 右の図で，点 C は BD 上にあり，△ABC，△CDE は正三角形です。点 A から F の中で，同じ円周上にある4点の組を2組答えなさい。

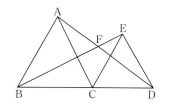

 入試問題を **やってみよう！** ⋯⋯⋯⋯⋯⋯⋯⋯⋯⋯⋯⋯⋯⋯

1 次の図で，∠x の大きさを求めなさい。

(1)

AB＝AD, EB＝EC
〔愛知〕

(2)

〔和歌山〕

(3)

正五角形 ABCDE
〔富山〕

(4)

AB＝AC　〔神奈川〕

2 右の図のような，鋭角三角形 ABC があります。

頂点 A，B から，それぞれ辺 BC，AC に垂線 AD，BE をひき，その交点を F とします。このとき，1つの円周上にある4点を2組答えなさい。　〔千葉・改〕

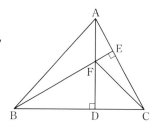

5 △ACD ≡ △BCE より，等しい角を見つける。
2 90° の角に注目する。

 2節　円周角の定理の活用
1 円周角の定理の活用
■ 円の接線

例 1 円周角の定理を使った証明

教 p.188 → 基本 問題 1

右の図で，$\overset{\frown}{AD} = \overset{\frown}{DC}$ です。

(1) $\triangle ABE \varpropto \triangle DBC$ を証明しなさい。

(2) $AB = 8\,cm$，$DB = 10\,cm$，$CD = 5\,cm$ のとき，線分 EA の長さを求めなさい。

考え方 (1) 円周角の定理や円周角と弧の関係を利用する。

(2) (1)より，対応する辺の比がすべて等しいことを利用する。

解き方 (1) **証明** $\triangle ABE$ と $\triangle DBC$ において，

$\overset{\frown}{BC}$ に対する $\boxed{^{①}}$ は等しいから，

$\angle BAE = \angle \boxed{^{②}}$ ……①

$\overset{\frown}{AD} = \overset{\frown}{DC}$ より，等しい弧に対する円周角は

等しいから，$\angle ABE = \angle \boxed{^{③}}$ ……②

①，②より，2組の角がそれぞれ等しいから，

$\triangle ABE \varpropto \triangle DBC$

> 円周角の定理や仮定からわかることを利用して，2組の等しい角を見つけよう。
> 等しい角に印をつけるとわかりやすいよ。

(2) (1)より，相似な図形の対応する辺の比はすべて等しいから，$EA = x\,cm$ とおくと，

$AB : DB = EA : \boxed{^{④}}$　　　$8 : 10 = x : \boxed{^{⑤}}$　　　これを解いて，$x = \boxed{^{⑥}}$

例 2 円の接線

教 p.189, 190 → 基本 問題 2 3

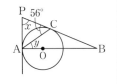

右の図で，直線 PA，PC はそれぞれ点 A，C を接点とする円 O の接線です。このとき，$\angle x$，$\angle y$ の大きさをそれぞれ求めなさい。

考え方 $PA = PC$ であることを利用する。

解き方 円外の1点からその円にひいた2つの接線の

長さは等しいから，$PA = PC$

したがって，$\triangle PAC$ は二等辺三角形だから，

$\angle x = 180° - 56° \times 2 = \boxed{^{⑦}}°$　　$\uparrow$ $\angle PAC = \angle PCA$

また，円の接線は，接点を通る半径に垂直だから，

$\angle PAO = 90°$

したがって，$\angle y = 90° - 56° = \boxed{^{⑧}}°$

ここが ポイント

PA，PB が円 O の接線のとき，

・$PA = PB$

・$\angle PAO$
$= \angle PBO = 90°$

基本問題

解答 p.30

1 円周角の定理を使った証明 右の図のように，円Oの周上に4点A，B，C，Dがあります。 教 p.188 たしかめ1, 問1, 問2

(1) 弦ACとBDの交点をEとするとき，△ABE ∽ △DCEであることを次のようにして証明しました。

　　　にあてはまる記号やことばを答えなさい。

証明 △ABEと△DCEにおいて，

$\overset{\frown}{BC}$ に対する円周角は等しいから，

∠EAB = ∠ ［ア　　］ ……①

対頂角は等しいから，

∠AEB = ∠ ［イ　　］ ……②

①，②より，［ウ　　　　　　］がそれぞれ等しいから，

　　△ABE ∽ △DCE

> **知ってると得**
>
> 円の性質を利用する三角形の相似では，三角形の相似条件「2組の角がそれぞれ等しい」がよく使われる。

> $\overset{\frown}{AD}$ に対する円周角に注目してもいいよ。

(2) 弦ADとBCをそれぞれ延長した直線の交点をPとするとき，△ACPと相似な三角形を答えなさい。

(3) AC = 5 cm，BD = 6 cm，BP = 8 cm のとき，線分APの長さを求めなさい。

> **ここがポイント**
>
> (2) △ACPの∠PAC，∠APCと等しい角を探してみよう。
>
> (3) (2)で見つけた相似な三角形の相似比から求める。

2 円の接線 右の図で，点Aを通る円Oの接線を作図しなさい。 教 p.189 問3

3 円の接線 右の図で，x と y の値を求めなさい。 教 p.190 問5

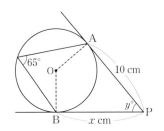

> **ここがポイント**

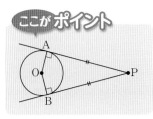

確認のワーク **ステージ1** 数学の広場
発展 **円のいろいろな性質**

発展 **例1 接線と弦のつくる角** 教 p.194 → 基本問題❶❷

右の図で，直線 AT が円 O の接線のとき，∠x の大きさを求めなさい。

たいせつ

円の接線とその接点を通る弦のつくる角は，その角の内部にある弧に対する円周角に等しい。

考え方 ∠TAB は，接線 AT と弦 AB のつくる角であることに着目する。

解き方 ∠TAB は，$\overset{\frown}{AB}$ に対する円周角に等しいから，∠x = [¹] °

発展 **例2 円に内接する四角形** 教 p.194, 195 → 基本問題❸

下の図で，∠x の大きさを求めなさい。

(1)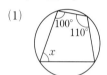

(2)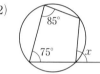

たいせつ

円に内接する四角形では，
① 対角の和は 180° である。
② 外角はそれに隣り合う内角の対角に等しい。

考え方 円に内接する四角形の性質を利用する。

解き方 (1) ∠x の対角は 110° だから，

∠x + 110° = [²] °

∠x = [³] °

(2) ∠x と隣り合う内角の対角は

[④] ° だから，

∠x = [④] °

「対角」の位置を間違えないように注意しよう。

発展 **例3 弦の長さ** 教 p.195, 196 → 基本問題❹

右の図で，4点 A，B，C，D は円周上の点，点 P は AB，CD の交点です。x の値を求めなさい。

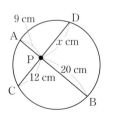

たいせつ

円の2つの弦 AB，CD が点 P で交わるとき，または，2つの弦を延長した直線が点 P で交わるとき，

PA×PB = PC×PD

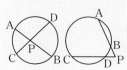

考え方 円の弦の性質を利用する。

解き方 2つの弦が点 P で交わっているので，PA×PB = PC×PD

PA = 9 cm，PB = 20 cm，PC = 12 cm，PD = x cm なので，

9×20 = [⁵] ×x　これを解いて，x = [⁶]

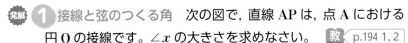

解答 p.30

1 接線と弦のつくる角 次の図で，直線 AP は，点 A における

円 O の接線です。∠x の大きさを求めなさい。 教 p.194 1, 2

(1) 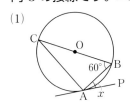　(2) 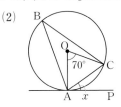　(3)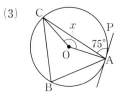

2 接線と弦のつくる角 右の図で，直線

PQ は 2 つの円に点 R で接しています。

円周上の点を結ぶ 2 つの直線 AB，CD

が点 R を通るとき，AC ∥ DB であるこ

とを証明しなさい。 教 p.194 1, 2

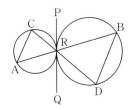

3 円に内接する四角形 次の図で，∠x，∠y の大きさをそれ

ぞれ求めなさい。 教 p.194, 195 3, 4

(1) 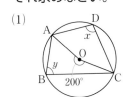　(2) 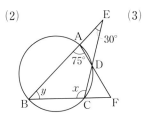　(3)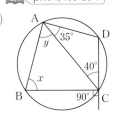

4 弦の長さ 次の図で，x の値を求めなさい。

教 p.195, 196 5, 6, 7

(1)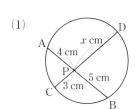

(2)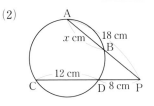

(3)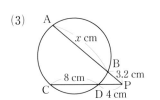

対応する線分に迷ったら，
補助線をひいて，2 つの
相似な三角形で考えると
わかりやすいよ。
(1)～(3)はどれも，
　△ACP ∽ △DBP
になるよ。

ここがポイント

(1)　AP は接線だから，
　∠BAP は AB に対す
　る円周角に等しい。
(2)　円周角の定理より，
　∠ABC = $\frac{1}{2}$∠AOC
　　　　= 35°
を利用する。

ここがポイント

AC ∥ DB を証明するに
は，∠ACR = ∠BDR ま
たは ∠CAR = ∠DBR を
いえばよい。錯角が等し
く，平行であることが証
明できる。

ここがポイント

(2)　円に内接する四角形
　に着目し，まず ∠x の
　大きさを求める。

ミス注意

(2)，(3) 点 P が円外に
　あるとき，対応する線
　分を間違えないように
　注意する。

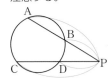

PA × PB = PC × PD

解答 p.31

2節　円周角の定理の活用
発展 円のいろいろな性質

1 次の図で，∠x，∠y の大きさをそれぞれ求めなさい。

(1)

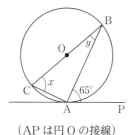

（PA，PB は円 O の接線）

発展 (2)

（AP は円 O の接線）

発展 (3)

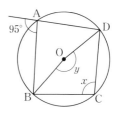

2 右の図のように，円 O の周上に 4 点 A，B，C，D があり，BD は円 O の直径，DH ⊥ AC です。

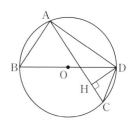

(1)　△ABD ∽ △HCD となることを証明しなさい。

(2)　AB = 18 cm，HC = 7 cm，CD = 12 cm のとき，円 O の直径を求めなさい。

3 右の図のように，∠A = 90° の直角三角形 ABC に，円 O が 3 点 P，Q，R で接しています。

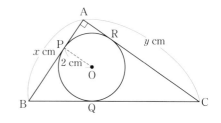

(1)　線分 AP の長さを求めなさい。

(2)　線分 BC の長さを x，y を使って表しなさい。

発展 **4** 右の図で，△ABC は円に内接し，PQ は点 C で円に接しています。AB ∥ PQ のとき，△ABC は二等辺三角形になることを証明しなさい。

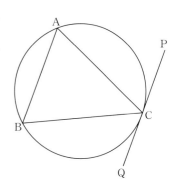

2 (1)　半円の弧に対する円周角は 90° であることを利用する。
3 円外の 1 点からその円にひいた 2 つの接線の長さは等しい。

発展 ⑤ 右の図で，四角形 ABCD は円に内接し，E は BA と CD の延長の交点，F は AD と BC の延長の交点です。

　∠BEC ＝ ∠BFA のとき，△EBC ∽ △FDC となることを証明しなさい。

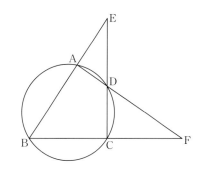

発展 ⑥ 右の図のように，円の中心 O から弦 AB へひいた垂線を OH とし，H を通る弦 CD をひくとき，CH×DH ＝ AH² となることを証明しなさい。

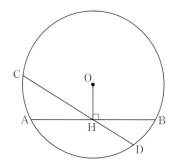

入試問題を やってみよう！

① 右の図のように，線分 AB，線分 CD を直径とする円 O があります。点 A をふくまない $\overset{\frown}{BD}$ 上に，$\overset{\frown}{DP} = \overset{\frown}{PB}$ となるように点 P をとり，線分 AP と線分 CD の交点を Q，線分 CP と線分 AB の交点を R とします。このとき，△AOQ ≡ △COR であることを証明しなさい。　　　〔佐賀〕

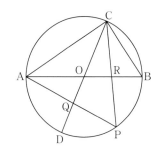

6 章

② 右の図で，3 点 A，B，C は円 O の円周上の点であり，BC は円 O の直径です。$\overset{\frown}{AC}$ 上に点 D をとり，点 D を通り AC に垂直な直線と円 O との交点を E とします。また，DE と AC，BC との交点をそれぞれ F，G とします。

　このとき，△DAC ∽ △GEC であることを証明しなさい。

　　　〔静岡〕

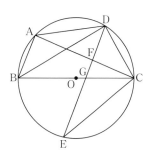

⑤ 円に内接する四角形の性質を利用する。
② 90°の角を利用し，平行な 2 直線を見つける。

実力判定テスト ステージ3 円　　　　40分　　/100

1 次の図で，∠x，∠y の大きさをそれぞれ求めなさい。　　　5点×6（30点）

(1)

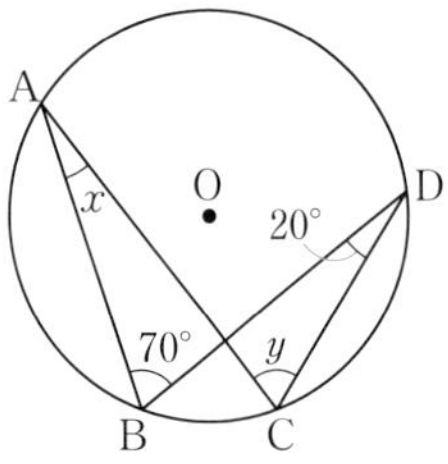

(2)

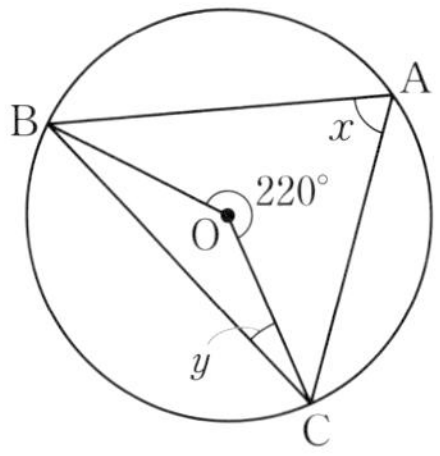

(3)

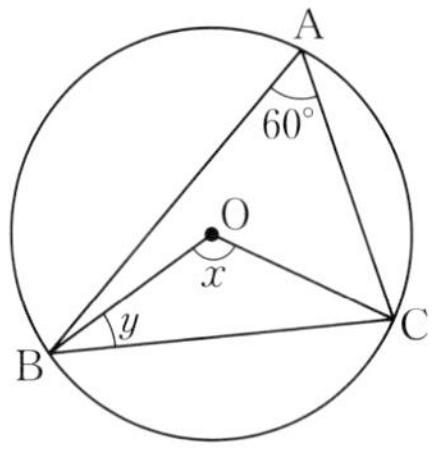

(　　　　　）（　　　　　）（

(4)

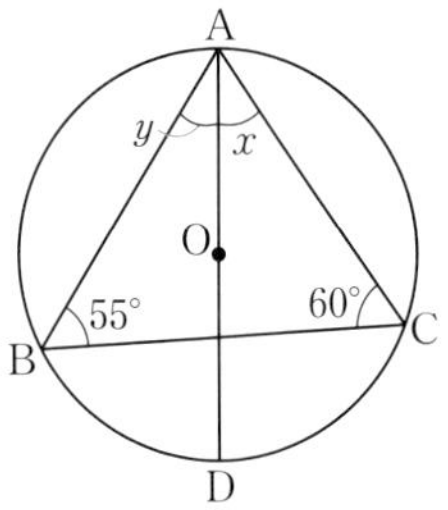

(5)

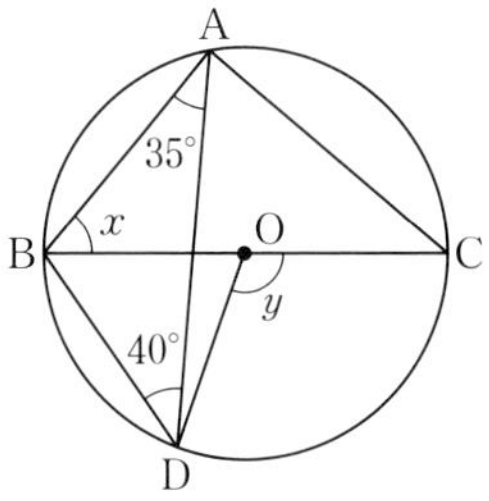

(6)

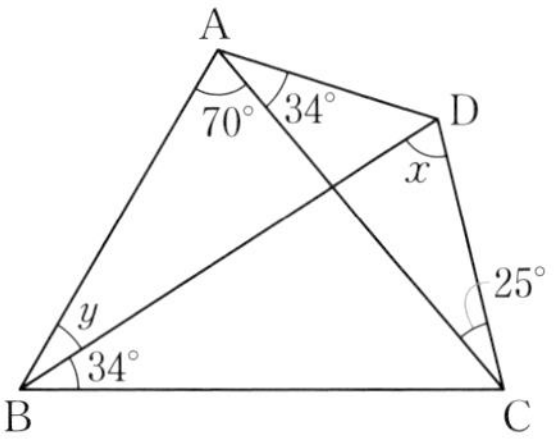

(　　　　　）（　　　　　）（

2 次の図で，∠x の大きさを求めなさい。　　　5点×4（20点）

(1)

(2)

(3)

(4)

PA，PB は円Oの接線

(　　　　　）（　　　　　）（　　　　　）（　　　　　）

3 右の図で，点 A，B，C は円 O の周上にあり，AB＝AC です。点 A をふくまないほうの $\overset{\frown}{BC}$ 上に点 D をとり，BD 上に AE∥CD となる点 E をとります。このとき，△AED は二等辺三角形になることを証明しなさい。　（10点）

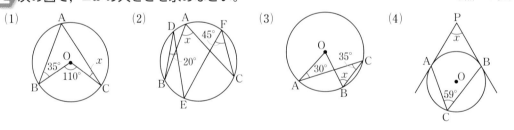
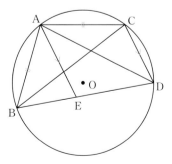

円周角の定理やそれに関連する定理を理解
し，角の大きさや相似の問題を解くのに，
利用できるようになろう。

目標

4 右の図で，$\overparen{AM}=\overparen{BM}$，$\overparen{AN}=\overparen{CN}$，∠MAB＝36°，
∠NAC＝20°のとき，∠ADE と∠DAE の大きさをそれぞれ
求めなさい。　　　　　　　　　　　　　　5点×2（10点）

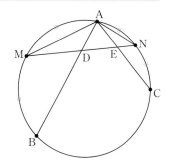

∠ADE （　　　　　　　）

∠DAE （　　　　　　　）

5 右の図で，△ABC の頂点 A，B，C は円の周上にあり，弦
DE は辺 BC に平行です。AD と BC の交点を F とするとき，
△ABF ∽ △AEC となることを証明しなさい。　（10点）

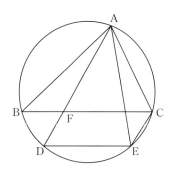

6 右の図のように，直線 ℓ と 2 点 A，B があります。
直線 ℓ 上にあって，∠APB＝90°となるような点 P
を 1 つ作図しなさい。　　　　　　　　　　（10点）

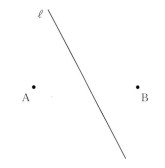

6章

7 右の図は，AB＝AC の二等辺三角形 ABC を，辺 BC 上に点
D をとり，AD で折ったものです。頂点 B の移った点を B′ とす
るとき，4 点 A，D，B′，C は 1 つの円周上にあることを証明し
なさい。　　　　　　　　　　　　　　　　（10点）

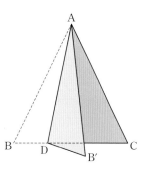

アプリ【どこでもワーク計算編・図形編】をやって，さらに力をつけよう！

1節　三平方の定理
❶ 三平方の定理
❷ 三平方の定理の逆

例 1 三平方の定理 ── 教 p.200〜202 → 基本 問題 ❶ ❷

次の図で，x の値(あたい)を求めなさい。

(1)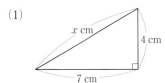

(2)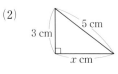

三平方の定理

（ピタゴラスの定理）
直角三角形の直角を
はさむ 2 辺の長さを
a, b, 斜辺(しゃへん)の長さを
c とすると，

$$a^2+b^2=c^2$$

考え方 三平方の定理を使って x についての 2 次方程式をつくり，それを解く。$x>0$ であることに注意する。

解き方 (1)　$7^2+4^2=x^2$

$x^2=49+16=65$

$x=\pm$ ①[　　　]

$x>0$ だから，$x=$ ①[　　　]

(2)　$3^2+x^2=5^2$

$x^2=25-9=16$

$x=\pm$ ②[　　　]

$x>0$ だから，$x=$ ②[　　　]

例 2 三平方の定理の逆　　　　教 p.203, 204 → 基本 問題 ❸ ❹

次の長さを 3 辺とする三角形は，直角三角形といえるかどうかを調べなさい。

(1)　12 cm，10 cm，7 cm

(2)　6 cm，8 cm，10 cm

考え方 最も長い辺を c，残りを a，b として，$a^2+b^2=c^2$ になるか調べる。

三平方の定理の逆

三角形の 3 辺の長さ
a, b, c の間に，
$a^2+b^2=c^2$ という
関係が成り立つとき，
この三角形は長さ c
の辺を斜辺とする直
角三角形。

解き方 (1)　$a=7$，$b=10$，$c=12$ とすると，

$a^2+b^2=7^2+10^2=49+100=149$ ←── 等しいかどうか調べる。

$c^2=$ ③[　　]$^2=$ ④[　　] ←────

$a^2+b^2=c^2$ が成り立たないので，

直角三角形と ⑤[　　　]。 ←「いえる」か「いえない」を書こう。

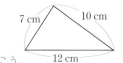

(2)　$a=6$，$b=8$，$c=10$ とすると，

$a^2+b^2=6^2+8^2=36+64=100$ ←── 等しいかどうか調べる。

$c^2=$ ⑥[　　]$^2=$ ⑦[　　] ←────

$a^2+b^2=c^2$ が成り立つので，

直角三角形と ⑧[　　　]。 ←「いえる」か「いえない」を書こう。

基本問題 ・・・ 解答 p.34

1 三平方の定理　次の図で，x の値を求めなさい。

教 p.202 たしかめ1

(1)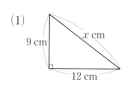

(2)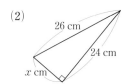

(3)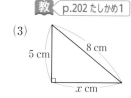

ミス注意
斜辺がどれか，間違えないようにすること。
x についての 2 次方程式を解く。

2 三平方の定理　右の図は，ある道路の地図です。B 地点から C 地点まで行くのに，A 地点を通らない場合の道のりは，A 地点を通る場合の道のりよりも，どれだけ短くなるか求めなさい。 教 p.202 問2

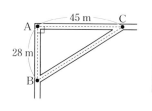

ここがポイント
まず，三平方の定理を使って，BC の長さを求める。

3 三平方の定理の逆　次の長さを 3 辺とする三角形の中から，直角三角形であるものを選びなさい。 教 p.204 たしかめ1

㋐　5 cm，6 cm，7 cm

㋑　12 cm，5 cm，13 cm

㋒　$\sqrt{3}$ cm，$\sqrt{11}$ cm，$\sqrt{14}$ cm

㋓　4 cm，$4\sqrt{3}$ cm，8 cm

ここがポイント
㋓　$4\sqrt{3} = \sqrt{48}$，
$8 = \sqrt{64}$ だから，8 cm の辺を斜辺と考えて調べる。

4 三平方の定理の逆　右の図について，次の問いに答えなさい。ただし，方眼の 1 目もりは 1 cm とします。 教 p.204 たしかめ1

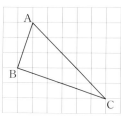

(1)　△ABC の辺の長さをすべて求めなさい。

(2)　△ABC は直角三角形といえますか。また，その理由も説明しなさい。

ここがポイント
(1)　それぞれの辺を斜辺とする直角三角形をつくり，三平方の定理を利用する。

7章

1節　三平方の定理

1 右の図を使って，BC $=a$，CA $=b$，AB $=c$，$\angle$C $=90°$ の直角三角形で三平方の定理が成り立つことを証明しました。□ にあてはまる式を書きなさい。

証明 右の図で，外側の正方形の面積は（_ア□）^{2}

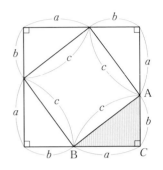

1辺が c の正方形の面積は，c^2

内側の正方形の面積は，外側の正方形から，4つの直角三角形の面積をひいて求められるから

$$c^2 = (\boxed{})^2 - \boxed{} \times 4$$

$$= a^2 + 2ab + b^2 - \boxed{}$$

$$= \boxed{}$$

2 次の図で，x，y の値をそれぞれ求めなさい。

(1)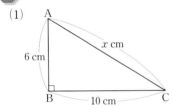

(2)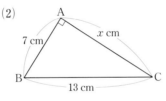

(3)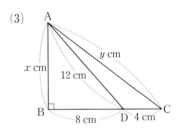

(4)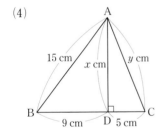

(5)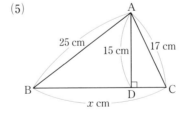

(6)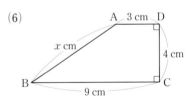

3 3辺の長さが a cm，$(a+1)$ cm，$(a+2)$ cm の三角形が直角三角形であるとき，自然数 a の値を求めなさい。

2 (6) 補助線をひいて，x cm の辺を1辺とする直角三角形をつくる。

3 斜辺は $(a+2)$ cm，a は自然数であることに注意する。

4 次の長さを3辺とする三角形の中から，直角三角形であるものを選びなさい。

㋐ 3 cm，5 cm，6 cm

㋑ 34 cm，16 cm，30 cm

㋒ $\sqrt{7}$ cm，2 cm，$\sqrt{11}$ cm

㋓ 9 cm，6 cm，$4\sqrt{2}$ cm

5 次の図で，△ABC は直角三角形といえるかどうかを調べなさい。

(1)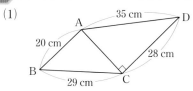

(2)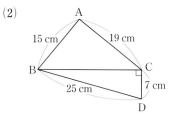

6 2辺の長さが8 cm，10 cm である直角三角形の残りの辺の長さをすべて求めなさい。

7 右の図で，△ABC は ∠C = 90°，AC = 6 cm の直角二等辺三角形です。頂点 A が辺 BC の中点 D に重なるように EF を折り目として折りまげたとき，FC の長さは何 cm になりますか。

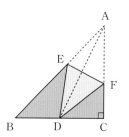

入試問題を や っ て み よ う ！

1 右の図のような，4点 A，B，C，D を頂点とする四角形の公園があり，AD = 30 m，CD = 40 m，∠ADC = 90° です。このとき，2点 A，C間の距離を求めなさい。 〔山口改〕

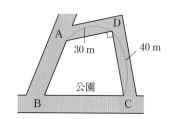

2 右の図で，四角形 ABCD，EFCG はともに正方形で，点 D は辺 EF 上にあります。

AB = 13 cm，FC = 12 cm のとき，線分 ED の長さは何 cm ですか。 〔愛知改〕

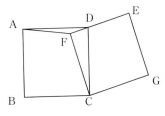

6 どの辺が斜辺になるかで，2通りの答えがある。

2 △CDF に三平方の定理を用いる。

 **2節　三平方の定理の活用**
1 平面図形への活用

例 **1** 長方形や三角形への活用　教 p.206〜208 →基本問題❶❷

右の図で, x の値を求めなさい。

(1)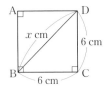
(2)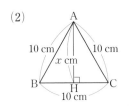

たいせつ

3辺の長さの割合
直角二等辺三角形

30°, 60° の角をもつ
直角三角形

考え方　図形の性質と三平方の定理を利用する。

解き方 (1) 三平方の定理から
$x^2 = 6^2 + 6^2 = 72$
$x > 0$ だから, $x = \boxed{①}$

(2) △ABC は正三角形だから, BH = CH = 5 cm　三平方の定理から, $x^2 = 10^2 - 5^2 = 75$
$x > 0$ だから, $x = \boxed{②}$

(1) △BCD は直角二等辺三角形。
BC : DB = $1 : \sqrt{2}$ になったね。

(2) △ABH は ∠ABH = 60° の直角三角形。
BH : AH = $1 : \sqrt{3}$ になったね。

例 **2** 弦の長さ　教 p.208 →基本問題❸❹

半径 12 cm の円 O で, 円の中心からの距離が 8 cm である弦 AB の長さを求めなさい。

たいせつ

円と直角三角形

考え方　中心 O から弦 AB に垂線 OH をひき, 直角三角形 OAH をつくる。

解き方　AH = x cm とすると,
三平方の定理から, $x^2 + 8^2 = 12^2$
これを解いて, $x > 0$ だから, $x = \boxed{③}$
AB = 2AH だから, AB = $2 \times \boxed{③} = \boxed{④}$ (cm)

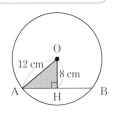

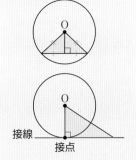
接線
接点

例 **3** 座標平面上の2点間の距離　教 p.209 →基本問題❺

座標平面上の2点, A(3, 2), B(1, −1) の間の距離を求めなさい。

考え方　AB を斜辺とする直角三角形をつくる。

解き方　右の図のような直角三角形をつくると, BC = 3 − 1 = 2, AC = 2 − (−1) = 3
したがって, 三平方の定理から,
$AB^2 = 2^2 + 3^2 = 13$
AB > 0 だから, AB = $\boxed{⑤}$

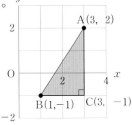

たいせつ

座標平面上の2点間の距離
2点を結ぶ線分を斜辺とし, x 軸, y 軸に平行な辺を2辺とする直角三角形を利用する。

基本問題 解答 p.35

1 長方形や三角形への活用　次の四角形の対角線の長さを求めなさい。

教 p.206, 207 たしかめ1, 問2

(1)　1辺が4cmの正方形

(2)　縦が5cm，横が2cmの長方形

2 長方形や三角形への活用　次の三角形の高さAHと面積をそれぞれ求めなさい。

教 p.207 たしかめ2, 問3

(1)
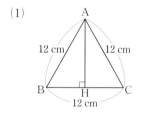

(2)
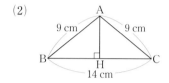

ここがポイント

(2)　直角三角形ABHで，三平方の定理を使う。
BH = CH = 7cm
となる。

3 円の中心と弦との距離　半径が17cmの円Oで，弦ABの長さが30cmであるとき，円の中心と弦ABとの距離を求めなさい。

教 p.208 たしかめ3

図をかいて考えよう。

4 接線の長さ　右の図で，直線APは円Oの接線です。円Oの半径を6cm，線分OAの長さを10cmとするとき，接線APの長さを求めなさい。 教 p.208 問5

ここがポイント

接線は，接点を通る半径と垂直に交わることを利用する。

7章

5 座標平面上の2点間の距離　次の2点間の距離を求めなさい。

教 p.209 たしかめ4

(1)　A(2, 2)，B(−3, −1)　　(2)　A(−3, 1)，B(4, −2)

ここがポイント

x軸，y軸に平行な線をひいて，ABを斜辺とする直角三角形をつくる。

左ページの
例 の答え　① $6\sqrt{2}$　② $5\sqrt{3}$　③ $4\sqrt{5}$　④ $8\sqrt{5}$　⑤ $\sqrt{13}$

 2節 三平方の定理の活用
❷ 空間図形への活用

例 1 直方体の対角線の長さ 教 p.210, 211 → 基本 問題 ❶

右の図の直方体で，対角線 BH の長さを求めなさい。

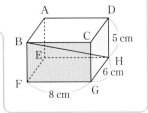

考え方 線分 BH を斜辺とする直角三角形をつくる。

解き方 線分 FH をひくと，∠BFH ＝ 90° だから，

直角三角形 BFH で，$BH^2 = 5^2 + FH^2$ ……① ← 三平方の定理を使う。

また，直角三角形 FGH で，$FH^2 = 8^2 + 6^2$ ……②

①，②から，$BH^2 = 5^2 + (8^2 + 6^2)$

$= \boxed{①}$

BH ＞ 0 だから，

BH ＝ $\boxed{②}$ cm

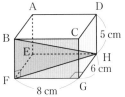

線分 BD をひいて直角三角形 BHD をつくってもいいよ。

例 2 正四角錐の高さ 教 p.211 → 基本 問題 ❷

正四角錐 OABCD があります。底面 ABCD は 1 辺の長さが 6 cm の正方形で，ほかの辺の長さがすべて 8 cm であるとき，正四角錐 OABCD の高さを求めなさい。

考え方 底面の正方形の対角線の交点を H とすると，線分 OH が高さになる。

解き方 右の図のような直角三角形 OAH をつくると，$AH^2 + OH^2 = 8^2$ ……①

また，$AC = 6 \times \sqrt{2} = 6\sqrt{2}$ (cm) ← AB : AC = 1 : √2

AH ＝ CH だから，$AH = 3\sqrt{2}$ cm ……②

①，②から，$(\boxed{③})^2 + OH^2 = 8^2$

$OH^2 = \boxed{④}$　　OH ＞ 0 だから，OH ＝ $\boxed{⑤}$ cm

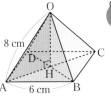

正四角錐の高さ

右の図の正四角錐で，OH ⊥ 底面

→線分 OH が高さ。

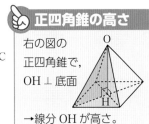

例 3 見渡せる距離 教 p.212, 213 → 基本 問題 ❸

地球の半径を r km，地上 x km の高さにある地点 P から見渡すことができる距離を y km としたとき，r，x，y の関係を図で表すと右のようになる。y を x，r を使って表しなさい。

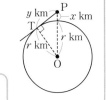

考え方 直角三角形 OPT で，三平方の定理を利用する。

解き方 直角三角形 OPT で，斜辺は OP だから，

$\underset{PT}{y^2} + \underset{TO}{\boxed{⑥}}^2 = \underset{OP}{(r + \boxed{⑦})^2}$　　y について解くと，$y > 0$ だから，$y = \sqrt{x^2 + \boxed{⑧}}$

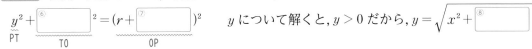

基本問題 ･･･ 解答 p.35

1 直方体の対角線の長さ　次の立体の対角線の長さを求めなさい。
ただし，(3)は a，b を使って表しなさい。　教 p.211 たしかめ1, 問2

(1)　1辺が 5 cm の立方体

(2)　縦，横，高さがそれぞれ 8 cm，6 cm，10 cm の直方体

(3)　縦，横，高さがそれぞれ a cm，a cm，b cm の直方体

ここがポイント

求める対角線を斜辺とする直角三角形をつくる。

2 正四角錐や円錐の高さ　次の問いに答えなさい。
教 p.211 問3, 問4

(1)　102 ページ 例 2 の正四角錐の体積と表面積を，それぞれ求めなさい。

(2)　底面の半径が 4 cm，母線の長さが 8 cm の円錐の高さと体積を，それぞれ求めなさい。

ここがポイント

正四角錐や円錐では，頂点から底面にひいた垂線の長さが，その立体の高さになる。

(2)　下の図のようになり，△OAH を考えると，∠H が 90° の直角三角形である。

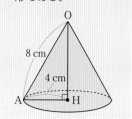

3 見渡せる距離　地球の半径を 6378 km とすると，標高 2000 m の山の頂上から見渡すことができる距離はおよそ何 km ですか。102 ページ 例 3 で求めた式を利用して小数第2位を四捨五入して答えなさい。　教 p.212, 213

ここがポイント

$r = 6378$，$x = 2$ として，$y = \sqrt{x^2 + 2xr}$ に代入する。

根号の中を計算したら，電卓の $\boxed{\sqrt{\ }}$ のキーを押そう。

左ページの 例 の答え　① 125　② $5\sqrt{5}$　③ $3\sqrt{2}$　④ 46　⑤ $\sqrt{46}$　⑥ r　⑦ x　⑧ $2xr$

7章

解答 p.36

2節 三平方の定理の活用

① 次の問いに答えなさい。

(1) 縦が 6 cm，横が 7 cm の長方形の対角線の長さを求めなさい。

(2) 右の図の二等辺三角形 ABC の高さ AH と面積をそれぞれ求めなさい。

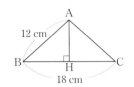

② 次の(1)〜(3)の図で，x，y の値をそれぞれ求めなさい。

(1)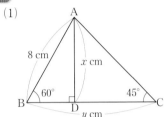

(2)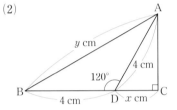

(3)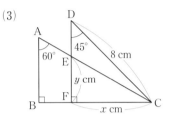

③ 半径が 6 cm の円に長さ $4\sqrt{5}$ cm の弦 AB をひきます。円の中心 O から何 cm の距離のところへひけばよいですか。

④ 右の図で，直線 AP は円 O の接線で，点 P は接点です。このとき，円 O の半径を求めなさい。

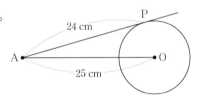

⑤ 右の図のように，半径 5 cm の円 O と半径 8 cm の円 O′ が 1 点で接し，直線 ℓ が円 O，O′ とそれぞれ点 A，B で接しています。このとき，線分 AB の長さを求めなさい。

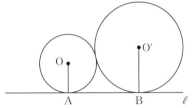

⑥ 原点 O と A(3, 1)，B(−2, 6) を頂点とする △OAB について，次の問いに答えなさい。

(1) △OAB の 3 辺の長さを求めなさい。また，△OAB はどんな三角形ですか。

(2) △OAB の面積を求めなさい。

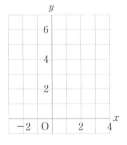

⑤ O から O′B へ垂線 OC をひくと，四角形 OABC は長方形になる。
⑥ 線分 AB を斜辺とする直角三角形をつくると，2 点 A，B 間の距離が求められる。

7 底面が縦 3 cm，横 4 cm の長方形で，対角線の長さが 13 cm の直方体の高さを求めなさい。

8 底面の半径が 8 cm，母線の長さが 17 cm の円錐の高さと体積を，それぞれ求めなさい。

9 右の図のような 1 辺が 8 cm の立方体で，辺 AE，CG の中点をそれぞれ M，N とします。

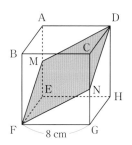

(1) 四角形 DMFN はひし形であることを証明しなさい。

(2) ひし形 DMFN の面積を求めなさい。

 入試問題を やってみよう！ ･･････････････････････････

1 右の図のように，AB = 6 cm，BC = 8 cm，∠ABC = 60° の平行四辺形 ABCD があります。〔長崎〕

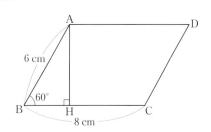

(1) 点 A から辺 BC にひいた垂線 AH の長さを求めなさい。

(2) 平行四辺形 ABCD の面積を求めなさい。

2 右の図のように，正四角錐と正四角柱を合わせた立体があります。

正四角錐の高さは 4 cm であり，正四角柱は底面の 1 辺の長さが 4 cm で，高さが 2 cm です。

また，線分 OE，OG と正方形 ABCD との交点をそれぞれ点 P，Q とします。〔富山〕

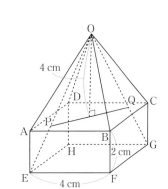

(1) 線分 OE の長さを求めなさい。

(2) 線分 PQ の長さを求めなさい。

(3) 三角錐 BFPQ の体積を求めなさい。

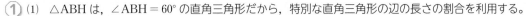

1 (1) △ABH は，∠ABH = 60° の直角三角形だから，特別な直角三角形の辺の長さの割合を利用する。

2 (2) △OEG で，PQ // EG であることに着目する。

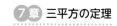

解答 p.37

/100

1 次の図で，x の値を求めなさい。　　　　　　　　　　3点×3（9点）

(1)　　　　　　　　　　(2)　　　　　　　　　　(3)

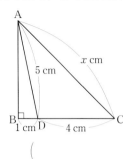 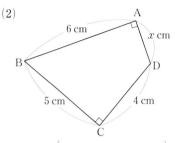 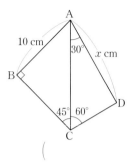

（　　　　　　　）　（　　　　　　　）　（　　　　　　　）

2 次の長さを3辺とする三角形の中から，直角三角形であるものを選びなさい。　（3点）

㋐　5 cm，12 cm，13 cm　　　　　㋑　$2\sqrt{5}$ cm，5 cm，$2\sqrt{3}$ cm

㋒　5 cm，6 cm，$\sqrt{11}$ cm　　　　　㋓　$\sqrt{3}$ cm，$\sqrt{4}$ cm，$\sqrt{5}$ cm

（　　　　　　　）

3 次の(1)〜(3)の図で，円 O の直径の長さを求めなさい。　　　　3点×3（9点）

(1)　　　　　　　　　　(2)　　　　　　　　　　(3)

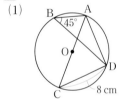 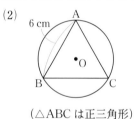 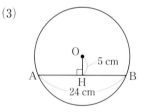

（△ABC は正三角形）

（　　　　　　　）　（　　　　　　　）　（　　　　　　　）

4 右の図で，円 O の半径は8 cm です。中心 O からの距離が17 cm である点 P からこの円に接線 PT をひくとき，線分 PT の長さを求めなさい。　　（5点）

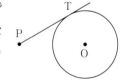

（　　　　　　　）

5 3点 A(2, 4)，B(−4, 1)，C(−1, −5) を頂点とする △ABC について，次の問いに答えなさい。　　　　　　3点×3（9点）

(1)　3辺の長さを求めなさい。

（AB ＝　　　　　　BC ＝　　　　　　CA ＝　　　　　　）

(2)　△ABC はどんな三角形ですか。

（　　　　　　　）

(3)　△ABC の面積を求めなさい。

（　　　　　　　）

6 右の図は，縦，横が $8\ \mathrm{cm}$，高さが $2\ \mathrm{cm}$ の直方体です。

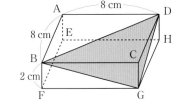

(1) △BGD の3辺の長さを求めなさい。   5点×5（25点）

(BG ＝   , GD ＝   , DB ＝   )

(2) △BGD はどんな三角形ですか。

(   )

(3) △BGD の面積を求めなさい。

(   )

(4) △BGD を断面として直方体から切り取った三角錐の体積を求めなさい。

(   )

(5) (4)の三角錐で，△BGD を底面としたときの高さを求めなさい。

(   )

7 右の図は正四角錐で，底面は1辺が $6\ \mathrm{cm}$ の正方形，側面は等しい辺が $9\ \mathrm{cm}$ の二等辺三角形です。   5点×3（15点）

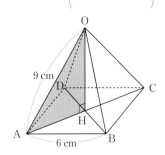

(1) OH の長さを求めなさい。

(   )

(2) この正四角錐の体積を求めなさい。

(   )

(3) この正四角錐の表面積を求めなさい。

(   )

8 右の図は，円錐の展開図を表しています。この円錐の高さと体積を，それぞれ求めなさい。   5点×2（10点）

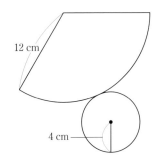

高さ (   )   体積 (   )

9 右の図の直方体に，点 B から点 H まで糸をかけます。かける糸の長さが最も短くなるときの糸の長さについて，次の問いに答えなさい。   5点×3（15点）

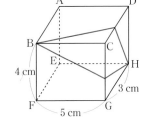

(1) 糸が次の辺を通るときの長さをそれぞれ求めなさい。

① 辺 CD   ② 辺 CG

(   )   (   )

(2) 辺 CD を通るときと，辺 CG を通るときとでは，どちらのほうが糸が短いですか。

(   )

7 章

確認のワーク ステージ **1**

1節　標本調査
1 母集団と標本
2 母集団の数量の推定

2節　標本調査の活用
1 標本調査の活用

例 1 全数調査と標本調査

教 p.224〜228 → 基本問題 ❶

次の調査は，全数調査と標本調査のどちらが適していますか。

(1) びん詰めジャムの品質検査
(2) 学校で行う体力測定
(3) ある国に生息するシカの数の調査
(4) テレビの視聴率調査

考え方 まず全数調査が適しているかを考え，適していないものは標本調査とする。

解き方 (1) 全数調査をすると，販売する商品がなくなってしまう。　　**答** ①□

(2) すべての生徒の測定結果を記録する必要がある。　　**答** ②□

(3) 調査対象が大きすぎて，すべてのシカの数を調べるのは不可能である。

(4) 正確に知る必要はなく，全体のおよそのようすを知ることができれば十分である。

全数調査と標本調査

全数調査…対象とする集団のすべてについて調べる。➡性質について，正確に知ることができる。

標本調査…対象とする集団の一部分を調べ，その結果から，集団全体の性質を推定する。➡性質について，全体のおよそのようすを知ることができる。

答 ③□

答 ④□

例 2 母集団の数量の推定

教 p.229, 230 → 基本問題 ❷

袋の中に白い碁石と黒い碁石が合わせて 400 個入っています。これをよくかき混ぜてから，24 個の碁石を無作為に抽出したところ，白い碁石が 15 個ふくまれていました。袋の中に入っていた白い碁石のおよその個数を推定しなさい。

考え方 無作為に抽出していることから，袋の中全体の碁石と抽出した碁石で，ふくまれる白い碁石の割合はおよそ等しいと考えられることを利用する。

解き方 袋の中から無作為に抽出した碁石の数は 24 個。その中にふくまれる白い碁石の割合は，

$$\frac{15}{24} = \boxed{⑤}$$

したがって，袋の中全体の碁石のうち，白い碁石のおよその個数は，

$$400 \times \boxed{⑤} = \boxed{⑥} \text{だから，}$$

およそ $\boxed{⑥}$ 個。

標本を無作為に抽出しているときは，標本での数量の割合が母集団の数量の割合とおよそ等しいと考えるよ。答えに「およそ」をつけ忘れないように注意しよう。

基本問題 ⋯⋯⋯⋯⋯⋯⋯⋯⋯⋯⋯⋯⋯ 解答 p.39

1 全数調査と標本調査 次の問いに答えなさい。 教 p.224 たしかめ1

(1) 次の調査は，全数調査と標本調査のどちらが適していますか。

⑦ 学校で行う学力検査 　　④ 果物の糖度検査

⑦ 新聞社が行う世論調査 　　㉘ 国勢調査

(2) A市の中学生の1日のインターネット接続時間を調べるために，A市在住の中学生12975人の中から300人を選び出して，標本調査を行いました。

① この調査の母集団と標本を，それぞれ答えなさい。

② 標本の大きさを答えなさい。

> **たいせつ**
>
> **母集団**と**標本**…標本調査で，調査の対象となっているもとの集団を母集団，調査するために母集団から取り出した一部分を標本という。
>
> **無作為に抽出する**…母集団から，かたよりがないように標本を取り出すこと。
>
> **標本の大きさ**…標本として取り出したデータの個数。標本の大きさが大きいほど，標本の平均値は母集団の平均値に近くなることが多い。

2 母集団の数量の推定 次の問いに答えなさい。 教 p.229, 230 たしかめ1, 2

(1) 袋の中に，赤球と白球が合わせて300個入っています。これをよくかき混ぜてから30個を無作為に抽出したところ，その中に赤球が10個ふくまれていました。袋の中に入っていた赤球のおよその個数を推定しなさい。

(2) ある池にいる亀の数を調べるために，池のいろいろな場所で亀を20匹捕まえ，そのすべてに印をつけて，もとの池にかえしました。数日後，再び亀を30匹捕まえたところ，印のついた亀が4匹ふくまれていました。この池にいる亀のおよその数を推定しなさい。

> **ここが ポイント**
>
> 無作為に抽出した標本を調べたとき，AとBの割合が$a:b$なら，母集団でもおよそ$a:b$であると推定することができる。

3 標本調査の活用 1400ページの辞書に掲載されている見出しの単語の数を調べるために，10ページを無作為に抽出し，そこに掲載されている見出しの単語の数を調べました。そのときの結果が27，16，29，18，21，42，23，15，30，22であったとして，この辞書の見出しの単語のおよその数を推定しなさい。数は四捨五入して，千の位までの概数で答えなさい。 教 p.232～233

> **ここが ポイント**
>
> まず，調査した10ページについて，1ページあたりの単語数の平均を求めよう。その平均の数は，辞書全体でもおよそ同じくらいと推定できる。

8章

左ページの 例 の答え ① 標本調査 ② 全数調査 ③ 標本調査 ④ 標本調査 ⑤ $\dfrac{5}{8}$ ⑥ 250

解答 p.40

1節　標本調査
2節　標本調査の活用

① 次の調査は，全数調査と標本調査のどちらが適していますか。

(1) A市の中学生が好きなスポーツ選手の調査　(2) 学校で行う健康診断

(3) 選挙でのある候補者の得票数　(4) 車のタイヤの耐久調査

② 中学生の読書時間について，標本調査を行います。母集団をA中学校の全校生徒320人とするとき，標本の取り出し方として適切であるものはどれですか。

⑦　A中学校の中学2年生の女子53人全員から，調査を行う。

⑦　全校生徒に1番から320番まで番号をつけておき，乱数さいを使って回答してもらう生徒60人を選び，調査を行う。

⑦　昼休みと放課後に図書室を訪れた生徒65人について，調査を行う。

③ 300個の卵の重さを推定するために，10人の生徒がそれぞれ10個の卵を標本として無作為に抽出し，その平均値を，四捨五入して小数第1位まで求めました。また，抽出する個数を20個にして，同様に平均値を求めました。10人が調べた標本の平均値が下の表のようになるとき，次の問いに答えなさい。

標本の平均値

生徒	1	2	3	4	5	6	7	8	9	10
10個の場合	61.5	62.7	60.1	61.4	63.3	61.8	64.9	59.6	60.7	61.7
20個の場合	60.9	62.3	63.2	60.2	64.1	61.7	62.5	63.7	61.6	61.5

(1) 標本が10個，20個の場合の箱ひげ図を，それぞれつくりなさい。

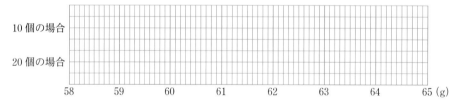

(2) 母集団の平均値が62.3gであるとき，(1)でつくった箱ひげ図から，標本の平均値と母集団の平均値について，気づいたことを説明しなさい。

④ 袋の中に，同じ大きさの赤玉と白玉が合わせて500個入っています。これをよくかき混ぜてから40個を無作為に抽出したところ，その中に赤玉は16個ふくまれていました。
　この袋の中にはおよそ何個の赤玉が入っていると推定できますか。

② 母集団の性質を推定するために，かたよりが生じない方法を選ぶ。
③ (1) まず，データを小さい順に並べて，四分位数を求める。

⑤ 箱の中に，ペットボトルのキャップがたくさん入っています。そのおよその個数を調べるために，箱の中からキャップを 30 個取り出し，そのすべてに印をつけてもとの箱に戻しました。その後，よくかき混ぜてから 80 個のキャップを無作為に抽出したところ，印のついたキャップが 5 個ふくまれていました。箱の中に，ペットボトルのキャップはおよそ何個入っていると推定できますか。

⑥ 袋の中に白と黒の碁石がたくさん入っています。この袋から無作為に 30 個を取り出し，白石と黒石の数を調べ，袋に戻すことを 10 回行った結果は，下の表のようになりました。

(1) 袋の中の白石と黒石の個数の比は，およそ何対何と推定できますか。

回	1	2	3	4	5	6	7	8	9	10
白石(個)	17	15	17	19	16	17	18	17	16	16
黒石(個)	13	15	13	11	14	13	12	13	14	14

(2) 袋の中の白石の数が 224 個であるとき，袋の中には全部でおよそ何個の碁石が入っていると推定できますか。

入試問題をやってみよう！

① ある箱の中に赤球だけがたくさん入っています。赤球と同じ大きさの白球 100 個をこの箱の中に入れ，よくかき混ぜた後，その中から 40 個の球を無作為に抽出すると，赤球が 35 個，白球が 5 個ふくまれていました。はじめに箱の中に入っていた赤球の個数は，およそ何個と考えられますか。　〔長崎〕

② 空き缶を 4800 個回収したところ，アルミ缶とスチール缶が混在していた。この中から 120 個の空き缶を無作為に抽出したところ，アルミ缶が 75 個ふくまれていた。回収した空き缶のうち，アルミ缶はおよそ何個ふくまれていると考えられるか。ただし，答えだけでなく，答えを求める過程がわかるように，途中の式なども書くこと。　〔長崎〕

⑥ (1) まず，白石と黒石の個数の合計を，それぞれ求める。

8章

ステージ **3** 標本調査

解答▶ p.40

(20分) /100

① 次の調査は，全数調査と標本調査のどちらが適していますか。 5点×4（20点）

(1) 学校で行う視力検査　　　　(2) 工場で生産したガラスの強度のテスト

(3) 全国の中学生がお年玉でもらった金額の平均

(4) ある市の中学2年生の1日の勉強時間の平均

(1) (　　　)　(2) (　　　)　(3) (　　　)　(4) (　　　)

② ある会社で，製品120個を無作為に抽出して検査したところ，不良品が2個ふくまれていました。この会社の製品30000個の中に，不良品はおよそ何個あると推定できますか。 （20点）

(　　　　　　　)

③ ある日，ある農場で6000個のみかんがとれました。この中から無作為に100個のみかんを取り出し，それらの重さを調べたところ，100g未満のみかんが54個ありました。

10点×2（20点）

(1) 6000個のみかんの中に，100g未満のみかんがおよそ何個あると推定できますか。四捨五入して，百の位までの概数で答えなさい。

(　　　　　　　)

(2) 別の日，この農場では100g未満のみかんが3515個とれました。この日，みかんは全部でおよそ何個とれたと推定できますか。四捨五入して，百の位までの概数で答えなさい。

(　　　　　　　)

④ 箱の中にピンポン玉がたくさん入っています。この中から30個を取り出し，印をつけて箱に戻しました。よくかき混ぜてから50個を取り出したところ，その中に印のついたピンポン玉は4個入っていました。箱の中にはピンポン玉がおよそ何個入っていると推定できますか。四捨五入して，十の位までの概数で答えなさい。 （20点）

(　　　　　　　)

⑤ 袋の中に赤玉と白玉が入っています。よくかき混ぜてから20個の玉を取り出し，それぞれの色の玉の個数を調べてから袋に戻すことを10回行いました。右の表はそのときの結果をまとめたものです。この結果から，赤玉と白玉の個数のおよその比を推定しなさい。 （20点）

回	1	2	3	4	5	6	7	8	9	10
赤(個)	8	11	7	8	10	6	9	7	6	8
白(個)	12	9	13	12	10	14	11	13	14	12

(　　　　　　　)

多項式の計算

多項式と単項式の乗除

① 単項式 × 多項式 ➡ $a(b+c)=ab+ac$

② 多項式 ÷ 単項式 ➡ $(a+b) \div c = \dfrac{a}{c} + \dfrac{b}{c}$

③ 多項式どうしの乗法（式の展開）

➡ $(a+b)(c+d)=ac+ad+bc+bd$

乗法公式

① $(x+a)(x+b)=x^2+(a+b)x+ab$

② $(x+a)^2=x^2+2ax+a^2$　〔和の平方〕

③ $(x-a)^2=x^2-2ax+a^2$　〔差の平方〕

④ $(x+a)(x-a)=x^2-a^2$　〔和と差の積〕

因数分解

共通な因数 ➡ $ma+mb+mc=m(a+b+c)$

因数分解の公式

①' $x^2+(a+b)x+ab=(x+a)(x+b)$

②' $x^2+2ax+a^2=(x+a)^2$

③' $x^2-2ax+a^2=(x-a)^2$

④' $x^2-a^2=(x+a)(x-a)$

平方根

平方根

① $(\sqrt{a})^2=a$

$(-\sqrt{a})^2=a$

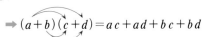

② a, b が正の数で，$a<b$ ならば，$\sqrt{a}<\sqrt{b}$

根号をふくむ式の計算

a, b を正の数とするとき

① $\sqrt{a} \times \sqrt{b}=\sqrt{ab}$　　② $\dfrac{\sqrt{a}}{\sqrt{b}}=\sqrt{\dfrac{a}{b}}$

③ $a\sqrt{b}=\sqrt{a^2 b}$, $\sqrt{a^2 b}=a\sqrt{b}$　$(\sqrt{a^2}=a)$

④ $\dfrac{a}{\sqrt{b}}=\dfrac{a \times \sqrt{b}}{\sqrt{b} \times \sqrt{b}}=\dfrac{a\sqrt{b}}{b}$　（分母の有理化）

⑤ $m\sqrt{a}+n\sqrt{a}=(m+n)\sqrt{a}$

⑥ $m\sqrt{a}-n\sqrt{a}=(m-n)\sqrt{a}$

2次方程式

平方根の考えを使った解き方

① $x^2-a=0 \Rightarrow x=\pm\sqrt{a}$

② $ax^2=b \Rightarrow x=\pm\sqrt{\dfrac{b}{a}}$

③ $(x+m)^2=n \Rightarrow x=-m\pm\sqrt{n}$

2次方程式の解の公式

2次方程式 $ax^2+bx+c=0$ の解は，

$$x=\dfrac{-b\pm\sqrt{b^2-4ac}}{2a}$$

因数分解を使った解き方

$AB=0$ ならば，$A=0$ または $B=0$

① $(x+a)(x+b)=0 \Rightarrow x=-a$, $x=-b$

② $x(x+a)=0 \Rightarrow x=0$, $x=-a$

③ $(x+a)^2=0 \Rightarrow x=-a$

④ $(x+a)(x-a)=0 \Rightarrow x=\pm a$

関数 $y=ax^2$

関数 $y=ax^2$

y が x の2乗に比例 $\Leftrightarrow$ $y=ax^2$（a は比例定数）

関数 $y=ax^2$ のグラフ

① y 軸について対称な曲線で，原点を通る。

② $a>0$ のとき，グラフは上に開いた放物線。

　$a<0$ のとき，グラフは下に開いた放物線。

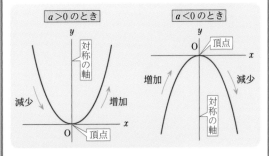

関数 $y=ax^2$ の変化の割合

関数 $y=ax^2$ の変化の割合は一定ではない。

$$（変化の割合）=\dfrac{（y \text{ の増加量}）}{（x \text{ の増加量}）}$$

相似な図形

相似な図形の性質

①対応する部分の長さの比は，すべて等しい。

②対応する角の大きさは，それぞれ等しい。

三角形の相似条件

①３組の辺の比が
すべて等しい。

②２組の辺の比と
その間の角が
それぞれ等しい。

③２組の角が
それぞれ等しい。

三角形と比の定理, 三角形と比の定理の逆

△ABC の辺 AB，AC 上の点を
それぞれ D，E とするとき，

①DE∥BC ならば AD:AB=AE:AC=DE:BC

②DE∥BC ならば AD:DB=AE:EC

①′ AD:AB=AE:AC ならば DE∥BC

②′ AD:DB=AE:EC ならば DE∥BC

中点連結定理

△ABC の２辺 AB，AC の中点を
それぞれ M，N とすると，

MN∥BC，$MN=\dfrac{1}{2}BC$

平行線と比

右の図において，

ℓ，m，n が平行ならば，

① $a:b=a':b'$

② $a:a'=b:b'$

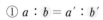
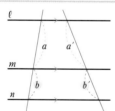

相似な図形の面積と体積

相似比が $m:n$ ならば，

①周の長さの比 ➡ $m:n$

②面積比・表面積の比 ➡ $m^2:n^2$

③体積比 ➡ $m^3:n^3$

円

円周角の定理

∠APB＝∠AP′B
　　　＝$\dfrac{1}{2}$∠AOB

円周角の定理の逆

２点 A，D が直線 BC の
同じ側にあって，
∠BAC＝∠BDC ならば，
４点 A，B，C，D は
１つの円周上にある。

三平方の定理

三平方の定理

直角三角形の直角をはさむ２辺の
長さを a，b，斜辺の長さを c と
すると，$a^2+b^2=c^2$

三角定規の３辺の長さの割合

平面図形への利用

①２点間の距離
右の図の△ABC で，
$AB=\sqrt{BC^2+AC^2}$
　　＝$\sqrt{(a-c)^2+(b-d)^2}$

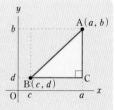

②円の弦の長さ
右の図の円 O で，
$AB=2AH$
　　＝$2\sqrt{r^2-a^2}$

空間図形への利用

①直方体の対角線の長さ
$\ell=\sqrt{a^2+b^2+c^2}$

②円錐の高さ
$h=\sqrt{\ell^2-r^2}$

得点アップ！ 予想問題

1 この「予想問題」で実力を確かめよう！

時間もはかろう

2 「解答と解説」で答え合わせをしよう！

3 わからなかった問題は戻って復習しよう！

この本での学習ページ ↙

スキマ時間でポイントを確認！
別冊「**スピードチェック**」も使おう

●予想問題の構成

数学3年　教育出版版

解答 ▶ p.41

第 **1** 回 予想問題 1章 式の計算

40分 /100

1 次の計算をしなさい。 3点×4（12点）

(1) $3x(x-5y)$

(2) $\dfrac{x}{4}(x-8y+20)$

(3) $(4a^2b+6ab^2-2a)\div 2a$

(4) $(6xy-3y^2)\div\left(-\dfrac{3}{5}y\right)$

(1)		(2)		(3)		(4)	

2 次の式を展開しなさい。 3点×10（30点）

(1) $(2x+3)(x-1)$

(2) $(a-4)(a+2b-3)$

(3) $(x-2)(x-7)$

(4) $(x+4)(x-3)$

(5) $\left(y+\dfrac{1}{2}\right)^2$

(6) $(3x-2y)^2$

(7) $(5x+9)(5x-9)$

(8) $(4x-3)(4x+5)$

(9) $(a+2b-5)^2$

(10) $(x+y-4)(x-y+4)$

(1)		(2)			
(3)		(4)		(5)	
(6)		(7)		(8)	
(9)			(10)		

3 次の計算をしなさい。 3点×2（6点）

(1) $2x(x-3)-(x+2)(x-8)$

(2) $(a-2)^2-(a+4)(a-4)$

(1)		(2)	

4 次の式を因数分解しなさい。 3点×2（6点）

(1) $4xy-2y$

(2) $5a^2-10ab+15a$

(1)		(2)	

⑤ 次の式を因数分解しなさい。 3点×4（12点）

(1) $x^2-7x+10$

(2) x^2-x-12

(3) $m^2+8m+16$

(4) $y^2-0.25$

(1)		(2)	
(3)		(4)	

⑥ 次の式を因数分解しなさい。 3点×6（18点）

(1) $6x^2-12x-48$

(2) $8a^2b-2b$

(3) $4x^2+12xy+9y^2$

(4) $(a+1)^2-16(a+1)+64$

(5) $(x-3)^2-7(x-3)+6$

(6) x^2-y^2-2y-1

(1)		(2)		(3)	
(4)		(5)		(6)	

⑦ 次の式を，工夫して計算しなさい。 3点×2（6点）

(1) 51^2

(2) $7\times29^2-7\times21^2$

(1)		(2)	

⑧ 連続する3つの整数では，最も大きい数の2乗から最も小さい数の2乗をひいた差は，真ん中の数の4倍になることを証明しなさい。 （4点）

⑨ 連続する2つの奇数の2乗の和を8でわったときの余りを求めなさい。 （3点）

⑩ 右の図のように，中心が同じ2つの円があり，半径の差は10cmです。小さいほうの円の半径を a cmとするとき，2つの円にはさまれた部分の面積を求めなさい。 （3点）

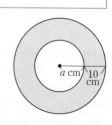

解答 ▶p.42

第**2**回
予想問題

2章　平方根

40分

/100

---

1 次の数を求めなさい。　　　　　　　　　　　　　　　　　　　　　2点×4（8点）

(1)　25 の平方根　　　　　　　　　　　　　(2)　$\sqrt{64}$

(3)　$\sqrt{(-9)^2}$　　　　　　　　　　　　　(4)　$(-\sqrt{6}\,)^2$

(1)		(2)		(3)		(4)	

---

2 次の各組の数の大小を，不等号を使って表しなさい。　　　　　　2点×3（6点）

(1)　6，$\sqrt{30}$　　　　　　(2)　-3，-4，$-\sqrt{10}$　　　　　　(3)　$3\sqrt{2}$，$\sqrt{15}$，4

(1)		(2)		(3)	

---

3 $\sqrt{1}$，$\sqrt{4}$，$\sqrt{9}$，$\sqrt{15}$，$\sqrt{25}$，$\sqrt{50}$ の中から，無理数をすべて選びなさい。　　（2点）

---

4 次の数を(1)は $a\sqrt{b}$ の形で，(2)は $\dfrac{\sqrt{b}}{a}$ の形で表しなさい。　　2点×2（4点）

(1)　$\sqrt{112}$　　　　　　　　　　　　　(2)　$\sqrt{\dfrac{7}{64}}$

(1)		(2)	

---

5 次の数の分母を有理化しなさい。　　　　　　　　　　　　　　　2点×2（4点）

(1)　$\dfrac{2}{\sqrt{6}}$　　　　　　　　　　　　　(2)　$\dfrac{5\sqrt{3}}{\sqrt{15}}$

(1)		(2)	

---

6 $\sqrt{7}=2.646$ として，次の値を求めなさい。　　　　　　　　　2点×2（4点）

(1)　$\sqrt{70000}$　　　　　　　　　　　　(2)　$\sqrt{0.07}$

(1)		(2)	

---

7 次の計算をしなさい。　　　　　　　　　　　　　　　　　　　　3点×4（12点）

(1)　$\sqrt{6}\times\sqrt{8}$　　　　　　　　　　　(2)　$\sqrt{75}\times2\sqrt{3}$

(3)　$8\div\sqrt{12}$　　　　　　　　　　　　(4)　$3\sqrt{6}\div(-\sqrt{10})\times\sqrt{5}$

(1)		(2)		(3)		(4)	

⑧ 次の計算をしなさい。　　　　　　　　　　　　　　　　　3点×6（18点）

(1)　$2\sqrt{6} - 3\sqrt{6}$

(2)　$4\sqrt{5} + \sqrt{3} - 3\sqrt{5} + 6\sqrt{3}$

(3)　$\sqrt{98} - \sqrt{50} + \sqrt{2}$

(4)　$\sqrt{63} + 3\sqrt{28}$

(5)　$\sqrt{48} - \dfrac{3}{\sqrt{3}}$

(6)　$\dfrac{18}{\sqrt{6}} - \dfrac{\sqrt{24}}{4}$

(1)		(2)		(3)	
(4)		(5)		(6)	

⑨ 次の計算をしなさい。　　　　　　　　　　　　　　　　　3点×6（18点）

(1)　$\sqrt{3}(3\sqrt{3} + \sqrt{6})$

(2)　$(\sqrt{7} + 2)(\sqrt{7} - 3)$

(3)　$(\sqrt{6} - \sqrt{15})^2$

(4)　$\dfrac{10}{\sqrt{2}} - 2\sqrt{7} \times \sqrt{14}$

(5)　$(2\sqrt{3} + 1)^2 - \sqrt{48}$

(6)　$\sqrt{5}(\sqrt{45} - \sqrt{15}) - (\sqrt{5} - \sqrt{3})(\sqrt{5} + \sqrt{3})$

(1)		(2)		(3)	
(4)		(5)		(6)	

⑩ 次の問いに答えなさい。　　　　　　　　　　　　　　　　3点×6（18点）

(1)　$x = 1 - \sqrt{3}$ のとき，式 $x^2 + 2x - 3$ の値を求めなさい。

(2)　$a = \sqrt{5} + \sqrt{2}$，$b = \sqrt{5} - \sqrt{2}$ のとき，式 $a^2 - b^2$ の値を求めなさい。

(3)　$4 < \sqrt{n} < 5$ をみたす自然数 n は何個あるか答えなさい。

(4)　$\sqrt{22 - 3n}$ が整数となるような自然数 n の値をすべて求めなさい。

(5)　$\sqrt{48n}$ の値が自然数となる n の値のうち，最小のものを求めなさい。

(6)　$\sqrt{5}$ の小数部分を a とするとき，$a(a + 2)$ の値を求めなさい。

(1)		(2)		(3)	
(4)		(5)		(6)	

⑪ 次の問いに答えなさい。　　　　　　　　　　　　　　　　3点×2（6点）

(1)　ある町の人口は 83294 人です。有効数字を 3 桁として，整数部分が 1 桁の数と 10 の累乗の積で表しなさい。

(2)　四捨五入して得た近似値が，$5.2 \times \dfrac{1}{10^3}$ のとき，この近似値の誤差の絶対値は，最も大きい場合でどれだけですか。

(1)		(2)	

解答 ▶ p.43

第**3**回
予想問題

3章　2次方程式

40分

/100

1 次の問いに答えなさい。

3点×2（6点）

(1) 次の方程式のうち，2次方程式を選び，記号で答えなさい。

㋐ $3(x+2)=4x-5$　　㋑ $(x+2)(x-5)=x^2-3$　　㋒ $x(x-4)=2x^2-x$

(2) -3，-2，-1，0，1，2，3 のうち，$x^2+x-6=0$ の解はどれですか。

(1)		(2)	

2 次の方程式を解きなさい。

3点×10（30点）

(1) $(x+4)(x-5)=0$

(2) $x^2-15x+14=0$

(3) $x^2-12x=0$

(4) $x^2-9=0$

(5) $x^2+10x+25=0$

(6) $25x^2-6=0$

(7) $(x-4)^2=36$

(8) $3x^2+5x-4=0$

(9) $x^2-8x+3=0$

(10) $2x^2-3x+1=0$

(1)		(2)		(3)	
(4)		(5)		(6)	
(7)		(8)		(9)	
(10)					

3 次の方程式を解きなさい。

4点×6（24点）

(1) $x^2+6x=16$

(2) $4x^2+6x-8=0$

(3) $\dfrac{1}{2}x^2=4x-8$

(4) $x^2-4(x+2)=0$

(5) $(x-2)(x+4)=7$

(6) $(x+3)^2=5(x+3)$

(1)		(2)		(3)	
(4)		(5)		(6)	

定期テスト対策　予想問題

4 次の問いに答えなさい。　　　　　　　　　　　　　　　　　　　　　　5点×2（10点）

(1) 2次方程式 $x^2+ax+b=0$ の解が 3 と 5 のとき，a と b の値をそれぞれ求めなさい。

(2) 2次方程式 $x^2+x-12=0$ の小さいほうの解が 2 次方程式 $x^2+ax-24=0$ の解の 1 つになっています。このとき，a の値を求めなさい。

(1)	$a=$	$b=$	(2)

5 連続する 2 つの整数があります。それぞれの整数を 2 乗して，それらの和を計算したら 85 になりました。小さいほうの整数を x として方程式をつくり，連続する 2 つの整数を求めなさい。

3点×2（6点）

方程式	
答え	

6 横の長さが縦の長さの 2 倍の長方形の紙があります。この紙の 4 すみから 1 辺が 2 cm の正方形を切り取り，ふたのない直方体の容器をつくったら，容積が 192 cm³ になりました。もとの紙の縦の長さを求めなさい。　　　　　（6点）

7 縦が 30 m，横が 40 m の長方形の土地があります。右の図のように，この土地の中央を畑にしてまわりに同じ幅の道をつくり，畑の面積が土地全体の面積の半分になるようにします。道の幅は何 m にすればよいか求めなさい。　　　　　（6点）

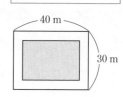

8 右の図のような 1 辺が 8 cm の正方形 ABCD で，点 P は，点 B を出発して辺 AB 上を秒速 1 cm で点 A まで動きます。また，点 Q は，点 P が点 B を出発するのと同時に点 C を出発し，点 P と同じ速さで辺 BC 上を点 B まで動きます。△PBQ の面積が 3 cm² になるのは，点 P が点 B を出発してから何秒後かを求めなさい。　　　　　（6点）

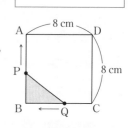

9 右の図で，点 P は $y=x+3$ のグラフ上の点で，その x 座標は正です。また，点 A は x 軸上の点で，A の x 座標は P の x 座標の 2 倍になっています。△POA の面積が 28 cm² であるとき，点 P の座標を求めなさい。ただし，座標軸の 1 目もりは 1 cm とします。　　　　　（6点）

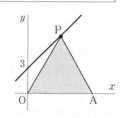

解答 ▶ p.44

第 4 回
予想問題

4章　関数 $y = ax^2$

/100

1 y は x の2乗に比例し，$x = 2$ のとき $y = -8$ です。　　4点×3（12点）

(1) y を x の式で表しなさい。

(2) $x = -3$ のときの y の値を求めなさい。

(3) $y = -50$ となる x の値を求めなさい。

(1)		(2)		(3)	

2 次の関数のグラフを右の図にかきなさい。　　4点×2（8点）

(1) $y = -\dfrac{1}{2}x^2$ 　　　(2) $y = \dfrac{1}{4}x^2$

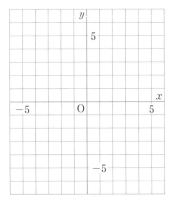

3 次の㋐〜㋕の関数の中から，下の(1)〜(4)にあてはまるものを選び，記号で答えなさい。

3点×4（12点）

㋐ $y = x^2$ 　　　　㋑ $y = -2x^2$ 　　　　㋒ $y = 5x^2$

㋓ $y = \dfrac{1}{2}x^2$ 　　　㋔ $y = -\dfrac{1}{2}x^2$ 　　　㋕ $y = -3x^2$

(1) グラフが下に開いているもの

(2) グラフの開き方が最も小さいもの

(3) $x > 0$ の範囲で，x の値が増加すると，y の値も増加するもの

(4) グラフが $y = 2x^2$ のグラフと x 軸について対称であるもの

(1)		(2)		(3)		(4)	

4 次の関数について，x の変域が $-3 \leqq x \leqq 1$ のときの y の変域を求めなさい。

4点×3（12点）

(1) $y = 2x + 4$ 　　　(2) $y = 3x^2$ 　　　(3) $y = -2x^2$

(1)		(2)		(3)	

5 次の関数について，x の値が -4 から -2 まで増加するときの変化の割合を求めなさい。

4点×3（12点）

(1) $y = -2x + 3$ 　　　(2) $y = 2x^2$ 　　　(3) $y = -x^2$

(1)		(2)		(3)	

6　次の問いに答えなさい。　　　　　　　　　　　　　　　　　　　　　　4点×5（20点）

(1)　関数 $y = ax^2$ について，x の変域が $-1 \leqq x \leqq 2$ のとき，y の変域が $-4 \leqq y \leqq 0$ です。a の値を求めなさい。

(2)　関数 $y = 2x^2$ について，x の変域が $-2 \leqq x \leqq a$ であるときの，y の変域は $b \leqq y \leqq 18$ です。このとき，a，b の値を求めなさい。

(3)　関数 $y = ax^2$ について，x の値が 1 から 3 まで増加するときの変化の割合が 12 です。a の値を求めなさい。

(4)　関数 $y = ax^2$ と $y = -4x + 2$ は，x の値が 2 から 6 まで増加するときの変化の割合が等しくなります。a の値を求めなさい。

(5)　関数 $y = ax^2$ のグラフと $y = -2x + 3$ のグラフの交点の 1 つを A とします。A の x 座標が 3 のとき，a の値を求めなさい。

(1)		(2)	$a =$		$b =$		(3)	
(4)		(5)						

7　右の図のような縦が 10 cm，横が 20 cm の長方形 ABCD で，点 P は B を出発して辺 AB 上を A まで動きます。また，点 Q は点 P と同時に B を出発して辺 BC 上を C まで，点 P の 2 倍の速さで動きます。BP の長さが x cm のときの △PBQ の面積を y cm² として，次の問いに答えなさい。

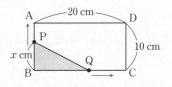

3点×4（12点）

(1)　y を x の式で表しなさい。

(2)　$x = 6$ のときの y の値を求めなさい。

(3)　y の変域を求めなさい。

(4)　△PBQ の面積が 25 cm² になるのは，BP の長さが何 cm のときか求めなさい。

(1)		(2)		(3)		(4)	

8　右の図で，①は関数 $y = \dfrac{1}{4}x^2$ のグラフで，②は①のグラフ上の 2 点 A(8, a)，B(-4, 4) を通る直線です。直線②と y 軸との交点を C とします。　　4点×3（12点）

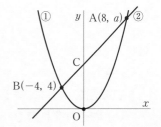

(1)　a の値を求めなさい。

(2)　直線②の式を求めなさい。

(3)　①のグラフ上の A から B までの部分に点 P をとります。

　　△OCP の面積が △OAB の面積の $\dfrac{1}{2}$ になるときの点 P の座標を求めなさい。

(1)		(2)		(3)	

解答 p.45

第5回 予想問題 5章 相似な図形

40分 /100

1 右の図で，四角形 ABCD ∽ 四角形 PQRS である
とき，次の問いに答えなさい。 4点×3（12点）

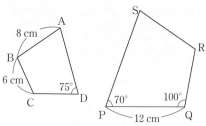

(1) 四角形 ABCD と四角形 PQRS の相似比を求め
なさい。

(2) 辺 QR の長さを求めなさい。

(3) ∠C の大きさを求めなさい。

(1)		(2)		(3)	

2 下の(1)，(2)の図で，△ABC と相似な三角形を記号 ∽ を使って表し，そのときに使った相
似条件を答えなさい。また，x の値を求めなさい。 2点×6（12点）

(1)

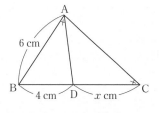

∠BAD = ∠BCA

(2)

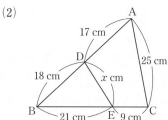

(1) △ABC ∽	相似条件	$x =$
(2) △ABC ∽	相似条件	$x =$

3 右の図のように，∠C = 90° の直角三角形 ABC で，辺 AC 上
の点 D から辺 AB に垂線 CE をひきます。このとき，
△ABC ∽ △ADE となることを証明しなさい。 （6点）

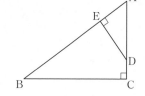

4 右の図のように，1辺の長さが 12 cm の正三角形 ABC で，辺 BC，
CA 上にそれぞれ点 P，Q を ∠APQ = 60° となるようにとるとき，次
の問いに答えなさい。 4点×2（8点）

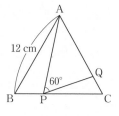

(1) △ABP ∽ [ ] です。□ にあてはまるものを答えなさい。

(2) BP = 4 cm のとき，CQ の長さを求めなさい。

(1)		(2)	

5 次の図で，DE ∥ BC のとき，x の値を求めなさい。　　5点×3（15点）

(1)　　　　　　　　　(2)　　　　　　　　　(3)

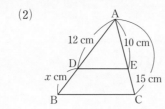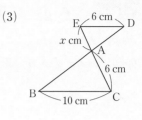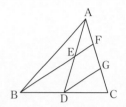

(1)		(2)		(3)	

6 右の図のように，△ABC の辺 BC の中点を D とし，線分 AD の中点を E とします。直線 BE と辺 AC の交点を F，線分 CF の中点を G とするとき，次の問いに答えなさい。　5点×2（10点）

(1)　AF : FG を求めなさい。

(2)　線分 BE の長さは線分 EF の長さの何倍か答えなさい。

(1)		(2)	

7 3直線 ℓ，m，n が平行のとき，x の値をそれぞれ求めなさい。　5点×3（15点）

(1)　　　　　　　　　(2)　　　　　　　　　(3)

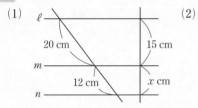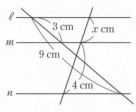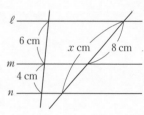

(1)		(2)		(3)	

8 次の図で，x の値を求めなさい。　5点×2（10点）

(1)　　　　　　　　　(2)

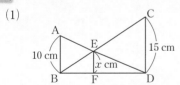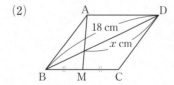

AB，CD，EF は平行　　　□ABCD で，M は辺 BC の中点。

(1)		(2)	

9 次の問いに答えなさい。　4点×3（12点）

(1)　相似な 2 つの図形 A，B があり，その相似比は 5 : 2 です。A の面積が $125\,\mathrm{cm}^2$ のとき，B の面積を求めなさい。

(2)　相似な 2 つの立体 P，Q があり，その表面積の比は 9 : 16 です。P と Q の相似比を求めなさい。また，P と Q の体積の比を求めなさい。

(1)		(2)	相似比		体積の比	

解答 ▶ p.46

第 **6** 回 予想問題　**6章　円**

40分　/100

1 次の図で，∠x の大きさを求めなさい。

5点×6（30点）

(1)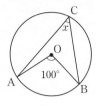

(2)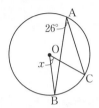

(3)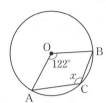

(4)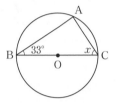

(5)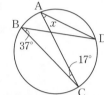

(6)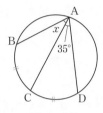

$\overset{\frown}{BC} = \overset{\frown}{CD}$

(1)		(2)		(3)	
(4)		(5)		(6)	

2 次の図で，∠x の大きさを求めなさい。

5点×6（30点）

(1)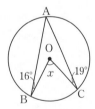

(2)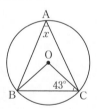

(3)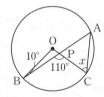

(4)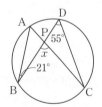

(5)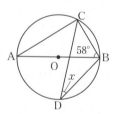

(6)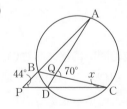

(1)		(2)		(3)	
(4)		(5)		(6)	

③ 右の図のように，円Oと円外の点Aがあります。点Aから円Oへの接線AP，AP′を作図しなさい。　　　　　　　　　　　　（10点）

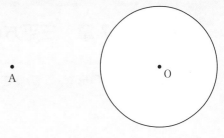

上の図にかき入れなさい。

④ 右の図で，A，B，C，Dは円Oの周上の点で，$\overparen{\mathrm{AB}} = \overparen{\mathrm{BC}}$ です。弦ACと弦BDの交点をPとするとき，△BPC ∽ △BCD となることを証明しなさい。　　　　　　　　　　　　（10点）

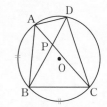

⑤ 次の図で，x の値を求めなさい。　　　　　　　　　　5点×3（15点）

(1)　点Pは接点

(2)

(3)

(1)		(2)		(3)	

⑥ 右の図で，4点A，B，C，Dが1つの円周上にあることを証明しなさい。　　　　　　　　　　　　（5点）

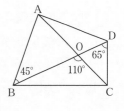

解答 p.47

第7回 予想問題　7章　三平方の定理

40分　/100

1 次の図の直角三角形で，x の値を求めなさい。　　4点×4（16点）

(1)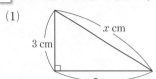

(2)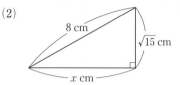

(3)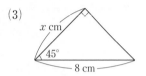

(4)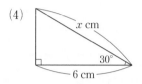

(1)		(2)		(3)		(4)	

2 次の図で，x の値を求めなさい。　　4点×3（12点）

(1)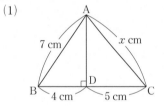

(2)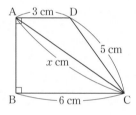

(3)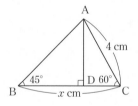

(1)		(2)		(3)	

3 次の長さを3辺とする三角形について，直角三角形には○，そうでないものには×を書きなさい。　　3点×4（12点）

(1)　15 cm，17 cm，8 cm

(2)　1.5 cm，2 cm，3 cm

(3)　$\sqrt{10}$ cm，8 cm，$3\sqrt{6}$ cm

(4)　$\dfrac{2}{3}$ cm，$\dfrac{1}{2}$ cm，$\dfrac{5}{6}$ cm

(1)		(2)		(3)		(4)	

4 次の問いに答えなさい。　　4点×3（12点）

(1)　1辺が5 cm の正方形の対角線の長さを求めなさい。

(2)　1辺が6 cm の正三角形の面積を求めなさい。

(3)　右の図の二等辺三角形 ABC で，h の値を求めなさい。

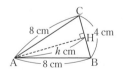

(1)		(2)		(3)	

5 次の問いに答えなさい。 　　　　　　　　　　　　　4点×3（12点）

(1) 2点 A(−2, 4), B(−5, −3) の間の距離を求めなさい。

(2) 半径が 9 cm の円 O で，中心からの距離が 6 cm である弦 AB の長さを求めなさい。

(3) 底面の半径が 3 cm，母線の長さが 7 cm の円錐の体積を求めなさい。

(1)		(2)		(3)	

6 右の図の △ABC で，頂点 A から辺 BC に垂線 AH をひくとき，次の問いに答えなさい。 　　　　　4点×3（12点）

(1) BH ＝ x cm として，x についての方程式をつくりなさい。

(2) BH の長さを求めなさい。

(3) AH の長さを求めなさい。

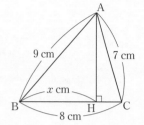

(1)		(2)		(3)	

7 長方形 ABCD を，右の図のように，線分 EG を折り目として折り，頂点 A を辺 BC 上の点 F に重ねます。AB ＝ 8 cm，BF ＝ 4 cm のとき，線分 BE の長さを求めなさい。 　　（4点）

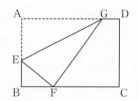

8 右の図のような底面が 1 辺 4 cm の正方形で，ほかの辺がすべて 6 cm の正四角錐があります。この正四角錐の表面積と体積を求めなさい。 　　　　　　4点×2（8点）

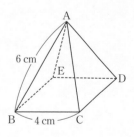

表面積	体積

9 右の図の立体は，1 辺が 4 cm の立方体で，M, N はそれぞれ辺 AB, AD の中点です。 　　　　　　4点×3（12点）

(1) 線分 MG の長さを求めなさい。

(2) M から辺 BF を通って点 G まで糸をかけます。かける糸の長さが最も短くなるときの，糸の長さを求めなさい。

(3) 4点 M, F, H, N を頂点とする四角形の面積を求めなさい。

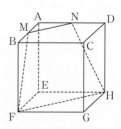

(1)		(2)		(3)	

第8回 予想問題 8章 標本調査

20分　/100

1 次の調査は，全数調査と標本調査のどちらが適していますか。 4点×4（16点）

(1) ある農家で生産したみかんの糖度の調査
(2) ある工場で作った製品の強度の調査
(3) 空港での手荷物検査
(4) 選挙のときにテレビ局が行う出口調査

(1)	(2)	(3)	(4)

2 ある工場で昨日つくった5万個の製品の中から，300個の製品を無作為に抽出して調べたら，その中に不良品が6個ふくまれていました。 8点×3（24点）

(1) この調査の母集団は何ですか。
(2) この調査の標本の大きさをいいなさい。
(3) 昨日つくった5万個の製品の中にある不良品の数はおよそ何個と推定できますか。

(1)	(2)	(3)

3 袋の中に同じ大きさの球がたくさん入っています。この袋の中の球の数を調べるために，袋の中から100個の球を取り出して印をつけて袋に戻します。次に，袋の中をよくかき混ぜて27個の球を無作為に抽出したところ，印のついた球が4個ふくまれていました。袋の中の球の数はおよそ何個と推定できますか。四捨五入して，百の位までの概数で答えなさい。 （20点）

4 袋の中に白い碁石がたくさん入っています。その数を調べるために，同じ大きさの黒い碁石60個を白い碁石の入っている袋の中に入れ，よくかき混ぜた後，その中から50個の碁石を無作為に抽出して調べたら，黒い碁石が6個ふくまれていました。袋の中の白い碁石の数は，およそ何個と推定できますか。 （20点）

5 ページ数が900ページの辞典があります。この辞典にのっている見出し語の語数を調べるために，無作為に10ページを選び，そのページにのっている見出し語の数を調べると，次のようになりました。 10点×2（20点）

18, 21, 15, 16, 9, 17, 20, 11, 14, 16

(1) この辞典の1ページにのっている見出し語の数の平均を推定しなさい。
(2) この辞典の全体の見出し語の数はおよそ何語と推定できますか。四捨五入して，千の位までの概数で答えなさい。

(1)	(2)

教科書ワーク 数学

特別ふろく ①

無料アプリ

数1 数2 数3 図形1 図形2 図形3

どこでもワーク

こちらにアクセスして，ご利用ください。
https://portal.bunri.jp/app.html

① 計算編　テンキー入力形式で学習できる！ 重要公式つき！

解き方を穴埋め形式で確認！

テンキー入力で，計算しながら解ける！

重要公式をその場で確認できる！

カラーだから見やすく，わかりやすい！

② 図形編　グラフや図形を自分で動かして，学習理解をサポート！

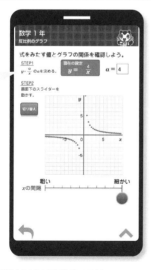

自分で数値を決められるから，いろいろなグラフの確認ができる！

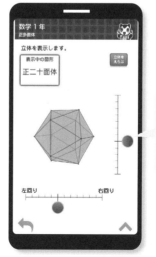

上下左右に回転させて，様々な角度から立体をみることができる！

中学教科書ワーク

解答と解説

教育出版版

数学 **3** 年

この「解答と解説」は，**取りはずして** 使えます。

※ステージ1の例の答えは本冊右ページ下にあります。

1 章 式の計算

p.2〜3 ステージ1

1 (1) $21ab+12a$ (2) $-8x^2-12xy$

(3) $-14x^2+28xy$

(4) $12ax+6bx-30x$

2 (1) $2a+4$ (2) $2x-7y$

(3) $-2x+3y$ (4) $3a^2-6$

(5) $3x-y+2$ (6) $-4a+2$

3 (1) $ac+ad-bc-bd$

(2) $xy-4x+3y-12$

(3) $6a^2+13ab-5b^2$ (4) $8x^2+10xy-3y^2$

(5) $a^2-2ab+2a-10b-15$

(6) $-3x^2+5xy+2y^2+x-2y$

4 (1) x^2+8x+7 (2) $x^2-7x+10$

(3) $a^2+2a-35$ (4) $y^2+3y-54$

解説

3 (6) $(-3x-y+1)(x-2y)$

$=-3x^2+6xy-xy+2y^2+x-2y$

$=-3x^2+5xy+2y^2+x-2y$

別解 $-3x-y+1=M$ とおくと，

$(-3x-y+1)(x-2y)$

$=M(x-2y)$

$=xM-2yM$

M を $-3x-y+1$ に戻すと，

$=x(-3x-y+1)-2y(-3x-y+1)$

4 (3) $(a+7)(a-5)$

$=a^2+(7-5)a+7\times(-5)$

p.4〜5 ステージ1

1 (1) $x^2+14x+49$ (2) $a^2-8a+16$

(3) $25+10x+x^2$ (4) $49-14x+x^2$

(5) x^2-36 (6) $9-x^2$

(7) $49-x^2$ (8) x^2-4

2 (1) $9x^2-9x-40$ (2) $9a^2+30a+25$

(3) $16y^2-88y+121$ (4) $49a^2-4b^2$

(5) $x^2+2xy+y^2-8x-8y+15$

(6) $a^2-4a+4-b^2$

3 (1) $5x+11$ (2) $2x^2-6x+8$

(3) $4x^2+7$ (4) $-6x+37$

(5) $8a^2-2a-2$ (6) $3x^2-4x+50$

解説

2 (5) $(x+y-3)(x+y-5)$

$=\{(x+y)-3\}\{(x+y)-5\}$

$=(x+y)^2-8(x+y)+15$

(6) $(a+b-2)(a-b-2)$

$=\{(a-2)+b\}\{(a-2)-b\}$

$=(a-2)^2-b^2$

3 (5) $(3a+1)(3a-1)-(a+1)^2$

$=9a^2-1-(a^2+2a+1)$

$=9a^2-1-a^2-2a-1$

(6) $(2x-1)^2-(x-7)(x+7)$

$=4x^2-4x+1-(x^2-49)$

$=4x^2-4x+1-x^2+49$

p.6〜7 ステージ2

1 (1) $6x^2-12xy$ (2) $\dfrac{1}{2}x+y$

(3) $-2x^2-\dfrac{4}{3}xy+\dfrac{8}{3}x$

(4) $16-24ab$

(5) $15xy-20y^2$ (6) $-2x+3y^2$

2 (1) $xy-x+3y-3$

(2) $12x^2+13x-14$

(3) $a^2-2ab-8a+6b+15$

(4) $-3x^2+7xy-4x-2y^2+8y$

(5) $x^2+9x+20$ (6) $y^2-y+\dfrac{3}{16}$

(7) $x^2+10x+25$ (8) $x^2-\dfrac{3}{2}x+\dfrac{9}{16}$

(9) x^2-81 (10) $64-x^2$

❸ (1) $4x^2-4x-35$ (2) $36x^2-4y^2$

(3) $9a^2-6ab+b^2$ (4) $9y^2-16x^2$

(5) $x^2+2xy+y^2+8x+8y+16$

(6) $x^2+4x+4-y^2$

❹ (1) $2x^2+2x-20$ (2) $3x^2+8x-25$

(3) $-3x^2+2$ (4) $6x^2+3$

(5) $3a^2-2a+7$ (6) $2a^2+4a+19$

• • • • • •

① (1) $\dfrac{1}{3}x^2y-\dfrac{2}{3}xy^2$ (2) $4a+b$

(3) $9a+4b$ (4) $-8x+5$

② (1) x^2 (2) $2x^2+8x-9$

(3) $2xy+9y^2$ (4) $28x+60$

━━━━━ 解 説 ━━━━━

❸ (4) $(4x+3y)(3y-4x)$

$=(3y+4x)(3y-4x)$

$=(3y)^2-(4x)^2$

別解

$(4x+3y)(3y-4x)$

$=-(4x+3y)(4x-3y)$

$=-\{(4x)^2-(3y)^2\}$

$=-(4x)^2+(3y)^2$

(5) $(x+y+4)^2$

$=\{(x+y)+4\}^2$

$=(x+y)^2+8(x+y)+16$

(6) $(x+y+2)(x-y+2)$

$=\{(x+2)+y\}\{(x+2)-y\}$

$=(x+2)^2-y^2$

❹ (5) $(2a+1)(2a-1)-(a+4)(a-2)$

$=4a^2-1-(a^2+2a-8)$

$=4a^2-1-a^2-2a+8$

(6) $(2a+3)^2-2(a-1)(a+5)$

$=4a^2+12a+9-2(a^2+4a-5)$

$=4a^2+12a+9-2a^2-8a+10$

p.8〜9 ステージ**1**

① ⑦, ㊤

② (1) $x(x+6)$ (2) $4a(a-3)$

(3) $xy(x+y)$ (4) $3x(3x-4y+5)$

❸ (1) $2,\ 6$ (2) $-4,\ -7$

(3) $-3,\ 6$ (4) $2,\ -12$

❹ (1) $(x+1)(x+3)$ (2) $(x-1)(x-5)$

(3) $(a-2)(a-9)$ (4) $(x-3)(x+4)$

(5) $(x-3)(x+7)$ (6) $(x+4)(x-6)$

━━━━━ 解 説 ━━━━━

❹ (2) $5-6x+x^2$ $\Big\}$ 順番を入れかえる

$=x^2-6x+5$

(6) $-24-2x+x^2$ $\Big\}$ 順番を入れかえる

$=x^2-2x-24$

ポイント

因数分解の答えを確かめたいときは，展開してもと
の式と同じになるか見てみればよい。

p.10〜11 ステージ**1**

① (1) $(x+7)^2$ (2) $(y+8)^2$

(3) $(x-9)^2$ (4) $\left(x+\dfrac{1}{5}\right)^2$

(5) $(x+9)(x-9)$ (6) $(a+0.4)(a-0.4)$

② (1) $3(x-3)(x+4)$ (2) $2(x-4)^2$

(3) $m(x+3)^2$ (4) $5y(2+x)(2-x)$

❸ (1) $(2y-3)^2$ (2) $(5x+1)^2$

(3) $(8x+5)(8x-5)$ (4) $(3x-4y)^2$

(5) $(x+5)(x+6)$ (6) $(a-1)^2$

(7) $(x-5)(x-9)$ (8) $(x+2)(y-5)$

(9) $(2x-3)(y-2)$ (10) $(x+3)(x-y)$

━━━━━ 解 説 ━━━━━

① (4) $x^2+\dfrac{2}{5}x+\dfrac{1}{25}$

$=x^2+2\times\dfrac{1}{5}\times x+\left(\dfrac{1}{5}\right)^2$

$=\left(x+\dfrac{1}{5}\right)^2$

(6) $a^2-0.16$

$=a^2-0.4^2$

$=(a+0.4)(a-0.4)$

❸ (5) $x+3=M$ とおくと，

$(x+3)^2+5(x+3)+6$

$=M^2+5M+6$

$=(M+2)(M+3)$

M を $x+3$ に戻すと，

$(M+2)(M+3)$

$=(x+3+2)(x+3+3)$

別解

$(x+3)^2+5(x+3)+6$

$=x^2+6x+9+5x+15+6$

$= x^2+11x+30$

$= (x+5)(x+6)$

(7) $(x-7)^2-4$

$= (x-7+2)(x-7-2)$

(8) $x(y-5)+2y-10$

$= x(y-5)+2(y-5)$

$= (x+2)(y-5)$

(9) $(2x-3)y-4x+6$

$= (2x-3)y-2(2x-3)$

$= (2x-3)(y-2)$

(10) $x^2-xy+3x-3y$

$= x(x-y)+3(x-y)$

$= (x+3)(x-y)$

---

p.12〜13 ■■■ **ステージ1**

❶ (1) **10609** (2) **160**

(3) **34000** (4) **9975**

❷ (1) 最も小さい数…$n-1$

最も大きい数…$n+1$

(2) 連続する3つの整数の最も小さい数と最も大きい数の積に1を加えると，

$\quad (n-1)(n+1)+1$

$= n^2-1+1$

$= n^2$

n は真ん中の数を表しているから，連続する3つの整数の最も小さい数と最も大きい数の積に1を加えると，真ん中の数の2乗になる。

❸ 連続する2つの奇数は，n を整数とすると，$2n-1$，$2n+1$ と表すことができる。この2つの奇数の積から小さいほうの奇数の2倍をひくと，

$\quad (2n-1)(2n+1)-2(2n-1)$

$= 4n^2-1-4n+2$

$= 4n^2-4n+1$

$= (2n-1)^2$

$2n-1$ は小さいほうの奇数を表しているから，連続する2つの奇数の積から小さいほうの奇数の2倍をひくと，小さいほうの奇数の2乗に等しい。

❹ もとの土地の面積は，$x^2\,\mathrm{m}^2$　この土地の縦の長さを$a\,$m短くし，横の長さを$a\,$m長くすると，その面積は，

$\quad (x-a)(x+a)$

$= x^2-a^2\ (\mathrm{m}^2)$

$x^2\,\mathrm{m}^2$ はもとの土地の面積を表しているから，1辺の長さが $x\,$m の正方形の土地の縦の長さを$a\,$m短くし，横の長さを$a\,$m長くした長方形の土地の面積は，もとの面積より $a^2\,\mathrm{m}^2$ 小さくなる。

■■■■■■■■■■ ➡ **解 説** ■■■■■

❶ (1) 103^2

$= (100+3)^2$

$= 100^2+2\times3\times100+3^2$

(2) 41^2-39^2

$= (41+39)\times(41-39)$

(3) 185^2-15^2

$= (185+15)\times(185-15)$

(4) 95×105

$= (100-5)\times(100+5)=100^2-5^2$

工夫したら計算しやすくなったね。

---

p.14〜15 ■■■ **ステージ2**

❶ (1) $2xy(x-3y)$ (2) $(x+1)(x+7)$

(3) $(a-7)(a-9)$ (4) $(x-6)(x+8)$

(5) $(x+1)(x-10)$ (6) $(m+4)^2$

(7) $\left(x+\dfrac{1}{2}\right)^2$ (8) $\left(a+\dfrac{1}{9}\right)\left(a-\dfrac{1}{9}\right)$

❷ (1) $2(x-4)(x+5)$ (2) $x(y+3)(y-11)$

(3) $(3x+2)^2$ (4) $(2x+5y)(2x-5y)$

(5) $ab(b-1)(b-2)$ (6) $(x+8)^2$

(7) $(x-3)(x-6)$ (8) $(a-2)(a-8)$

❸ 7，11

❹ (1) **8000** (2) **3**

❺ (1) **1200** (2) **420**

❻ b，c，d，e を a を使って表すと，

$\quad b=a-7,\ c=a-1,\ d=a+7,\ e=a+1$

したがって，

$\quad ce-bd=(a-1)(a+1)-(a-7)(a+7)$

$= (a^2-1^2)-(a^2-7^2)$

$= a^2-1-a^2+49=48$

となり，$ce-bd$ の値はつねに 48 になる。

❼ $S=\dfrac{1}{2}\pi(a+b)^2+\dfrac{1}{2}\pi a^2-\dfrac{1}{2}\pi b^2$

$= \dfrac{1}{2}\pi\{(a+b)^2+a^2-b^2\}$

$= \dfrac{1}{2}\pi(2a^2+2ab)=\pi a(a+b)$

すなわち，$S = \pi a(a+b)$

$$\bullet \quad \bullet \quad \bullet \quad \bullet \quad \bullet$$

① (1) $(x-4)(x+5)$　　　(2) $(x-1)(x+2)$

(3) $(x+7)(x-7)$

(4) $(a+2b-1)(a+2b+2)$

② 40

③ n を整数とし，中央の奇数を $2n+1$ とする。最も小さい奇数は $2n-1$，最も大きい奇数は $2n+3$ と表されるから，中央の奇数と最も大きい奇数の積から，中央の奇数と最も小さい奇数の積をひいた差は，

$$(2n+1)(2n+3)-(2n+1)(2n-1)$$
$$=(2n+1)\{(2n+3)-(2n-1)\}$$
$$=(2n+1)\times 4$$

となり，中央の奇数の 4 倍に等しくなる。

━━━━━━━━━▶ **解 説** ◀━━━━━━━━━

③ 積が 10 となる 2 つの自然数は 1 と 10，2 と 5 の 2 組あるから，□ にあてはまる数は，

$1+10=11,\ 2+5=7$ より，7 と 11

④ (2) $2001\times 1999 - 2002\times 1998$
$$=(2000+1)\times(2000-1)-(2000+2)\times(2000-2)$$
$$=(2000^2-1^2)-(2000^2-2^2)$$
$$=2000^2-1^2-2000^2+2^2$$
$$=-1^2+2^2=-1+4=3$$

⑤ (1) $3x^2+18x+27$
$$=3(x^2+6x+9)$$
$$=3(x+3)^2$$

ここで $x=17$ を代入すると，
$$3\times(17+3)^2=3\times 20^2=1200$$

(2) $4x^2-y^2$
$$=(2x+y)(2x-y)$$

ここで $x=13,\ y=16$ を代入すると，
$$(2\times 13+16)\times(2\times 13-16)$$
$$=42\times 10=420$$

① (2) $(x+1)(x+4)-2(2x+3)$
$$=x^2+5x+4-4x-6$$
$$=x^2+x-2$$
$$=(x-1)(x+2)$$

(3) $x-4=M$ とおくと，
$$(x-4)^2+8(x-4)-33$$
$$=M^2+8M-33$$

(4) $a+2b=M$ とおくと，
$$(a+2b)^2+a+2b-2$$

$$=(a+2b)^2+(a+2b)-2$$
$$=M^2+M-2$$

② ab^2-81a
$$=a(b^2-81)$$
$$=a(b+9)(b-9)$$

ここで，$a=\dfrac{1}{7}$，$b=19$ を代入すると，

$$\frac{1}{7}\times(19+9)\times(19-9)$$

$$=\frac{1}{7}\times 28\times 10=40$$

━━━━

p.16〜17 ▰▰▰ **ステージ③** ▰▰▰

① (1) $x^2+2x-15$　　　(2) $x^2-12x+36$

(3) $9x^2+12x+4$　　(4) $x^2-\dfrac{1}{49}$

(5) $4a^2-2a-12$

(6) $x^2-2xy+y^2+2x-2y-15$

② (1) $(x-8)(x-9)$　　(2) $(4x+1)^2$

(3) $5(x+1)(x-6)$

(4) $(x-y)(x+y-1)$

(5) $(x-2)(x+7)$　　(6) $(x-8)^2$

③ (1) $-15a^2+21ab$　　(2) $3x+4y$

(3) $-\dfrac{16}{3}x+16y$　　(4) $4ax$

(5) $11a^2-12ab+7b^2$　(6) $8x^2+4x$

④ (1) 1800　　　　(2) 801

⑤ (1) 10, 17　　(2) $\dfrac{1}{36}$　　(3) 895

⑥ n を整数とすると，連続する 2 つの整数は，n，$n+1$ と表すことができる。大きいほうの数の 2 乗から小さいほうの数の 2 乗をひいた差は，

$$(n+1)^2-n^2=n^2+2n+1-n^2$$
$$=2n+1$$

となり，小さいほうの数の 2 倍より 1 大きい。

⑦ (1) $(a-b)$ m

(2) 正方形のほうが b^2 m² 大きい。

━━━━━━━━━▶ **解 説** ◀━━━━━━━━━

① (6) $(x-y+5)(x-y-3)$
$$=\{(x-y)+5\}\{(x-y)-3\}$$
$$=(x-y)^2+2(x-y)-15$$

② (4) $x-y=M$ とおくと，
$$(x+y)(x-y)-x+y$$

$$= (x+y)(x-y)-(x-y)$$
$$= (x+y)M-M$$
$$= M(x+y-1)$$

(6)　$x-4=M$ とおくと，
$$(x-4)^2-8(x-4)+16$$
$$= M^2-8M+16$$

③ (3)　$(4x^2-12xy)\div\left(-\dfrac{3}{4}x\right)$
$$= (4x^2-12xy)\times\left(-\dfrac{4}{3x}\right)$$

(5)　$\underset{\underline{\qquad}}{3(2a-b)^2}-\underset{\underline{\qquad}}{(a+2b)(a-2b)}$ 〉かっこを
$$= 3(\underline{4a^2-4ab+b^2})-(\underline{a^2-4b^2})$$ ←つけたまま展開する。

④ (1)　153^2-147^2
$$= (153+147)\times(153-147)$$
$$= 300\times6$$
$$= 1800$$

(2)　$201^2-200\times198$
$$= (200+1)^2-200\times(200-2)$$
$$= 200^2+400+1-200^2+400$$
$$= 801$$

⑤ (1)　かけて 16 になる 2 つの自然数は，1 と 16，
2 と 8，4 と 4
$a\neq b$ より，$\boxed{}$ にあてはまる数は，
$1+16=17$，
$2+8=10$ より，
10 と 17

(2)　$2ab+a^2+b^2=(a+b)^2$ と因数分解してから a，
b の値を代入する。

(3)　$xy-2x+2y$
$$= xy-2(x-y)$$
$$= 31\times29-2(31-29) \leftarrow x,\ y\text{の値を代入。}$$
$$= \underline{(30+1)\times(30-1)}-2\times2$$
$$= (30^2-1^2)-4=895$$

ポイント

式の値を求める問題では，x，y の値をどこで代入しても，また，どのような手順で計算をしても，必ず答えは同じになる。どのようにしたら計算が簡単になるかを考えよう。

❼ (1)　長方形の縦と横の長さを合わせると正方形の 2 辺分の長さになるから，縦の長さは，
$2a-(a+b)=a-b$　(m)

2章 平方根

p.18〜19 ■ ステージ1

❶ (1)　±9　　　　(2)　±1
(3)　±0.5　　　(4)　$\pm\dfrac{3}{8}$

❷ (1)　$\pm\sqrt{6}$　　　(2)　$\pm\sqrt{14}$
(3)　$\pm\sqrt{0.7}$　　(4)　$\pm\sqrt{\dfrac{2}{3}}$

❸ (1)　4　　　　(2)　-8
(3)　60　　　　(4)　-0.7
(5)　0.9　　　(6)　$\dfrac{5}{6}$
(7)　-4　　　(8)　$\dfrac{1}{7}$

❹ 根号の中を計算すると，
$$\sqrt{(-10)^2}=\sqrt{100}=\sqrt{10^2}$$
となり，根号を使わずに表すと 10 になるから。

❺ (1)　3　　　　(2)　10
(3)　$\dfrac{1}{6}$　　　(4)　0.03

■ 解説 ■

❶ (4)　$\dfrac{9}{64}=\dfrac{3^2}{8^2}=\left(\dfrac{3}{8}\right)^2$ ←平方根は$\pm\dfrac{3}{8}$

❸ (8)　$\sqrt{\left(-\dfrac{1}{7}\right)^2}=\sqrt{\dfrac{1}{49}}=\sqrt{\left(\dfrac{1}{7}\right)^2}$

❺ (4)　$(-\sqrt{0.03})^2=(-\sqrt{0.03})\times(-\sqrt{0.03})$

p.20〜21 ■ ステージ1

❶ (1)　$\sqrt{15}>\sqrt{14}$
(2)　$2<\sqrt{7}$
(3)　$\sqrt{17}>4$
(4)　$-5<-\sqrt{6}$
(5)　$-\sqrt{13}<-\sqrt{10}$
(6)　$-\sqrt{11}>-11$
(7)　$\sqrt{15}<4<\sqrt{18}$
(8)　$-3<-\sqrt{8}<-\sqrt{7}$

❷ 有理数
$$\dfrac{8}{15},\ 4.6,\ \sqrt{64},\ 0,\ -\dfrac{100}{3}$$
無理数
$$\sqrt{\dfrac{3}{5}},\ -\sqrt{7},\ \sqrt{2.5},\ \sqrt{48},\ \dfrac{2}{\sqrt{3}}$$

❸ (1)　㋑　　(2)　㋐　　(3)　㋓　　(4)　㋒

(5)　① ⑦　② ⑦　③ ⑦

▰▰▰▰▰▰▰▰▰▰▰▰ 解　説 ▰▰▰▰▰▰▰▰▰▰▰▰

③ (3)　$\dfrac{25}{6} = 4.1666\cdots\cdots = 4.1\dot{6}$

(4)　$\dfrac{35}{8} = 4.375$

---

p.22〜23 ▰▰ ステージ**2**

① (1)　± 11　　(2)　± 30　　(3)　± 0.8

(4)　$\pm\dfrac{5}{12}$

② (1)　正しくない。6　　(2)　正しくない。-8

(3)　正しくない。13　　(4)　正しい。

(5)　正しくない。± 9

(6)　正しくない。$\pm\sqrt{7}$

③ (1)　8　　(2)　20　　(3)　1.2　　(4)　-0.8

(5)　23　　(6)　13　　(7)　-15　　(8)　$\dfrac{5}{11}$

(9)　21　　(10)　0.49

④ (1)　$3 > \sqrt{3}$　　(2)　$\sqrt{50} < 8$　　(3)　$\sqrt{101} > 10$

(4)　$-5 < -\sqrt{24}$　　(5)　$4 < \sqrt{29} < 6$

(6)　$-\sqrt{17} < -4 < -\sqrt{15}$

⑤ ⑦，⑦

⑥ (1)　4 つ　　　　(2)　$a = 8$

● ● ● ● ● ●

① (1)　10 個　　　　(2)　$n = 6$

(3)　$n = 2,\ 8,\ 18,\ 72$

② $n = 1,\ 6,\ 9$

▰▰▰▰▰▰▰▰▰▰▰▰ 解　説 ▰▰▰▰▰▰▰▰▰▰▰▰

⑤ ⑦　$\sqrt{225} = 15$，　⑦　$\sqrt{0.09} = 0.3$，

⑦　$\sqrt{\dfrac{64}{81}} = \dfrac{8}{9}$

⑥ (1)　$\sqrt{9} < \sqrt{11} < \sqrt{16} \rightarrow 3 < \sqrt{11} < 4$

$\sqrt{49} < \sqrt{51} < \sqrt{64} \rightarrow 7 < \sqrt{51} < 8$

つまり，条件をみたす整数を n とすると，

$4 \leqq n \leqq 7 \rightarrow n = 4,\ 5,\ 6,\ 7$

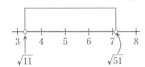

別解　$\sqrt{11} < n < \sqrt{51} \rightarrow 11 < n^2 < 51$

$n^2 = 16,\ 25,\ 36,\ 49 \rightarrow n = 4,\ 5,\ 6,\ 7$

(2)　$\sqrt{64} < \sqrt{80} < \sqrt{81} \rightarrow 8 < \sqrt{80} < 9$

$\rightarrow a = 8$

ポイント

自然数を 2 乗してできる数を**平方数**という。根号との関係でいえば，平方数は，平方根が必ず整数になる特別な数である。平方数を覚えておくといろいろな場面で活用できる。

例　$1\cdots 1^2$　　　$4\cdots 2^2$　　　$9\cdots 3^2$

$16\cdots 4^2$　　$25\cdots 5^2$　　$36\cdots 6^2$

$49\cdots 7^2$　　$64\cdots 8^2$　　$81\cdots 9^2$

$100\cdots 10^2$　$121\cdots 11^2$　$144\cdots 12^2$

① (1)　正の数は 2 乗しても大小関係は変わらないから，$5 < \sqrt{n} < 6 \rightarrow 25 < n < 36$

(2)　根号の中が自然数の 2 乗になるような n の値を考える。$\sqrt{24n} = \sqrt{2^2 \times 6n}$ だから，最も小さい自然数 n は 6

(3)　根号の中で約分して，整数の 2 乗になるような自然数 n を求める。

$$\sqrt{\dfrac{72}{n}} = \sqrt{\dfrac{2^2 \times 3^2 \times 2}{n}}$$

$\sqrt{1^2} = 1$ となる場合（$n = 72$）を忘れないように注意する。

② 根号の中が自然数の 2 乗になればよい。

$10 - n = 1^2$ のとき，　$n = 9$　　○

$10 - n = 2^2$ のとき，　$n = 6$　　○

$10 - n = 3^2$ のとき，　$n = 1$　　○

$10 - n = 4^2$ のとき，　$n = -6$　×

---

p.24〜25 ▰▰ ステージ**1**

① (1)　$\sqrt{35}$　　　　　　(2)　$-\sqrt{154}$

(3)　3　　　　　　　(4)　$-\sqrt{7}$

② (1)　$\sqrt{20}$　　　　　　(2)　$\sqrt{48}$

(3)　$\sqrt{150}$　　　　　(4)　$\sqrt{52}$

③ (1)　$2\sqrt{6}$　　　　　　(2)　$6\sqrt{2}$

(3)　$\dfrac{\sqrt{11}}{5}$　　　　　　(4)　$\dfrac{\sqrt{3}}{100}$

④ (1)　$3\sqrt{2}$　　(2)　$-5\sqrt{6}$　　(3)　$14\sqrt{3}$

(4)　$-3\sqrt{2}$　　(5)　$3\sqrt{3}$　　(6)　4

▰▰▰▰▰▰▰▰▰▰▰▰ 解　説 ▰▰▰▰▰▰▰▰▰▰▰▰

③ (4)　$\sqrt{0.0003} = \sqrt{\dfrac{3}{10000}} = \dfrac{\sqrt{3}}{\sqrt{100^2}} = \dfrac{\sqrt{3}}{100}$

④ (2)　$(-\sqrt{15}) \times \sqrt{10}$

$= -(\sqrt{3} \times \sqrt{5}) \times (\sqrt{2} \times \sqrt{5})$

$= -(\sqrt{5})^2 \times \sqrt{3} \times \sqrt{2}$

$= -5\sqrt{6}$

(4)　$3\sqrt{10} \div (-\sqrt{5})$

$= -\dfrac{3 \times \sqrt{2} \times \sqrt{5}}{\sqrt{5}}$

$= -3\sqrt{2}$

(5)　$9\sqrt{39} \div 3\sqrt{13}$

$= \dfrac{9 \times \sqrt{3} \times \sqrt{13}}{3 \times \sqrt{13}} = 3\sqrt{3}$

(6)　$\sqrt{24} \times \sqrt{30} \div \sqrt{45}$

$= \dfrac{\sqrt{6} \times \sqrt{4} \times \sqrt{6} \times \sqrt{5}}{\sqrt{5} \times \sqrt{9}}$

$= \dfrac{6 \times 2 \times \sqrt{5}}{3 \times \sqrt{5}}$

$= 4$

p.26〜27　ステージ1

❶　(1)　$\dfrac{5\sqrt{2}}{2}$　　　　(2)　$\dfrac{\sqrt{21}}{7}$

　　(3)　$\dfrac{2\sqrt{5}}{3}$　　　　(4)　$\dfrac{\sqrt{2}}{4}$

❷　(1)　77.46　　　　(2)　244.9

　　(3)　0.7746　　　　(4)　4.898

❸　(1)　$5\sqrt{6} - 2\sqrt{3}$　　(2)　$4\sqrt{5} - 3\sqrt{3}$

　　(3)　$7\sqrt{7} - 6\sqrt{3}$　　(4)　$5\sqrt{5}$

　　(5)　$5\sqrt{2} - 2\sqrt{7}$　　(6)　$7\sqrt{3} - 3\sqrt{2}$

　　(7)　$7\sqrt{2}$　　　　(8)　$\sqrt{7} - 3\sqrt{2}$

　　(9)　$\dfrac{4\sqrt{3}}{3}$　　　　(10)　$\dfrac{\sqrt{2}}{2}$

━━ 解 説 ━━

❷　(1)　$\sqrt{6000} = 10\sqrt{60}$

　　(2)　$\sqrt{60000} = 100\sqrt{6}$

　　(3)　$\sqrt{0.6} = \sqrt{\dfrac{60}{100}} = \dfrac{\sqrt{60}}{10}$

　　(4)　$\dfrac{12}{\sqrt{6}} = \dfrac{12\sqrt{6}}{6} = 2\sqrt{6}$

❸　(9)　$\sqrt{3} + \dfrac{1}{\sqrt{3}} = \sqrt{3} + \dfrac{\sqrt{3}}{3} = \dfrac{4\sqrt{3}}{3}$

　　(10)　$\sqrt{18} - \dfrac{5}{\sqrt{2}} = 3\sqrt{2} - \dfrac{5\sqrt{2}}{2} = \dfrac{6\sqrt{2} - 5\sqrt{2}}{2} = \dfrac{\sqrt{2}}{2}$

p.28〜29　ステージ1

❶　(1)　$\sqrt{10} + 5$　　　　(2)　$12 - 15\sqrt{2}$

　　(3)　$14 + 7\sqrt{2}$　　　　(4)　$-29 - 4\sqrt{3}$

　　(5)　$-5 + 3\sqrt{5}$　　　　(6)　$10 + 4\sqrt{6}$

　　(7)　$8 - 2\sqrt{15}$　　　　(8)　5

❷　(1)　$2 + 3\sqrt{2}$　　　　(2)　$10 - 8\sqrt{5}$

❸　範囲　$2.85 \leqq a < 2.95$

　　誤差の絶対値　$0.05 \, \mathrm{m}$ 以下

❹　(1)　$5.30 \times 10^3 \, \mathrm{kg}$　　(2)　50

━━ 解 説 ━━

❷　(1)　$x^2 + x - 2$

　　$= (x - 1)(x + 2)$

　　$= \{(\sqrt{2} + 1) - 1\}\{(\sqrt{2} + 1) + 2\}$　←xの値を代入。

　　$= \sqrt{2}(\sqrt{2} + 3)$

　　(2)　$2x^2 + 4x - 6$

　　$= 2(x^2 + 2x - 3)$

　　$= 2(x - 1)(x + 3)$

　　$= 2\{(\sqrt{5} - 3) - 1\}\{(\sqrt{5} - 3) + 3\}$　←xの値を代入。

　　$= 2(\sqrt{5} - 4) \times \sqrt{5}$

❸　小数第2位を四捨五入して $2.9 \, \mathrm{m}$ という値を得たので，$2.85 \leqq a < 2.95$

　　誤差は $a = 2.85$ のとき最大で，

　　$2.9 - 2.85 = 0.05$（m）

❹　(1)　$5.\underset{\sim}{3}0 \times 10^3$　　0のつけ忘れに注意する。

　　(2)　$7.2 \times 10^3 = 7200$　　有効数字は 7，2 だから，

　　真の値を a とすると，$7150 \leqq a < 7250$

　　誤差は $a = 7150$ のとき最大で，

　　$7200 - 7150 = 50$

p.30〜31　ステージ2

❶　(1)　$\sqrt{192}$　　　　(2)　$\sqrt{\dfrac{5}{3}}$

❷　(1)　$6\sqrt{3}$　　　　(2)　$\dfrac{\sqrt{6}}{7}$

❸　(1)　$\dfrac{3\sqrt{7}}{7}$　　(2)　$\dfrac{\sqrt{10}}{5}$　　(3)　$\dfrac{3\sqrt{2}}{2}$

❹　(1)　$11\sqrt{3}$　　　　(2)　$-\sqrt{3} + \sqrt{2}$

　　(3)　$2\sqrt{3} + 9\sqrt{2}$　　(4)　$-2\sqrt{5}$

　　(5)　$55 - 14\sqrt{6}$　　(6)　$7 + 2\sqrt{10}$

　　(7)　5　　　　(8)　$-\dfrac{2\sqrt{6}}{3}$

　　(9)　$\sqrt{2} - \dfrac{3\sqrt{6}}{4}$　　(10)　$\dfrac{11\sqrt{3}}{3}$

❺　(1)　20　　(2)　$10 - 4\sqrt{5}$　　(3)　$8\sqrt{5}$

❻　範囲　$3.195 \leqq a < 3.205$

　　誤差の絶対値　$0.005 \, \mathrm{L}$ 以下

❼　(1)　$1.8 \times 10^4 \, \mathrm{L}$　　(2)　$7.5 \times \dfrac{1}{10^2} \, \mathrm{kg}$

● ● ● ● ●

① (1) $9\sqrt{7}$ (2) $-\sqrt{2}$ (3) -13 (4) 2

    (5) $11-\sqrt{2}$ (6) $4-\sqrt{3}$

② 29

③ $157.35 \leqq a < 157.45$

━━━━━━━━━━━━●●━ 解説 ━●●━━━━━━━━━━━━

⑤ $x,\ y$ の値を別々に代入してもよいが，

$\underline{x+y=(\sqrt{5}+2)+(\sqrt{5}-2)=2\sqrt{5}}$
$\underline{x-y=(\sqrt{5}+2)-(\sqrt{5}-2)=4}$

をうまく使うと，さらに簡単になる。

(1) $x^2+2xy+y^2$
    $=\underline{(x+y)}^2=\underline{(2\sqrt{5})}^2$

(2) $xy+y^2$
    $=y(x+y)=(\sqrt{5}-2)\times\underline{2\sqrt{5}}$

(3) x^2-y^2
    $=(x+y)(x-y)=\underline{2\sqrt{5}}\times\underline{4}$

① (4) $\underline{(\sqrt{3}+1)}^2-2\underline{(\sqrt{3}+1)}$
    $=(\sqrt{3})^2+2\times1\times\sqrt{3}+1-2\sqrt{3}-2$
    $=3+2\sqrt{3}+1-2\sqrt{3}-2$

    別解 $(\sqrt{3}+1)$ を共通因数とみて，
    $(\sqrt{3}+1)^2-2(\sqrt{3}+1)$
    $=(\sqrt{3}+1)(\sqrt{3}+1-2)$
    $=(\sqrt{3}+1)(\sqrt{3}-1)$
    $=(\sqrt{3})^2-1^2$

(6) $(\sqrt{3}-1)^2+\sqrt{48}-\dfrac{9}{\sqrt{3}}$

    $=(\sqrt{3})^2-2\sqrt{3}+1+\sqrt{4^2\times3}-\dfrac{9\times\sqrt{3}}{\sqrt{3}\times\sqrt{3}}$

    $=3-2\sqrt{3}+1+4\sqrt{3}-3\sqrt{3}$

② $a^2+12a+35$
  $=(a+5)(a+7)$
  $=\{(\sqrt{30}-6)+5\}\{(\sqrt{30}-6)+7\}$ ←aの値を代入。
  $=(\sqrt{30}-1)(\sqrt{30}+1)$

━━━ **p.32～33** ═══ ステージ**3** ═══━━━

① (1) $3\sqrt{5}$, 7 , $\sqrt{50}$

   (2) $-2\sqrt{3}$, $-\sqrt{10}$, -3

② (1) $-12\sqrt{3}$ (2) $\dfrac{1}{2}$

   (3) 3 (4) $-5\sqrt{3}$

   (5) $3\sqrt{2}$ (6) $3\sqrt{6}-\dfrac{3}{2}$

   (7) $3\sqrt{7}$ (8) $4\sqrt{3}$

③ (1) 12 (2) $4\sqrt{15}$

④ $\dfrac{101}{10}a$ $(10.1a)$

⑤ $\sqrt{5}$ 倍

⑥ (1) 範囲 $384350 \leqq a < 384450$

      誤差の絶対値 50 km 以下

   (2) 3.844×10^5 km

━━━━━━━━━━━━●●━ 解説 ━●●━━━━━━━━━━━━

① 根号のない数は根号を使った形に直して，根号の中の値の大小を比較する。負の数では絶対値が大きいほうが小さい数になる。

(1) $7=\sqrt{49}$, $3\sqrt{5}=\sqrt{3^2\times5}=\sqrt{45}$ だから，
    $\sqrt{45}<\sqrt{49}<\sqrt{50}$
    したがって，$3\sqrt{5}<7<\sqrt{50}$

(2) $-3=-\sqrt{9}$, $-2\sqrt{3}=-\sqrt{2^2\times3}=-\sqrt{12}$
    だから，$-\sqrt{12}<-\sqrt{10}<-\sqrt{9}$
    したがって，$-2\sqrt{3}<-\sqrt{10}<-3$

② (1) $(-\sqrt{18})\times\sqrt{24}$
    $=-3\sqrt{2}\times2\sqrt{6}$
    $=-3\times\sqrt{2}\times2\times\sqrt{6}$
    $=-6\times\sqrt{12}$
    $=-6\times2\sqrt{3}$
    $=-12\sqrt{3}$

(2) $\sqrt{12}\div\sqrt{8}\div\sqrt{6}$
    $=2\sqrt{3}\div2\sqrt{2}\div\sqrt{6}$
    $=\dfrac{2\sqrt{3}}{2\sqrt{2}\times\sqrt{6}}$
    $=\dfrac{2\sqrt{3}}{4\sqrt{3}}$

(3) $2\sqrt{5}\div\sqrt{10}\times\dfrac{3}{\sqrt{2}}$
    $=2\sqrt{5}\times\dfrac{1}{\sqrt{10}}\times\dfrac{3}{\sqrt{2}}$
    $=\dfrac{6\sqrt{5}}{2\sqrt{5}}$

(4) $2\sqrt{27}+\sqrt{48}-3\sqrt{75}$
    $=6\sqrt{3}+4\sqrt{3}-15\sqrt{3}$
    $=-5\sqrt{3}$

(5) $\sqrt{50}-2\sqrt{18}+\sqrt{32}$
    $=5\sqrt{2}-6\sqrt{2}+4\sqrt{2}$
    $=3\sqrt{2}$

(6) $\dfrac{\sqrt{3}}{2}(2\sqrt{2}-\sqrt{3})+\sqrt{24}$

$$= \sqrt{6} - \frac{3}{2} + 2\sqrt{6}$$

(7) $\sqrt{5} \times \sqrt{35} - \dfrac{14}{\sqrt{7}}$

$$= 5\sqrt{7} - \frac{14 \times \sqrt{7}}{\sqrt{7} \times \sqrt{7}}$$

$$= 5\sqrt{7} - 2\sqrt{7}$$

(8) $(\sqrt{6} - \sqrt{2})(\sqrt{6} + 3\sqrt{2})$

$$= (\sqrt{6})^2 + 2\sqrt{2} \times \sqrt{6} - \sqrt{2} \times 3\sqrt{2}$$

$$= 6 + 4\sqrt{3} - 6$$

得点アップのコツ

平方根の計算では，根号の中をできるだけ小さい自然数に直し，根号の中の数が同じものは，分配法則を使ってまとめる。また，分母に根号があり約分できないときは，分母の有理化を行う。

❸ (1) $x^2 - 2xy + y^2 = (x-y)^2$

$x - y$
$$= (\sqrt{5} + \sqrt{3}) - (\sqrt{5} - \sqrt{3})$$
$$= \sqrt{5} + \sqrt{3} - \sqrt{5} + \sqrt{3} = 2\sqrt{3}$$
よって，$(x-y)^2 = (2\sqrt{3})^2$

(2) $x^2 - y^2 = (x+y)(x-y)$

$x + y$
$$= (\sqrt{5} + \sqrt{3}) + (\sqrt{5} - \sqrt{3}) = 2\sqrt{5}$$
(1)より，$x - y = 2\sqrt{3}$
よって，$(x+y)(x-y) = 2\sqrt{5} \times 2\sqrt{3}$

❹ $\sqrt{300} = 10\sqrt{3} = 10a$

$$\sqrt{0.03} = \sqrt{\frac{3}{100}} = \frac{\sqrt{3}}{10} = \frac{a}{10}$$

$$\sqrt{300} + \sqrt{0.03} = 10a + \frac{a}{10} = \frac{101}{10}a$$

❺ 面積が $50\ \text{cm}^2$ の正方形の1辺の長さは，$\sqrt{50}$ cm
面積が $10\ \text{cm}^2$ の正方形の1辺の長さは，$\sqrt{10}$ cm

$$\sqrt{50} \div \sqrt{10} = \frac{\sqrt{50}}{\sqrt{10}} = \sqrt{\frac{50}{10}} = \sqrt{5}\ (倍)$$

❻ (1) 有効数字は 3，8，4，4 だから，384400 km は十の位を四捨五入して得られた値である。

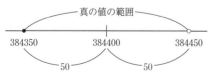

(2) ⊕ 844×10^5
　　　——有効数字をすべて書く。
　——整数部分が1桁

3章 **2次方程式**

p.34〜35 ステージ**1**

❶ ㋐，㋑

❷ (1) $a=3,\ b=-5,\ c=-2$　3は解ではない。

(2) $a=4,\ b=0,\ c=-16$　-2は解である。

❸ (1) $x=-6,\ x=-7$　(2) $x=-5,\ x=3$

(3) $x=0,\ x=4$　　　(4) $x=6$

(5) $x=3,\ x=4$　　　(6) $x=1,\ x=-10$

(7) $x=0,\ x=-6$　　(8) $x=-6,\ x=6$

(9) $x=-5$　　　　　(10) $x=12$

❹ （例）　$x=0$ のとき，両辺を0でわることはできないから，両辺を x でわるところが間違っている。

$$x(x-3) = x \qquad x^2 - 3x = x$$
$$x^2 - 4x = 0 \qquad x(x-4) = 0 \qquad x=0,\ x=4$$

解説

❶ 整理して，$ax^2 + bx + c = 0\ (a \neq 0)$ となるものが2次方程式。㋒は整理すると $5x - 9 = 0$ となるので，2次方程式ではない。

❷ 式の x に値を代入したときに，左辺と右辺が等しくなるかどうかを見ればよい。

(2) $4x^2 - 16 = 0$

$\underset{a}{4 \times x^2} + \underset{b}{0 \times x} + \underset{c}{(-16)} = 0$

❸ (1) $x+6$，$x+7$ のどちらかが0のときにだけ方程式が成り立つ。$x+6=0$ のとき，$x=-6$
$x+7=0$ のとき，$x=-7$

(2) $x+5=0$　または，$x-3=0$

(3) $x=0$　または，$x-4=0$

(4) $x-6=0$ のときのみ，方程式が成り立つ。

(5) $x^2 - 7x + 12 = 0$
$(x-3)(x-4) = 0 \rightarrow x=3,\ x=4$

(6) $x^2 + 9x - 10 = 0$
$(x-1)(x+10) = 0 \rightarrow x=1,\ x=-10$

(7) $x^2 + 6x = 0$
$x(x+6) = 0 \rightarrow x=0,\ x=-6$

(8) $x^2 - 36 = 0$
$(x+6)(x-6) = 0 \rightarrow x=-6,\ x=6$

(9) $x^2 + 10x + 25 = 0$
$(x+5)^2 = 0 \rightarrow x=-5$

(10) $x^2 - 24x + 144 = 0$
$(x-12)^2 = 0 \rightarrow x=12$

④ どんな数も 0 でわることはできない。まず式を整理し，$ax^2+bx+c=0$ の形に変形してから，左辺が因数分解できないか考える。

p.36〜37 ▆▆▆ ステージ**1**

❶ (1) $x=\pm\sqrt{10}$ (2) $x=\pm 2$

(3) $x=1,\ x=-9$ (4) $x=4\pm 2\sqrt{15}$

(5) $x=5\pm 2\sqrt{7}$ (6) $x=\dfrac{-5\pm\sqrt{21}}{2}$

❷ (1) $x=\dfrac{7\pm\sqrt{17}}{4}$ (2) $x=\dfrac{-3\pm\sqrt{37}}{2}$

(3) $x=\dfrac{2\pm\sqrt{2}}{2}$ (4) $x=\dfrac{2}{3},\ x=-2$

❸ (1) $x=-2,\ x=3$ (2) $x=\pm 9$

(3) $x=2,\ x=4$ (4) $x=-5$

❹ $a=3,\ b=-10$

━━━━━━━ 解説 ━━━━━━━

❶ (3) $(x+4)^2=25$ (4) $(x-4)^2-60=0$

$\quad x+4=\pm 5$ $\quad (x-4)^2=60$

$\quad x=-4\pm 5$ $\quad x-4=\pm 2\sqrt{15}$

$\rightarrow\begin{cases}x=-4+5=1\\x=-4-5=-9\end{cases}$ $\quad x=4\pm 2\sqrt{15}$

(5) $x^2-10x-3=0$ (6) $x^2+5x+1=0$

$\quad x^2-10x=3$ $\quad x^2+5x=-1$

$\quad x^2-2\times 5x+5^2=3+5^2$ $\quad x^2+5x+\left(\dfrac{5}{2}\right)^2=-1+\left(\dfrac{5}{2}\right)^2$

$\quad (x-5)^2=3+25$

$\quad (x-5)^2=28$ $\quad \left(x+\dfrac{5}{2}\right)^2=\dfrac{21}{4}$

❷ (1) $a=2,\ b=-7,\ c=4$ を解の公式に代入する。

$$x=\dfrac{-(-7)\pm\sqrt{(-7)^2-4\times 2\times 4}}{2\times 2}=\dfrac{7\pm\sqrt{17}}{4}$$

(3) 移項して，$2x^2-4x+1=0$

$$x=\dfrac{-(-4)\pm\sqrt{(-4)^2-4\times 2\times 1}}{2\times 2}=\dfrac{4\pm\sqrt{8}}{4}$$

(4) $x=\dfrac{-4\pm\sqrt{16+48}}{6}=\dfrac{-4\pm\sqrt{64}}{6}=\dfrac{-4\pm 8}{6}$

❸ (2) $\dfrac{1}{3}x^2-27=0$ 〔両辺に3をかける。〕

$\quad x^2-81=0$

$\quad\quad x^2=81$

(3) $(x+4)(x-1)=9x-12$

$\quad x^2+3x-4=9x-12$

$\quad x^2-6x+8=0$ $\quad (x-2)(x-4)=0$

(4) $x^2+(x+10)^2=50$

$\quad x^2+x^2+20x+100=50$

$\quad 2x^2+20x+50=0$

$\quad x^2+10x+25=0$

❹ $x^2+ax+b=0$ の x に -5 と 2 をそれぞれ代入。

$\begin{cases}25-5a+b=0 & \cdots① \\ 4+2a+b=0 & \cdots②\end{cases}$

①と②を連立方程式として解く。

別解 解が -5 と 2 だから，

$(x+5)(x-2)=0 \rightarrow x^2+\underset{a}{3}x-\underset{b}{10}=0$

p.38〜39 ▆▆▆ ステージ**2**

❶ (1) $x=2,\ x=-14$ (2) $x=0,\ x=-2$

(3) $x=-9$ (4) $x=2,\ x=-12$

(5) $x=-3,\ x=5$ (6) $x=0,\ x=9$

(7) $x=\pm 12$ (8) $x=8$

❷ (1) $x=\pm\sqrt{6}$ (2) $x=\pm\dfrac{\sqrt{15}}{2}$

(3) $x=-2\pm\sqrt{14}$ (4) $x=2,\ x=-8$

(5) $x=-6\pm 2\sqrt{6}$ (6) $x=\dfrac{7\pm 3\sqrt{5}}{2}$

❸ (1) $x=\dfrac{-9\pm\sqrt{57}}{4}$ (2) $x=\dfrac{1\pm\sqrt{21}}{2}$

(3) $x=\dfrac{-3\pm\sqrt{21}}{4}$ (4) $x=\dfrac{-2\pm\sqrt{6}}{2}$

(5) $x=\dfrac{1}{2},\ x=\dfrac{1}{3}$ (6) $x=1,\ x=-\dfrac{3}{5}$

❹ (1) $x=3,\ x=4$ (2) $x=\pm 8$

(3) $x=4,\ x=-7$ (4) $x=-4$

❺ $a=-4,\ b=-12$

• • • • • • •

① (1) $x=-2,\ x=7$ (2) $x=\dfrac{-1\pm\sqrt{33}}{4}$

(3) $x=\dfrac{1\pm\sqrt{7}}{6}$ (4) $x=1$

(5) $x=\dfrac{1\pm\sqrt{17}}{2}$ (6) $x=7,\ x=-8$

② (1) $a=6$ (2) $a=8,\ b=2$

━━━━━━━ 解説 ━━━━━━━

❷ (5) $x^2+12x+12=0$ $\quad (x+6)^2=24$

$\quad x^2+12x=-12$ $\quad x+6=\pm\sqrt{24}$

$\quad (x+6)^2=-12+36$ $\quad x+6=\pm 2\sqrt{6}$

(6) $x^2-7x+1=0$

$x^2-7x=-1$

$\left(x-\dfrac{7}{2}\right)^2=-1+\dfrac{49}{4}$

$\left(x-\dfrac{7}{2}\right)^2=\dfrac{45}{4}$

$x-\dfrac{7}{2}=\pm\sqrt{\dfrac{45}{4}}$

❸ (3) $x=\dfrac{-6\pm\sqrt{6^2-4\times4\times(-3)}}{2\times4}$

$=\dfrac{-6\pm\sqrt{84}}{8}$

(4) 移項して，$2x^2+4x-1=0$

$x=\dfrac{-4\pm\sqrt{4^2-4\times2\times(-1)}}{2\times2}=\dfrac{-4\pm\sqrt{24}}{4}$

(6) $x=\dfrac{-(-2)\pm\sqrt{(-2)^2-4\times5\times(-3)}}{2\times5}=\dfrac{2\pm\sqrt{64}}{10}$

❹ (1) $2x^2-14x+24=0$　　(2) $\dfrac{1}{4}x^2-16=0$

$\quad x^2-7x+12=0$　　　　$x^2\ \ 64=0$

$\quad (x-3)(x-4)=0$　　　　　$x^2=64$

(3) $(x-2)(x+5)=18$　　(4) $(x+8)^2+x^2=32$

$\quad x^2+3x-10=18$　　　$x^2+16x+64+x^2=32$

$\quad x^2+3x-28=0$　　　　$2x^2+16x+32=0$

$\quad (x-4)(x+7)=0$　　　　$x^2+8x+16=0$

❺ $x^2+ax+b=0$ の x に -2 と 6 をそれぞれ代入して，a と b についての連立方程式をつくる。

① (1) $x^2-5x-14=0$

$\quad (x+2)(x-7)=0$

(2) $2x^2+x-4=0$

$\quad x=\dfrac{-1\pm\sqrt{1^2-4\times2\times(-4)}}{2\times2}$

(3) $6x^2-2x-1=0$

$\quad x=\dfrac{-(-2)\pm\sqrt{(-2)^2-4\times6\times(-1)}}{2\times6}$

(4) $x-1=M$ とおくと，

$\quad (2x+1)(x-1)-(x+2)(x-1)=0$

$\quad (2x+1)M-(x+2)M=0$

$\quad (2x+1-x-2)M=0$　　$(x-1)^2=0$

(5) $(x+3)(x-8)+4(x+5)=0$

$\quad x^2-5x-24+4x+20=0$

$\quad x^2-x-4=0$

$\quad x=\dfrac{1\pm\sqrt{(-1)^2+16}}{2\times1}$ ←解の公式を使う。

(6) $(x-6)(x+6)=20-x$

$\quad x^2-36=20-x$

$\quad x^2+x-56=0$

$\quad (x-7)(x+8)=0$

② (1) $x^2-5x+a=0$ に $x=2$ を代入すると，

$\quad 4-10+a=0\rightarrow a=6$

(2) $x^2+ax+15=0$ …①とする。

①に $x=-3$ を代入すると，

$\quad 9-3a+15=0\rightarrow a=8$

①に $a=8$ を代入して解くと，

$\quad x^2+8x+15=0$

$\quad (x+3)(x+5)=0\rightarrow x=-3,\ x=-5$

①のもう1つの解は -5 だから，

$2x+a+b=0$ に $x=-5,\ a=8$ を代入する。

---

p.40〜41 ステージ1

❶ (1) 8，9と -9，-8　 (2) 5，13

❷ (1) 13 m

(2) 縦 5 cm，横 25 cm と
　　縦 25 cm，横 5 cm

❸ 5秒後

━━━━━━━━ 解説 ━━━━━━━━

❶ (1) 連続する2つの整数を n，$n+1$ とすると，

$n^2+(n+1)^2=145$　　$2n^2+2n-144=0$

$n^2+n-72=0$　　$(n-8)(n+9)=0$

$n=8,\ n=-9$

$n=8$ のとき，もう1つの整数は9

$n=-9$ のとき，もう1つの整数は -8

これらは，どちらも問題に適している。

(2) 小さいほうの自然数を x とすると，大きいほうの自然数は，$x+8$　積が65だから，

$x(x+8)=65$　　$x^2+8x=65$

$x^2+8x-65=0$　　$(x-5)(x+13)=0$

$x=5,\ x=-13$　 x は自然数だから，$x=5$

は問題に適している。

$x=-13$ は問題に適していない。

よって，5と13

❷ (1) 正方形の土地の1辺の長さを x m とすると，長方形の縦は $(x-4)$ m，横は $(x+3)$ m

長方形の土地の面積は 144 m² だから，

$(x-4)(x+3)=144$　　$x^2-x-12=144$

$x^2-x-156=0$　　$(x+12)(x-13)=0$

$x=-12,\ x=13$　 $x>4$ だから，$x=13$

(2) 長方形の縦の長さを x cm とすると，横の長さは $(30-x)$ cm だから，$x(30-x)=125$

$x^2-30x+125=0$　　$(x-5)(x-25)=0$

$x=5$，$x=25$　$0<x<30$ より，縦の長さは，5 cm または 25 cm

❸ t 秒後とすると，PB $=3t$ cm，

BQ $=2t$ cm だから，$\dfrac{1}{2}\times 2t\times 3t=75$

これを解いて，$t=\pm 5$　　$0\leqq t\leqq 10$ より，$t=5$

---

p.42～43 ステージ2

❶ 6　　❷ 16　　❸ 3
❹ 5 m　　❺ 8 cm　　❻ 10 cm
❼ 3 秒後と 5 秒後

• • • • • •

① 　　　　$x^2+52=17x$
　　　$x^2-17x+52=0$
　　$(x-4)(x-13)=0$
　　　　　　$x=4$，13
x は素数だから，$x=4$ は問題にあわない。
$x=13$ のとき，これは問題にあっている。
素数 x は　13

② AF $=x-4$ cm，EF $=12-x$ cm であるから，
x の範囲は $4<x<12$
図形の面積は 19 cm² となるので
　　　$x(12-x)-4\times 2=19$
　　　　　$12x-x^2-8=19$
　　　　　$x^2-12x+27=0$
　　　　$(x-3)(x-9)=0$
　　　　　　　　$x=3$，9
$4<x<12$ だから，$x=3$ は問題にあわない。
$x=9$ のとき，これは問題にあっている。
DE の長さは　9 cm

━━━ 解説 ━━━

❶ ある自然数を x とすると，
　$4x=x^2-12$
これを解くと，$x=-2$，$x=6$
x は自然数だから，$x=6$

❷ 連続する 3 つの正の偶数を $2n-2$，$2n$，$2n+2$ とすると，$12(2n+2)=2n(2n-2)-8$
これを解くと，$n=-1$，$n=8$
n は 2 以上の整数だから，$n=8$
真ん中の数 $2n$ は，$2\times 8=16$

---

❸ ある自然数を x とすると，
　　　$(x+4)^2=2(x+4)+35$
これを解くと，$x=3$，$x=-9$
x は自然数だから，$x=3$

❹ のばす長さを x m とすると，
　　　$(10+x)(5+x)=10\times 5\times 3$
これを解くと，$x=5$，$x=-20$
$x>0$ だから，$x=5$

❺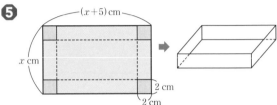

もとの長方形の縦の長さを x cm とすると，
　　　$(x-2\times 2)\times(x+5-2\times 2)\times 2=72$
これを解くと，$x=-5$，$x=8$
$x>4$ だから，$x=8$

❻ もとの長方形の縦の長さを x cm とすると，
横の長さは $(x-5)$ cm だから，
　　　$(x-3)\times(x-5)\times 2=x\times(x-5)+20$
これを解くと，$x=1$，$x=10$
縦が横より 5 cm 長い，という条件から，
　　　$x>5$
したがって，$x=10$

❼ 点 P，Q が出発してから t 秒後の AP の長さが $2t$ cm だから，BP の長さは $(16-2t)$ cm，t 秒後の BQ の長さは t cm だから，

△PBQ の面積は，$\dfrac{1}{2}\times t\times(16-2t)$ (cm²)

したがって，$\dfrac{1}{2}\times t\times(16-2t)=15$

これを解くと，$t=3$，$t=5$　$0\leqq t\leqq 8$ より，これらは，どちらも問題に適しているから，
答えは，3 秒後と 5 秒後。

---

p.44～45 ステージ3

❶ (1) $x=-7$，$x=14$　(2) $x=0$，$x=\dfrac{5}{2}$

(3) $x=\pm 2\sqrt{3}$　　(4) $x=15$，$x=-1$

(5) $x=9\pm 3\sqrt{10}$　(6) $x=\dfrac{1\pm\sqrt{41}}{4}$

(7) $x=12$　　(8) $x=\dfrac{5\pm 3\sqrt{5}}{2}$

❷ (1) $a=3$, $x=3$　　(2) $x=-1$, $x=-6$
❸ (1) $(x+3)^2=2(x+3)+63$　(2) 6
❹ 5
❺ $2\,\mathrm{m}$
❻ $(5\pm\sqrt{7})$秒後

━━━━ **解 説** ━━━━

❶ (1) $x^2-7x-98=0$　(2) $2x^2=5x$
$(x+7)(x-14)=0$　　$2x^2-5x=0$
$x=-7$, $x=14$　　$x(2x-5)=0$
　　　　　　　　　　$x=0$,
　　　　　　　　　$2x-5=0 \to x=\dfrac{5}{2}$

(3) $6x^2=72$　　(4) $(x-7)^2=64$
$x^2=12$　　　　$x-7=\pm\sqrt{64}$
$x=\pm\sqrt{12}$　　$x-7=\pm8$

(5) $x^2-18x-9=0$
$x^2-18x=9$
$(x-9)^2=9+81$
$(x-9)^2=90$

別解 解の公式を使う。
$$x=\frac{18\pm\sqrt{(-18)^2+36}}{2\times1}$$

(6) $2x^2-x-5=0$
$$x=\frac{1\pm\sqrt{1+40}}{2\times2}$$ ←解の公式を使う。

(7) $-\dfrac{1}{3}x^2+8x-48=0$
両辺に -3 をかけて,
$x^2-24x+144=0$
$(x-12)^2=0$

(8) $(x+3)(x-5)=3x-10$
$x^2-2x-15=3x-10$
$x^2-5x-5=0$
$$x=\frac{5\pm\sqrt{25+20}}{2\times1}$$ ←解の公式を使う。

❷ (1) $x^2+(a-8)x+a^2-a=0$ に $x=2$ を代入して整理すると, $a^2+a-12=0$
これを a についての2次方程式として解くと,
$a=3$, $a=-4$
条件より, a は正の整数だから, $a=3$
これをもとの式に代入して整理すると,
$x^2-5x+6=0$
これを解いて, $x=2$, $x=3$

(2) A君の場合, 解が 1 と 6 であったことから,
$(x-1)(x-6)=0$　$x^2-7x+6=0$
条件より, この式の b の値は正しいから,
$b=6$
B君の場合, 解が 1 と -8 であったことから,
$(x-1)(x+8)=0$　$x^2+7x-8=0$
条件より, この式の a の値は正しいから,
$a=7$
したがって, もとの正しい2次方程式は,
$x^2+7x+6=0$

❸ (1) x に 3 を加えて 2 乗→$(x+3)^2$
x に 3 を加えて 2 倍→$2(x+3)$

(2) (1)の2次方程式を解くと, $x=6$, $x=-10$
$x>0$ だから, $x=6$

❹ ある自然数を x とすると, $3x=x^2-10$
これを解いて, $x=-2$, $x=5$
x は自然数だから, $x=5$

❺ 通路の幅を $x\,\mathrm{m}$ とする。
花だんを, 縦 $(20-x)\,\mathrm{m}$,
横 $(30-x)\,\mathrm{m}$ の長方形と
考えると,
$(20-x)(30-x)=504$
これを解いて, $x=2$,
$x=48$
$0<x<20$ だから, $2\,\mathrm{m}$

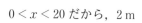

❻ 点Pが点Aを出発して t 秒後の AP の長さは $t\,\mathrm{cm}$ だから,
$$\triangle\mathrm{APC}=\frac{1}{2}t^2\,(\mathrm{cm}^2),\quad \triangle\mathrm{BPD}=\frac{1}{2}(10-t)^2\,(\mathrm{cm}^2)$$
したがって, $\dfrac{1}{2}t^2+\dfrac{1}{2}(10-t)^2=32$
これを解くと, $t=5\pm\sqrt{7}$
$0\leqq t\leqq10$, $2<\sqrt{7}<3$ だから, $(5-\sqrt{7})$ 秒後,
$(5+\sqrt{7})$ 秒後はともに問題に適している。

得点アップのコツ
2次方程式には, 必ず2つの解がある (1つの場合は, たまたま2つが重なっていると考える)。この2つの解が問題に適しているか, 必ずチェックすること。問題で「正の数」と条件が示されているのに, 負の数を答えとするのは, あきらかな間違いである。

4章 関数 $y=ax^2$

p.46〜47 ステージ1

1 (1)

x	5	6	7	8
x^2	25	36	49	64
y	75	108	147	192

(2) $y=3x^2$

(3) $243\ \mathrm{m}$

2 (1) $y=\dfrac{1}{2}x^2$

　　　y は x の2乗に比例する。

(2) $y=6x$

　　　y は x の2乗に比例しない。

(3) $y=10\pi x^2$

　　　y は x の2乗に比例する。

3 (1) $y=-2x^2$

(2) $y=-18$

4 (1)

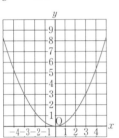

(2)

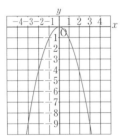

● 解説 ●

1 (1), (2)　y の値は，x^2 の3倍になっている。

(3)　$y=3x^2$ に $x=9$ を代入して，

　　　$y=3\times 9^2=243$ （m）

2 (2)　(長方形の周の長さ)＝(縦＋横)×2

3 (1)　$y=ax^2$ とすると，$-8=a\times(-2)^2$

これを解いて，$a=-2$

ミス注意! 符号に注意して計算しよう。

p.48〜49 ステージ1

1 (1) ⑦ 　　(2) ⑦, ⑨, ㉑

2 (1) ⑦, ㋑, ㋕ 　　(2) ⑦, ㉑, ㋕

3 (1) $0\leqq y\leqq 8$ 　　(2) $0\leqq y\leqq 2$

4 x の変域が $-1\leqq x\leqq 3$ で，0がふくまれる
から，$x=0$ のとき y の値は最小で，$y=0$
となる。
したがって，y の変域の最小値1が間違って
いる。
（正しい答え）$0\leqq y\leqq 9$

● 解説 ●

1 (1)　$y=ax^2$ のグラフと x 軸について対称とな
るのは，$y=-ax^2$ のグラフ

(2)　$y=ax^2$ とすると，$y=\dfrac{1}{3}x^2$ のグラフより開

き方が小さくなるのは，$a>\dfrac{1}{3}$，または $a<-\dfrac{1}{3}$

のとき。

2 (1)　$y=ax^2$，$y=ax+b$ で，$a>0$ のもの。

(2)　$y=ax+b$ で $a<0$，$y=ax^2$ で $a>0$ のもの。

3 (1)　$x=-2$ のとき，$y=\dfrac{1}{2}\times(-2)^2=2$

$x=0$ のとき，$y=0$

$x=4$ のとき，$y=\dfrac{1}{2}\times 4^2=8$

y の最小値は0，y の最大値は8

p.50〜51 ステージ1

1 (1) -15

(2) 21

2 (1) ⑨

(2) ㋑, ㉑

(3) ⑦と㋕

3 (1) 秒速6m 　　(2) 秒速12m

(3) 秒速18m

4 (1) $y=\dfrac{1}{4}x^2$

(2) $\dfrac{3}{2}$

(3) 秒速 $\dfrac{3}{2}$ m

● 解説 ●

1 (2)　(変化の割合)

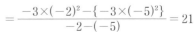

$$=\dfrac{-3\times(-2)^2-\{-3\times(-5)^2\}}{-2-(-5)}=21$$

❷ (2) 関数 $y=ax^2$ では，$x=-4$ と $x=0$ を代入して，y の増加量が -8 になるものを選ぶ。
1次関数 $y=ax+b$ では，変化の割合は一定なので，傾きが $\dfrac{-8}{0-(-4)}=-2$ であるものを選ぶ。

(3) x の値が1から3まで増加するときの変化の割合は，次のとおり。

　㋐ 6　㋑ -2　㋒ $\dfrac{3}{2}$　㋓ 2　㋔ $-\dfrac{4}{3}$

　㋕ 6

❸ 例**2** の 考え方 の表を利用する。

(1) $\dfrac{12-0}{2-0}=6$ (m/s)

(2) $\dfrac{27-3}{3-1}=12$ (m/s)

❹ (2) A(2, 1)，B(4, 4) だから，傾きは

$\dfrac{4-1}{4-2}=\dfrac{3}{2}$

(3) グラフの傾きに等しく，$\dfrac{3}{2}$ m/s

---

p.52〜53 ステージ2

❶ $y=-7x^2$

❷ ① $y=\dfrac{2}{3}x^2$　② $y=\dfrac{1}{2}x^2$

③ $y=\dfrac{1}{8}x^2$　④ $y=-\dfrac{1}{4}x^2$

⑤ $y=-\dfrac{1}{3}x^2$　⑥ $y=-2x^2$

❸ (1) $y=-3x^2$ で，$x=-2$ のとき，
$y=-3\times(-2)^2=-12$
$x=0$ のとき，$y=0$ だから，
x の値が -2 から0まで増加するとき，
y の値は -12 から0まで増加する。

(2) $y=-3x^2$ で，$x=1$ のとき，
$y=-3\times1^2=-3$
$x=4$ のとき，$y=-3\times4^2=-48$ だから，
x の値が1から4まで増加するとき，
y の値は -3 から -48 まで減少する。

❹ (1) ㋒
(2) ㋐，㋑
(3) ㋐，㋒

❺ (1) $-80\leqq y\leqq-20$
(2) $-45\leqq y\leqq0$
(3) $-80\leqq y\leqq-20$

---

❻ (1) -4　　　(2) 4

❼ 秒速 5 m

・・・・・・

① (1) $0\leqq y\leqq8$

(2) $-\dfrac{3}{2}$

(3) $0\leqq y\leqq25a$

② (1) $a=2$

(2) $a=-\dfrac{1}{2}$

解説

① 求める式を $y=ax^2$ とおいて $x=-3$，$y=-63$ を代入すると，$-63=a\times(-3)^2$　これを解いて $a=-7$　求める式は，$y=-7x^2$

② 求める式を $y=ax^2$ とおいて，グラフから読み取った通る点の座標の x，y の値を代入して a の値を求める。読み取る座標は，x，y の値が整数である点を選ぶ。

① 求める式を $y=ax^2$ とおくと，点 (3, 6) を通ることから，$6=a\times3^2$
これを解いて，$a=\dfrac{2}{3}$
したがって，求める式は，$y=\dfrac{2}{3}x^2$

③ 同様に，点 (4, 2) を通ることから求める。
④ 点 (4, -4) を通ることから求める。
⑤ 点 (3, -3) を通ることから求める。
⑥ 点 (1, -2) を通ることから求める。

④ (1) $y=\dfrac{1}{4}x^2$ と x^2 の係数の絶対値が等しく符号が異なるものを選ぶ。→㋒
(2) 上に開いた放物線と，右下がりの直線を選ぶ。→㋐，㋑
(3) 関数 $y=ax^2$ を選ぶ。→㋐，㋒

⑤ (1) $x=-4$ のとき，$y=-5\times(-4)^2=-80$
$x=-2$ のとき，$y=-5\times(-2)^2=-20$
したがって，y の変域は，$-80\leqq y\leqq-20$
(2) ミス注意！ 放物線が下に開いていて，x の変域に0をふくんでいるから，y は $x=0$ のときに最大値0をとることに注意。最小値は，x の変域の両端の絶対値で判断する。
y が最小値をとるのは，$x=3$ のときで，
$y=-5\times3^2=-45$　したがって y の変域は，
$-45\leqq y\leqq0$

4 章

(3) $x=2$ のとき, $y=-5\times2^2=-20$

$x=4$ のとき, $y=-5\times4^2=-80$

したがって, y の変域は, $-80\leqq y\leqq-20$

別解 放物線は y 軸について対称だから, $-4\leqq x\leqq-2$ のときと $2\leqq x\leqq4$ のときで, y の変域は同じになる。つまり, 答えは(1)と同じ $-80\leqq y\leqq-20$

6 (1) $x=2$ のとき, $y=-\dfrac{2}{3}\times2^2=-\dfrac{8}{3}$

$x=4$ のとき, $y=-\dfrac{2}{3}\times4^2=-\dfrac{32}{3}$

x の増加量は, $4-2=2$

y の増加量は, $-\dfrac{32}{3}-\left(-\dfrac{8}{3}\right)=-8$

変化の割合は, $\dfrac{-8}{2}=-4$

(2) $x=-5$ のとき, $y=-\dfrac{2}{3}\times(-5)^2=-\dfrac{50}{3}$

$x=-1$ のとき, $y=-\dfrac{2}{3}\times(-1)^2=-\dfrac{2}{3}$

x の増加量は, $-1-(-5)=4$

y の増加量は, $-\dfrac{2}{3}-\left(-\dfrac{50}{3}\right)=16$

変化の割合は, $\dfrac{16}{4}=4$

7 転がった時間は,

$7-3=4$ (秒)

転がった距離は,

$\dfrac{1}{2}\times7^2-\dfrac{1}{2}\times3^2=20$ (m)

したがって, 平均の速さは,

$\dfrac{20}{4}=5$ (m/s)

① (1) y の最小値は, $x=0$ のとき $y=0$

y の最大値は, $x=4$ のとき $y=\dfrac{1}{2}\times4^2=8$

(2) x の増加量は, $-2-(-4)=2$

y の増加量は, $\dfrac{1}{4}\times(-2)^2-\dfrac{1}{4}\times(-4)^2=-3$

変化の割合は, $\dfrac{-3}{2}=-\dfrac{3}{2}$

(3) $a>0$ で, x の変域に 0 をふくんでいるから, y の最小値は, $x=0$ のとき $y=0$

y の最大値は, $x=5$ のとき $y=25a$

② (1) $y=ax^2$ に $x=3$, $y=18$ を代入する。

$18=9a$ $a=2$

(2) $y=ax^2$ について, x の値が 1 から 3 まで増加するときの変化の割合を a を使って表すと,

$\dfrac{9a-a}{3-1}=4a$

これが -2 となるから,

$4a=-2$ $a=-\dfrac{1}{2}$

---

p.54〜55 ステージ1

① (1) $y=\dfrac{9}{2}x^2$ $0\leqq x\leqq4$

(2) $\dfrac{81}{2}$ cm^2 (3) 2秒後

② (1) $y=0.3x$ $\left(y=\dfrac{3}{10}x\right)$

(2) $y=0.01x^2$ $\left(y=\dfrac{1}{100}x^2\right)$

(3) 88 m

③

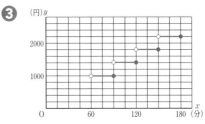

解説

① (1) x 秒後, 正方形は $3x$ cm 動くので,

$y=\dfrac{1}{2}\times3x\times3x=\dfrac{9}{2}x^2$

また, CG $=12$ cm より, 点 C と点 G が重なるのは

$12\div3=4$ (秒後)

だから, x の変域は,

$0\leqq x\leqq4$

(2) (1)で求めた式に, $x=3$ を代入する。

$y=\dfrac{9}{2}\times3^2=\dfrac{81}{2}$

(3) △EFG の面積の $\dfrac{1}{4}$ は,

$\left(\dfrac{1}{2}\times12\times12\right)\times\dfrac{1}{4}=18$ (cm^2)

よって, (1)で求めた式に, $y=18$ を代入する。

$18=\dfrac{9}{2}x^2$ $0\leqq x\leqq4$ だから, $x=2$

❷ (1) 空走距離は，速度に比例しているので，求める式を $y=ax$ とおいて表の値を代入する。

$x=20$，$y=6$ を代入して，

$6=a×20$

$a=\dfrac{3}{10}=0.3$

(2) 制動距離は，速度の 2 乗に比例しているので求める式を $y=ax^2$ とおいて表の値を代入する。

$x=20$，$y=4$ を代入して，

$4=a×20^2$

$a=\dfrac{1}{100}=0.01$

(3) 停止距離は 空走距離＋制動距離 だから，

$0.3×80+0.01×80^2=88$ （m）

❸ グラフは，x 軸に平行な短い線分が並ぶ，右上がりの階段状となる。

（ミス注意）「≦」と「＜」の違いを・と○で表すことに注意しよう。

---

p.56〜57 ■ ステージ**1**

❶ (1) $(-1,\ 3)$，$(2,\ 12)$

(2) $(-2,\ -1)$，$(4,\ -4)$

❷ (1) **48 秒後** (2) **576 m**

❸ (1) $A(-4,\ 8)$，$B(2,\ 2)$

(2) **12 cm²**

(3) $(-2,\ 2)$

―――――― 解説 ――――――

❶ 2 つの式を連立方程式として解けばよい。

（ミス注意）放物線と直線の交点は，

{ ・交点が 0（交わらない）
 ・交点が 1（1 点で接する）
 ・交点が 2（2 点で交わる）

の 3 通りのパターンがある。1 点だけを見つけて終わりにすることがないように注意する。

(1) 2 つの式から，$3x^2=3x+6$

これを解いて，$x=-1$，$x=2$

$x=-1$ のとき $y=3$，$x=2$ のとき $y=12$

(2) 2 つの式から，$-\dfrac{1}{4}x^2=-\dfrac{1}{2}x-2$

これを解いて，$x=-2$，$x=4$

$x=-2$ のとき $y=-1$，$x=4$ のとき $y=-4$

---

❷ (1) 2 つの式から，$\dfrac{1}{4}x^2=12x$

これを解いて，$x=0$，$x=48$

$0<x\leqq60$ だから，$x=48$

(2) $y=12x$ に $x=48$ を代入して，

$y=12×48=576$

❸ (1) 2 つの式から，$\dfrac{1}{2}x^2=-x+4$

これを解いて，$x=2$，$x=-4$

$x=2$ のとき，$y=2$，$x=-4$ のとき，$y=8$

(2) $A(-4,\ 8)$，$B(2,\ 2)$で，直線 AB と y 軸との交点を C とすると，C$(0,\ 4)$ で，CO ＝ 4 cm

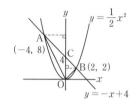

よって，△AOB ＝ △AOC＋△BOC

$=\dfrac{1}{2}×4×4+\dfrac{1}{2}×4×2$

(3) 原点を通り，直線 AB と平行な直線と放物線との交点が P となる。平行な 2 直線の傾きは等しいので，直線 OP の式は，$y=-x$

点 P は放物線 $y=\dfrac{1}{2}x^2$ と

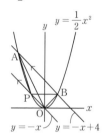

直線 $y=-x$ との交点なので，2 つの式を連立方程式として解く。

---

p.58〜59 ■ ステージ**2**

❶ (1) ㋐ $y=x^2$ $(0\leqq x\leqq2)$

㋑ $y=2x$ $(2\leqq x\leqq4)$

(2)

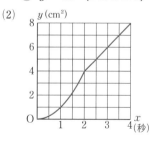

(3) **3 秒後**

4 章

❷ (1)

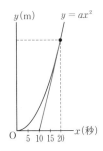

(2) **240 m**

(3) $a = \dfrac{3}{5}$

❸ (1) ① **16** ② **32** (2) **7 回**

❹ (1) **75 cm…900 円, 120 cm…1300 円**

(2) **100 cm まで**

・ ・ ・ ・ ・ ・

① (1) $y = \dfrac{1}{4}x^2$ (2) $y = x$

(3) $y = -2x + 24$

グラフ

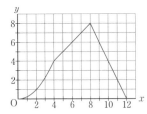

◆◆◆◆◆◆◆◆◆ 解説 ◆◆◆◆◆◆◆◆◆

❶ (1) ⑦ $AP = 2x$ cm, $AQ = x$ cm だから,

$$y = \frac{1}{2} \times AP \times AQ = \frac{1}{2} \times 2x \times x = x^2$$

点 P が頂点 B に着くのは $4 \div 2 = 2$（秒後）
だから, x の変域は, $0 \le x \le 2$

⑦ $y = \dfrac{1}{2} \times AQ \times AB = \dfrac{1}{2} \times x \times 4 = 2x$

点 P が頂点 C に着くのは,
$(4+4) \div 2 = 4$（秒後）だから,
x の変域は, $2 \le x \le 4$

(2) (1)の⑦と⑦, つまり, 点 P が辺 AB 上にあるときと辺 BC 上にあるときでは, 異なる形になることに注意する。

⑦ 点 P が辺 AB 上にあるとき
$\Rightarrow y = x^2$ で, グラフは放物線になる。

⑦ 点 P が辺 BC 上にあるとき
$\Rightarrow y = 2x$ で, グラフは直線になる。

変域に注意してかく。

(3) グラフがあるので, グラフから読み取るとよい。$y = 6$ のとき, $x = 3$ である。

❷ (1) 乗用車は電車が発車してから 10 秒後に駅を通過したので, $x = 10$ のとき $y = 0$
その 10 秒後に電車に追いついたので,
$x = 20$ のとき, 放物線と交わる。

(2) 秒速 24 m で 10 秒間進んだ地点だから,
$24 \times 10 = 240$（m）

(3) $y = ax^2$ のグラフは点 $(20, 240)$ を通っているので,

$240 = a \times 20^2$ これを解いて, $a = \dfrac{3}{5}$

❸ (1) y は, x が 1 増えるごとに 2 倍になっている。
$x = 4$ のとき, $y = 8 \times 2 = 16$
$x = 5$ のとき, $y = 16 \times 2 = 32$

(2) 細菌は 1 回分裂するごとに 2 倍になるので, 6 回目, 7 回目…と調べる。6 回目に $32 \times 2 = 64$（個）, 7 回目に $64 \times 2 = 128$（個）となるので, 100 個を超えるのは 7 回分裂したときである。

別解 y の値は順に, $1, 2, 2^2, 2^3, \cdots\cdots$ となっている。$2^6 < 100 < 2^7$ だから, 100 個を超えるのは, 2^7 のとき, すなわち, 7 回分裂したとき。

❹ グラフから読み取ること。

(1) 75 cm …60〜80 の値を読んで, 900 円。
120 cm…100〜120 の値を読んで, 1300 円。
120〜140 には入らないことに注意。

(2) ○と●に注意して答える。

① (1) $0 \le x \le 4$ のとき,
点 P は辺 AB 上, 点 Q は辺 BC 上にあり,
$AP = 0.5x$ cm,
$BQ = x$ cm
よって,

$$y = \frac{1}{2} \times 0.5x \times x = \frac{1}{4}x^2$$

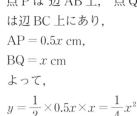
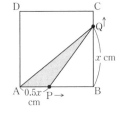

(2) $4 \le x \le 8$ のとき,
点 P は辺 AB 上,
点 Q は辺 CD 上にあり,
$AP = 0.5x$ cm,
点 Q から AP にひいた垂線の長さは DA に等しい。
$DA = 4$ cm だから,

$$y = \frac{1}{2} \times 0.5x \times 4 = x$$

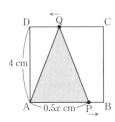

(3) $8 \leqq x \leqq 12$ のとき,
点 P は 辺 BC 上, 点
Q は 辺 DA 上にあり,
　QA
　$= BC+CD+DA-x$
　$= 12-x$ (cm)
点 P から QA にひいた垂線の長さは AB に等しい。AB = 4 cm だから,

$$y = \frac{1}{2} \times (12-x) \times 4 = -2x+24$$

p.60～61 ■■■ **ステージ3**

1 (1) ④
(2) ⑦
(3) ④
(4) ⑦
(5) ⑦

2 (1) 式…$y = \frac{1}{3}x^2$, x の値…±3

(2) ① $-4 \leqq y \leqq 0$ ② $-\frac{9}{4} \leqq y \leqq -\frac{1}{4}$

(3) ① -3 ② 2

3 (1) $a = \frac{1}{2}$ (2) $a = 0$

(3) $a = 3$ (4) $a = 1$

(5) $a = -9$

4 (1) 左から順に, 800, 400, 200

(2) 7 回

5 (1) $a = -\frac{1}{2}$ (2) $y = x-4$

(3) $(2, -2)$ (4) 12 cm^2

6 (1) ⑦ $y = \frac{9}{4}x^2$ $(y = 2.25x^2)$

$(0 \leqq x \leqq 3)$

④ $y = \frac{27}{4}x$ $(y = 6.75x)$

$(3 \leqq x \leqq 6)$

⑦ $y = -\frac{27}{2}x + \frac{243}{2}$ $(y = -13.5x + 121.5)$

$(6 \leqq x \leqq 9)$

(2) 頂点 C

━━━━ **解説** ━━━━

1 (1), (2)は上に開いた放物線だから, それぞれ④,
⑦のどちらかのグラフである。(1)のほうがグラフの開き方が小さいから, (1)は④のグラフで, (2)は⑦のグラフであることがわかる。

(3)～(5)は下に開いた放物線だから, それぞれ⑦,
④, ⑦のどれかのグラフである。グラフの開き方は, (3), (4), (5)の順に小さくなるから, (3)は④,
(4)は④, (5)は⑦のグラフであることがわかる。

得点アップの**コツ**

関数 $y = ax^2$ では, グラフはすべて放物線となり,
その開く向きや大きさは, a に注目して判断する。

・開く向き $\begin{cases} a > 0 \cdots \text{上に開く} \\ a < 0 \cdots \text{下に開く} \end{cases}$

・開き方　a の絶対値が大きいほど, グラフの開き
　　　　　方は小さくなる。

2 (1) 式を $y = ax^2$ とおくと, $12 = a \times 6^2$, $a = \frac{1}{3}$

$y = \frac{1}{3}x^2$ の y に 3 を代入して,

$3 = \frac{1}{3}x^2$ 　　$x^2 = 9$ 　　$x = \pm 3$

(2) ① x の変域に 0 をふくむことに注意する。

(3) ① $x = -6$ のとき $y = 12$, $x = -3$ のとき
$y = 3$

(変化の割合) $= \dfrac{(y \text{の増加量})}{(x \text{の増加量})} = \dfrac{3-12}{-3-(-6)} = -3$

得点アップの**コツ**

変化の割合は, その2点間を直線で結んだときの,
直線の傾きと考えることができる。「増加・減少」
という表現に注意し, 正負に気をつけて答えよう。

3 (1) y の変域が 0 以上の範囲にあるから, $a > 0$
である。また, $x = -4$ のとき $y = 16a$, $x = 2$
のとき $y = 4a$ で, $16a > 4a$ だから, $16a = 8$ である。よって, $a = \frac{1}{2}$

(2) x の変域に 0 がふくまれ, x^2 の係数が正であるから, y の最小値は 0。よって, $a = 0$

(3) $\dfrac{16a-4a}{4-2} = 6a$, $6a = 18$ だから, $a = 3$

(4) $\dfrac{2(a+1)^2-2a^2}{(a+1)-a} = 4a+2$, $4a+2 = 6$ だから,
$a = 1$

(5) $y = 3x^2$ では, x の値が -2 から -1 まで増
加するときの変化の割合は,
$\dfrac{3 \times (-1)^2 - 3 \times (-2)^2}{-1-(-2)} = -9$ である。

$y = ax$ では, 変化の割合は a だから, $a = -9$

関数 $y = ax^2$ $(a \neq 0)$ では，$x = 0$ のときは，a の値に関係なく $y = 0$ となる。逆に，$y = 0$ ならば，$x = 0$ である。変域の問題では，その中に 0 がふくまれているかどうかを，まず確認しよう。

❹ (1) 次のように考える。

1 回目…$3200 \div 2$ $= 1600$（cm）
1回 $\downarrow \div 2$

2 回目…$3200 \div 2 \div 2$ $= 800$（cm）
2回 $\downarrow \div 2$

3 回目…$3200 \div 2 \div 2 \div 2$ $= 400$（cm）
3回 $\downarrow \div 2$

4 回目…$3200 \div 2 \div 2 \div 2 \div 2 = 200$（cm）
4回

(2) 5 回目…100 cm，6 回目…50 cm
7 回目…25 cm

規則性を見つけ出して，表にない数字を計算で求めることができることが重要。そのためには，最初の数回分を数式で書いてみるとよい。

❺ (1) （変化の割合）$= \dfrac{a \times (-1)^2 - a \times (-3)^2}{-1 - (-3)} = -4a$，

$-4a = 2$ だから，$a = -\dfrac{1}{2}$

(2) 点 A の座標は，$(-4, -8)$ である。すると，ℓ は $A(-4, -8)$ と $C(0, -4)$ を通る直線だから，傾きが 1 であることがわかる。
切片は -4 だから，ℓ の式は，$y = x - 4$

(3) $y = -\dfrac{1}{2}x^2$ と $y = x - 4$ を連立方程式として解く。

$-\dfrac{1}{2}x^2 = x - 4$ より，$x = 2$，$x = -4$

$x = -4$ は A の x 座標だから，B の x 座標は 2

(4) $\triangle OAB$ を，$\triangle OAC$ と $\triangle OBC$ に分ける。
$\triangle OAC$ は底辺が $OC = 4$ cm，高さが 4 cm の三角形だから，面積は 8 cm^2 である。$\triangle OBC$ は底辺が $OC = 4$ cm，高さが 2 cm の三角形だから，面積は 4 cm^2 である。
よって，$\triangle OAB = \triangle OAC + \triangle OBC = 12$（cm^2）

❻ (1) $9 \div 3 = 3$，$9 \div 1.5 = 6$ より，1 つの辺上を点 P は 3 秒で，点 Q は 6 秒で移動する。

㋐ $0 \leqq x \leqq 3$ のときで
$AP = 3x$ cm，
$AQ = 1.5x$ cm より，
$y = \dfrac{1}{2} \times 3x \times 1.5x$
$= \dfrac{9}{4}x^2$

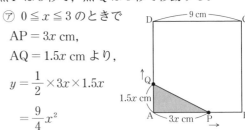

㋑ $3 \leqq x \leqq 6$ のときで
$AQ = 1.5x$ cm
$AB = 9$ cm より，
$y = \dfrac{1}{2} \times 1.5x \times 9$
$= \dfrac{27}{4}x$

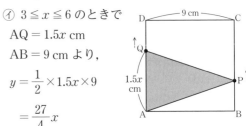

㋒ $6 \leqq x \leqq 9$ のときで点 Q は頂点 D に止まっている。
$DP = 9 \times 3 - 3x$
$= 27 - 3x$（cm）
より，
$y = \dfrac{1}{2} \times 9 \times (27 - 3x)$
$= -\dfrac{27}{2}x + \dfrac{243}{2}$

$AB + BC + CP$
$= 3x$（cm）

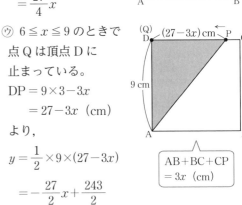

(2) (1)の㋐で，$x = 3$ のとき，点 Q は AD の中点にある。
㋑で，$x = 6$ のとき，点 P は頂点 C に，点 Q は頂点 D にあり，このとき y は最大となる。その後 y は減少するから，y が最大となるとき，点 P は頂点 C にある。

別解 簡単なグラフをかいて考える。
(1)の㋐，㋑，㋒より，グラフは下のような形になるから，$\triangle APQ$ の面積が最大となるのは，$x = 6$ のときである。

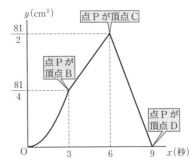

5章　相似な図形

❶ (1) 四角形 ABCD ∽ 四角形 EFGH

(2) AB：EF＝2：3，BC：FG＝2：3
CD：GH＝2：3，DA：HE＝2：3
∠A＝∠E，∠B＝∠F，∠C＝∠G，
∠D＝∠H

❷ (1) 4：7　　　　(2) 5：8

❸ (1) $x＝\dfrac{15}{2}$，$y＝24$

(2) $x＝25$，$y＝\dfrac{72}{5}$

━━ 解説 ━━

❶ 相似な図形では，対応する辺の比はすべて等しい。また，対応する角の大きさはそれぞれ等しい。

❷ (1) AB と DE は，相似な三角形 △ABC と △DEF の対応する辺だから，相似比は
AB：DE＝4：7

(2) 対応する辺で長さがわかっているものを使う。
相似比は，AC：DF＝15：24＝5：8

ミス注意！ 対応関係を間違えないようにする。

❸ (1) 相似比は，AB：EF＝6.5：13＝1：2

したがって，x：15＝1：2　　$x＝\dfrac{15}{2}$

12：y＝1：2　　$y＝24$

(2) △DEF で，∠F をはさむ 2 辺の比が，
EF：FD＝18：9＝2：1 だから，
x：12.5＝2：1
$x＝25$
△ABC で，∠B をはさむ 2 辺の比が，
AB：BC＝20：25＝4：5 だから，
y：18＝4：5
5y＝72
$y＝\dfrac{72}{5}$

別解 (1) AB：EF＝CD：GH から，
6.5：13＝x：15 として，これを解いてもよい。
同様に，AB：EF＝BC：FG から，
6.5：13＝12：y

(2) BC：EF＝CA：FD から x を，
AB：DE＝CA：FD から y を求めてもよい。

❶ △ABC ∽ △LJK
…3 組の辺の比がすべて等しい。
△DEF ∽ △UST
…2 組の辺の比が等しく，その間の角が等しい。
△GHI ∽ △NMO
…2 組の角がそれぞれ等しい。

❷ (1) （証明）△ABC と △DAC で，
仮定から，
∠BAC＝∠ADC＝90°　……①
共通な角だから，
∠ACB＝∠DCA　……②
①，②より，2 組の角がそれぞれ等しいから，
△ABC ∽ △DAC

（線分 CD の長さ）$\dfrac{18}{5}$ cm

(2) △ABC と △EDC で，
仮定から，∠BAC＝∠DEC＝90°　…①
共通な角だから，
∠ACB＝∠ECD　……②
①，②より，2 組の角がそれぞれ等しいから，△ABC ∽ △EDC

━━ 解説 ━━

❶ △ABC と △LJK で，
AB：LJ＝BC：JK＝CA：KL＝2：3
△DEF と △UST で，
DE：US＝EF：ST＝2：3，∠E＝∠S＝62°
△GHI で，∠H＝180°−∠I−∠G＝40°
△GHI と △NMO で，
∠G＝∠N＝60°，∠H＝∠M＝40°

❷ (1) △ABC と △DAC はともに直角三角形で，∠C を共有していることを利用して証明する。
また，CD＝x cm とすると，
CA：CD＝BC：AC
6：x＝10：6
10x＝36
$x＝\dfrac{18}{5}$

(2) △ABC と △EDC はともに直角三角形で，∠C を共有していることを利用して証明する。

p.66~67 ステージ**1**

❶ △ABC と △ACD で,

共通な角だから, ∠CAB = ∠DAC ……①

AB : AC = 25 : 10 = 5 : 2 ……②

AC : AD = 10 : 4 = 5 : 2 ……③

②, ③より, AB : AC = AC : AD ……④

①, ④より, 2 組の辺の比が等しく, その間の角が等しいから, △ABC ∽ △ACD

❷ △ABC と △DEC で,

対頂角は等しいから, ∠ACB = ∠DCE ……①

AC : DC = 2 : 6 = 1 : 3 ……②

BC : EC = 2.5 : 7.5 = 1 : 3 ……③

②, ③より, AC : DC = BC : EC ……④

①, ④より, 2 組の辺の比が等しく, その間の角が等しいから, △ABC ∽ △DEC

❸ △ABE と △DEF で,

長方形の角だから, ∠A = ∠D = 90° ……①

∠BEF = ∠BCF = 90° だから,

∠AEB = 180° − (90° + ∠DEF) ……②

△DEF の内角の和は 180° だから,

∠DFE = 180° − (90° + ∠DEF) ……③

②, ③より, ∠AEB = ∠DFE ……④

①, ④より, 2 組の角がそれぞれ等しいから, △ABE ∽ △DEF

❹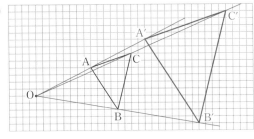

━━━ 解説 ━━━

❶ △ACD は, △ABC を裏返して縮小, 回転させた図形。対応する辺や角に注意して証明する。

❹ 点 O から点 A に半直線をひき, その直線上に OA' = 2OA となる点 A' をとる。同様に点 B', C' をとって, A', B', C' を結ぶ。

p.68~69 ステージ**2**

❶ ∠F = 85°, GH = 8 cm, 相似比…3 : 2

❷ (1) △ABC ∽ △AED, x = 8

(2) △ABC ∽ △ACD, x = 12

(3) △ABC ∽ △DBA, x = 3, y = 6

❸ △AOB と △DOC で,

仮定から, ∠BAO = ∠CDO ……①

対頂角は等しいから, ∠AOB = ∠DOC …②

①, ②より, 2 組の角がそれぞれ等しいから, △AOB ∽ △DOC

❹ △ABF と △EDA で,

平行線の錯角は等しいから,

∠AFB = ∠EAD ……①

□ABCD の対角は等しいから,

∠ABF = ∠EDA ……②

①, ②より, 2 組の角がそれぞれ等しいから, △ABF ∽ △EDA

❺ 7 cm

❻ △ABC と △ADB で,

AB : AD = 6 : (10 − 6.4) = 6 : 3.6

= 5 : 3

AC : AB = 10 : 6 = 5 : 3

よって, AB : AD = AC : AB ……①

共通な角だから, ∠BAC = ∠DAB ……②

①, ②より, 2 組の辺の比が等しく, その間の角が等しいから, △ABC ∽ △ADB

BC : DB…5 : 3

❼ (例)

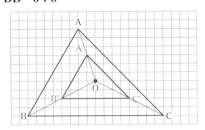

• • • • • • •

❶ △ABD と △CHG において,

AD ⊥ BC だから ∠ADB = 90° ……①

四角形 EGCF は長方形だから,

∠CGH = 90° ……②

①, ②より ∠ADB = ∠CGH ……③

△ABC は AB = AC の二等辺三角形だから,

∠ABD = ∠ACD ……④

EG ∥ AC であり, 平行線の錯角は等しいから,

∠CHG = ∠ACD ……⑤

④, ⑤より ∠ABD = ∠CHG ……⑥

③, ⑥より 2 組の角がそれぞれ等しいから,

△ABD ∽ △CHG

② $\dfrac{8}{3}$ cm

━━━━━━━━━ 解　説 ━━━━━━━━━

❶ 四角形 ABCD で，∠C ＝ ∠G ＝ 65°
内角の和は 360° だから，
　　∠B ＝ 360° −(120°＋65°＋90°) ＝ 85°
仮定から，四角形 ABCD ∽ 四角形 EFGH で，
対応する角は等しいから，∠F ＝ ∠B ＝ 85°
また，CD : GH ＝ BC : FG ＝ 15 : 10 ＝ 3 : 2 だか
ら，　GH ＝ $\dfrac{2}{3}$CD ＝ 8 cm

❷ (1) 2 組の角がそれぞれ等しいから，
　　△ABC ∽ △AED
　また，AB : AE ＝ 10 : 5 ＝ 2 : 1 だから，
　　AC : AD ＝ x : 4 ＝ 2 : 1
　(2) 2 組の角がそれぞれ等しいから，
　　△ABC ∽ △ACD
　また，AC : AD ＝ 8 : 6 ＝ 4 : 3 だから，
　　BC : CD ＝ x : 9 ＝ 4 : 3
　(3) 2 組の角がそれぞれ等しいから，
　　△ABC ∽ △DBA
　また，AB : DB ＝ 4 : 2 ＝ 2 : 1 だから，
　　AC : DA ＝ 6 : x ＝ 2 : 1
　　BC : BA ＝ (2＋y) : 4 ＝ 2 : 1

❸ 1 組の角が等しいことはわかっている。また，
∠AOB と ∠DOC は対頂角である。

❹ AB ∥ CD で，錯角は等しいから，
　　∠FAB ＝ ∠AED
としてもよい。

❺ △ABC と △DBE で，
仮定から，∠ACB ＝ ∠DEB ＝ 90°
共通な角だから，∠ABC ＝ ∠DBE
したがって，2 組の角がそれぞれ等しいから，
　　△ABC ∽ △DBE
AB ＝ 12 cm，BC ＝ 6 cm，BD ＝ 10 cm より，
　　AB : DB ＝ BC : BE
　　12 : 10 ＝ 6 : BE
よって，BE ＝ 5 cm　　したがって，AE ＝ 7 cm

❻ 相似な図形では，対応する線分の長さの比はす
べて等しいから，BC : DB ＝ AC : AB ＝ 5 : 3

❼ まず，3 つの線分 AO，BO，CO をひく。
AO，BO，CO の中点をそれぞれ A′，B′，C′ とし，
その 3 点を結べばよい。

① 　△ABD と △CHG で，仮定
　から，90° の角に注目し，
　∠ADB ＝ ∠CGH を示し，二
　等辺三角形の 2 つの底角が等
　しいことと，平行線の錯角が
　等しいことを利用して，
　∠ABD ＝ ∠CHG を示す。

② 　右の図のように，
　△EFG ∽ △EIH
　△EIH ∽ △CAB
　だから，
　△EFG ∽ △CAB
　したがって，
　FG : AB ＝ GE : BC
　　FG : 4 ＝ 4 : 6
　　FG ＝ $\dfrac{8}{3}$ cm

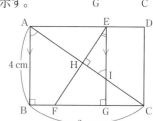

━━━ **p.70〜71** ≡≡ ステージ**1** ━━━

❶ (1) $x ＝ 21$，$y ＝ 35$　　(2) $x ＝ 17$，$y ＝ 11$
　(3) $x ＝ \dfrac{20}{3}$，$y ＝ 7$

❷ (1) AD : DB ＝ AE : EC ＝ 2 : 1 だから，
　　DE ∥ BC であるといえる。
　(2) AD : AB ＝ AE : AC ＝ 2 : 3 だから，
　　DE ∥ BC であるといえる。

❸ 線分 DE

❹ (1) $x ＝ 9$　　　(2) $x ＝ \dfrac{21}{2}$

━━━━━━━━━ 解　説 ━━━━━━━━━

❶ (1) DE ∥ BC だから，
　　AD : AB ＝ AE : AC
　　27 : (27＋18) ＝ x : 35
　　　　　45x ＝ 27×35
　　　　　　x ＝ 21
　また，DE : BC ＝ 3 : 5
　　　　21 : y ＝ 3 : 5
　　　　　y ＝ 35
　(2) DE ∥ BC だから，
　　AE : EC ＝ AD : DB
　　x : 34 ＝ 18 : 36
　　　x ＝ 17

また，AD：AB＝DE：BC

$18：(18＋36)＝y：33$

$y＝11$

(3) DE∥BC だから，

AE：AB＝DE：CB

$x：10＝6：9$

$x＝\dfrac{20}{3}$

また，AD：AC＝DE：CB

$\dfrac{14}{3}：y＝6：9$

$y＝7$

❷ DE と BC が平行であるかどうかを確かめるには，三角形と比の定理の逆を使って調べればよい。

❸ AD：DB＝4：2.4＝5：3

AE：EC＝3：1.8＝5：3

BF：FC＝2.5：2＝5：4

AD：DB＝AE：EC だから，

DE∥BC

❹ (1) AB：AC＝BD：CD

$12：20＝x：15$

$3：5＝x：15$

$5x＝45$

$x＝9$

(2) CA：CB＝AD：BD

$15：21＝(18－x)：x$

別解 CA：CB＝15：21＝5：7

AD：BD＝5：7 だから，

$x＝18×\dfrac{7}{5＋7}＝\dfrac{21}{2}$

---

p.72〜73 ◆◆◆ **ステージ1**

❶ $\dfrac{61}{2}$ cm（30.5 cm）

❷ △ABD で，2点 E，F はそれぞれ辺 AD，BD の中点なので，中点連結定理から，

$EF＝\dfrac{1}{2}AB$

また，△BCD で，2点 G，F はそれぞれ辺 BC，BD の中点なので，中点連結定理から，

$FG＝\dfrac{1}{2}DC$

仮定より AB＝DC だから，EF＝FG

よって，△EFG は二等辺三角形である。

---

❸ (1) $x＝\dfrac{25}{2}$（12.5）

(2) $x＝\dfrac{21}{5}$（4.2）

(3) $x＝\dfrac{56}{5}$（11.2）

(4) $x＝20$，$y＝4$

◆◆◆◆◆◆ **解 説** ◆◆◆◆◆◆

❶ 中点連結定理から，

$DF＝\dfrac{1}{2}BC＝10$ cm，

$DE＝\dfrac{1}{2}AC＝\dfrac{15}{2}$ cm，

$EF＝\dfrac{1}{2}BA＝13$ cm

❸ (1) $15：x＝12：10$

(2) $5：(8－5)＝7：x$

(3) $(x－7)：7＝4.5：(12－4.5)$

(4) $x：10＝16：8$　$8：y＝10：5$

---

p.74〜75 ◆◆◆ **ステージ1**

❶ 25：81

❷ (1) 3：5　　(2) 3：5　　(3) 9：25

❸ 147 cm²

❹ (1) △ADE∽△ABC

(2) 16：25　　(3) 45 cm²

◆◆◆◆◆◆ **解 説** ◆◆◆◆◆◆

❶ 相似比が 5：9 なので，面積の比は，$5^2：9^2$

❷ (2) 円の周の長さの比は，直径の比，つまり円の相似比に等しい。

(3) 相似比が 3：5 なので，面積の比は，$3^2：5^2$

❹ (2) 相似比は，DE：BC＝16：20＝4：5

よって，面積の比は，$4^2：5^2＝16：25$

(3) △ABC の面積を x cm² とすると，

$80：x＝16：25$

これを解いて，$x＝125$

四角形 DBCE の面積は，

△ABC－△ADE＝125－80＝45（cm²）

---

p.76〜77 ◆◆◆ **ステージ1**

❶ (1) 1：3　　　　　　(2) 54 cm²

(3) 立方体 P と Q の相似比は 1：3 だから，立方体 P の1辺の長さが a のとき，立方体 Q の1辺の長さは，$3a$ となる。

体積は，立方体 P が，a^3

立方体 Q が，$(3a)^3 = 27a^3$

となるから，体積の比は，

$a^3 : 27a^3 = 1 : 27$ である。

② 表面積　$637\,cm^2$　　　体積　$686\,cm^3$

③ (1)　$125 : 8$　　　　(2)　$8 : 117$

━━━━━━━ 解 説 ━━━━━━━

❶ (1)　3 倍に拡大したので，相似比は，$1 : 3$

(2)　立方体 Q の 1 辺の長さは $3\,cm$ だから，

表面積は，$3^2 \times 6 = 54$ （cm^2）

❷ 立体 Q の表面積を $x\,cm^2$，体積を $y\,cm^3$ とする。立体 P，Q の相似比は $5 : 7$ だから，

$325 : x = 5^2 : 7^2$　　これを解いて，$x = 637$

$250 : y = 5^3 : 7^3$　　これを解いて，$y = 686$

❸ (1)　相似比は高さの比と等しいから，$5 : 2$

よって，体積の比は，$5^3 : 2^3 = 125 : 8$

(2)　三角錐 P，Q の体積を $125V$，$8V$ とすると，

立体 R の体積は，$125V - 8V = 117V$

したがって，$8V : 117V = 8 : 117$

---

p.78～79 📗 **ステージ1**

❶ およそ $4\,m$

❷ およそ $43\,m$

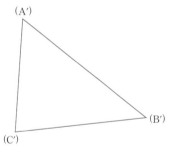

❸ △GBC と △GMN で，仮定より点 N，M は，それぞれ辺 AB，AC の中点なので，中点連結定理から，

$NM /\!/ BC$ ……①

$NM = \dfrac{1}{2}BC$ ……②

①より，錯角は等しいので，

$\angle GBC = \angle GMN$ ……③

$\angle GCB = \angle GNM$ ……④

③，④より，2 組の角がそれぞれ等しいから，

△GBC ∽ △GMN

したがって，相似な図形の対応する辺の比はすべて等しいから，②より，

$BG : GM = BC : NM$

$= 2 : 1$

④ (1)　$x = 3$，$y = 5$，$z = 4$

(2)　$x = 5$，$y = 16$，$z = 2$

━━━━━━━ 解 説 ━━━━━━━

❶ 右の図のような相似な三角形ができると考える。木の高さを $x\,m$ とすると，

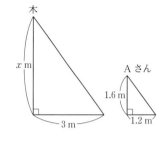

$x : 1.6 = 3 : 1.2$

$1.2x = 4.8$

$x = 4$

❷ $\dfrac{1}{1000}$ の縮図で，A′B′ の長さは，およそ $4.3\,cm$

❸ 中点連結定理を利用する。

❹ (1)　$BG : GM = 6 : x = 2 : 1$　→ $x = 3$

$\left.\begin{array}{l} LM : BA = y : BA = 1 : 2 \\ BA = 2BN = 10 \end{array}\right\}\begin{array}{l} y : 10 = 1 : 2 \\ y = 5 \end{array}$

$\left.\begin{array}{l} AM : MC = 1 : 1 \\ 8 : z = 2 : 1 \end{array}\right\} \to z = 4$

(2)　$NM : BC = x : 10 = 1 : 2$　→ $x = 5$

$AC = 2AM = 2 \times 8 = 16$　→ $y = 16$

$MG : GB = z : 4 = 1 : 2$　→ $z = 2$

---

p.80～81 📗 **ステージ2**

❶ (1)　$x = 15$，$y = \dfrac{42}{5}$

(2)　$x = 30$，$y = 12$

(3)　$x = 12$

❷ (1)　$BE : ED = 2 : 3$，$BE : BD = 2 : 5$

(2)　$6\,cm$

❸ (1)　平行四辺形

(2)　四角形…ひし形

理由…中点連結定理より，$PR = \dfrac{1}{2}AB$，

$QR = \dfrac{1}{2}CD$

$AB = CD$ のとき，$PR = QR$

(1)より，四角形 PRQS は平行四辺形で，1 組の隣り合う辺の長さが等しいので，4 つの辺が等しいから，ひし形になる。

4 (1) △AEC で，

仮定から，AD＝DE，AF＝FC

よって，中点連結定理から，DF∥EC …①

△BGD で，

①より，DG∥EC だから，

BE：ED＝BC：CG

仮定から，BE＝ED だから，BC＝CG

(2) FG＝6 cm

5 (1) 5：3　　　　(2) 64 cm²

6 (1) 1：4　　　　(2) 1：8

7 およそ4.8 m

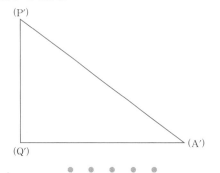

① $\dfrac{27}{7}$ cm

② $\dfrac{56}{3}$ cm³

━━━━━ 解　説 ━━━━━

1 (1) 三角形と比の定理から，

$6：x＝8：(8＋12)$

$x＝15$

$(14－y)：y＝8：12$

$y＝\dfrac{42}{5}$

(2) 平行線と線分の比の定理から，

$20：x＝16：24$

$x＝30$

$24：y＝30：15$

$y＝12$

(3) BD は∠ABC の二等分線だから，

$x：(27－x)＝28：35$　　$x＝12$

2 (1) BE：ED＝AB：CD＝10：15＝2：3

EF∥CD で BE：BD＝2：(2＋3)＝2：5

(2) EF：DC＝BE：BD だから，EF：15＝2：5

これを解いて，EF＝6 cm

3 (1) 中点連結定理を利用すると，

△DAB で，PR∥AB

△CAB で，SQ∥AB ⎫→PR∥SQ

△BCD で，QR∥CD ⎫→QR∥SP

△ACD で，SP∥CD ⎭

2 組の対辺がそれぞれ平行だから，

四角形 PRQS は平行四辺形である。

4 (1) △BGD で，点 E が辺 BD の中点であることはわかっているので，DG∥EC がいえれば，三角形と比の定理から BC＝CG を証明できる。

(2) △AEC で，中点連結定理から，

DF：EC＝1：2　……①

△BGD で，中点連結定理から，

EC：DG＝1：2　……②

DF＝2 cm だから，①より，EC＝4 cm

よって，②より，DG＝8 cm

したがって，FG＝8－2＝6 （cm）

5 (1) DE∥AC だから，△ABC∽△DBE で，

相似比は AB：DB＝(2＋3)：3＝5：3

周の長さの比は相似比に等しいから，5：3

(2) △ABC と△DBE は，相似比が5：3だから，

面積の比は，5²：3²＝25：9

△DBE の面積が36 cm²だから，△ABC の面積は100 cm²

よって，四角形 ADEC の面積は，

100－36＝64 （cm²）

別解 △DBE の面積を9a cm²とすると，

△ABC の面積は25a cm²，四角形 ADEC の面積は，25a－9a＝16a （cm²）

仮定より，9a＝36 だから，a＝4

四角形 ADEC の面積は，16a＝16×4＝64 （cm²）

6 (1) OH の中点を通る平面で切ったから，P ともとの円錐の相似比は1：2

したがって，表面積の比は1²：2²＝1：4

(2) 相似比が1：2だから，体積の比は，

1³：2³＝1：8

ポイント

相似な立体の表面積の比と体積の比

相似な2つの立体で，

相似比＝m：n ⇨ $\begin{cases} 表面積の比＝m²：n² \\ 体積の比　　＝m³：n³ \end{cases}$

7 $\dfrac{1}{100}$ の縮図で，P′Q′ の長さは，およそ3.3 cm

これを 100 倍して，3.3 m　目の高さが 1.5 m だから，3.3＋1.5 で，およそ 4.8 m

① AD は∠BAC の二等分線だから，

BD＝x cm とすると，

BD：CD＝AB：AC

$x:(9-x)=6:8$

$8x=6(9-x)$

$x=\dfrac{27}{7}$

② 直線 EM，FB，GN の
交点を P とする。

PB：PF＝MB：EF＝1：2
より，PB＝4 cm

三角錐 PMBN と三角錐
PEFG は相似で，体積の比
は $1^3:2^3=1:8$ だから，
求める立体の体積は，

$\dfrac{1}{3}\times\dfrac{1}{2}\times4\times4\times(4+4)\times\dfrac{8-1}{8}=\dfrac{56}{3}$ （cm³）

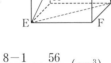

---

p.82〜83 ■ ステージ③

① △ABC ∽ △DEF
　2組の角がそれぞれ等しい。

　△GHI ∽ △NMO
　3組の辺の比がすべて等しい。

　△JKL ∽ △QRP
　2組の辺の比が等しく，
　その間の角が等しい。

② (1) △ABC ∽ △AED
　　相似条件…2組の辺の比が等しく，その
　　　　　　　　間の角が等しい。
　　相似比…2：1

　(2) △ABC ∽ △DAC
　　相似条件…2組の辺の比が等しく，その
　　　　　　　　間の角が等しい。
　　相似比…2：1

③ (1) $x=\dfrac{36}{5}$ （7.2）　(2) 2：5

　(3) $y=\dfrac{12}{5}$ （2.4）

④ (1) 8 cm　(2) 10 cm

⑤ (1) 16：65　(2) 4：9

---

(3) $\triangle DBF=\dfrac{9}{4}S$，

$\triangle FBC=\dfrac{81}{16}S$

⑥ (1) 1：9　　(2) R…7V，S…19V

⑦ およそ **70 m**

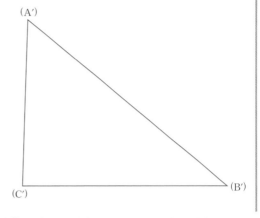

◀━━━━━━ **解説** ━━━━━━▶

① △ABC で，∠B＝180°−(30°＋105°)＝45°

これは，△DEF と 2 組の角がそれぞれ等しい。

② (1) △ABC と △AED で，∠A が共通である
　　ことに着目する。

　(2) ∠C が共通である 2 つの三角形に着目する。

③ (1) EG∥BC だから，AE：AB＝EG：BC

　　よって，6：10＝x：12 だから，$x=\dfrac{36}{5}$

　(2) CG：GA＝BE：EA＝4：6＝2：3 だから，
　　CG：CA＝2：(2＋3)＝2：5

　(3) GF∥AD だから，CG：CA＝GF：AD

　　よって，2：5＝y：6 だから，$y=\dfrac{12}{5}$

④ (1) AM＝BM，∠AMD＝∠BME，
　　AD∥BC から∠MAD＝∠MBE より，
　　△AMD≡△BME だから，
　　BE＝AD＝8 cm

　(2) △DEC で，中点連結定理より，

　　MN＝$\dfrac{1}{2}$EC＝$\dfrac{1}{2}\times(8+12)$＝10 （cm）

⑤ (1) △ADE ∽ △ABC で，相似比は
　　16：(16＋20)＝16：36＝4：9
　　面積の比は，$4^2:9^2=16:81$
　　△ADE の面積を 16S とすると，
　　　△ADE：四角形 DBCE
　　＝16S：(81S−16S)＝16：65

(2) DE∥BC より，三角形と比の定理で，

$$EF : FB = DE : BC$$
$$= AD : AB$$
$$= 16 : (16+20)$$
$$= 4 : 9$$

(3) 高さの等しい三角形の面積の比は
底辺の比に等しいので，

$$\triangle DFE : \triangle DBF = EF : FB$$
$$S : \triangle DBF = 4 : 9$$
$$\triangle DBF = \frac{9}{4}S$$

また，DF : FC = 4 : 9 だから，同様に，

$$\triangle DBF : \triangle FBC = DF : FC$$
$$\frac{9}{4}S : \triangle FBC = 4 : 9$$
$$\triangle FBC = \frac{81}{16}S$$

6 3つの立体 Q と Q+R，P は底面が平行だから
相似である。

(1) 相似比は 1 : 3 だから，表面積の比は，
$$1^2 : 3^2 = 1 : 9$$

(2) Q と Q+R の相似比は 1 : 2 だから
体積の比は $1^3 : 2^3 = 1 : 8$
よって，R の体積は $8V - V = 7V$
Q と P の相似比は 1 : 3 だから
体積の比は $1^3 : 3^3 = 1 : 27$
よって，S の体積は $27V - (V+7V) = 19V$

7 $\frac{1}{1000}$ の縮図をかいて，AB に対応する辺の長
さ A′B′ をものさしではかると，およそ 7 cm に
なる。これを 1000 倍して，およそ 70 m。

ポイント

縮図をかくことで，実際にはかることが難しい距離
や高さを求めることができる。縮図全体が紙の大き
さにおさまるように，適切な縮尺を選んで図をかく
こと。

6章 円

p.84〜85 **ステージ1**

1 ㋐ OBP ㋑ OBP

2 (1) $\angle x = 54°$ (2) $\angle x = 70°$ (3) $\angle x = 52°$
(4) $\angle x = 236°$ (5) $\angle x = 105°$ (6) $\angle x = 58°$

3 (1) $x = 3\pi$ (2) $x = 19$ (3) $x = 30$

4 ㋐，㋒

解説

1 円周角が中心角の $\frac{1}{2}$ であることの証明である。
二等辺三角形の 2 つの底角が等しいこと，三角形
の外角が，それと隣り合わない 2 つの内角の和に
等しいことを利用する。

2 円周角や中心角が，どの弧に対応しているかに
注目する。

(3) $\angle x$ は $\overarc{AD}$ に対する円周角だから，$\angle x = 52°$

(4) $\angle x$ は点 P をふくまない $\overarc{AB}$ に対する中心
角だから，$\angle x = 118° \times 2$

(5) $\angle x$ は点 P をふくまない $\overarc{AB}$ に対する円周
角だから，$\angle x = 210° \times \frac{1}{2}$

(6) AB は直径だから，$\angle ACB = 90°$
△ABC で，$\angle x = 180° - (90°+32°) = 58°$

4 ㋐ $\angle ABD = 36°$ $\angle ACD = 36°$ で，辺 AD に
対して同じ側にある 2 つの角が等しいので，4
点 A，B，C，D は 1 つの円周上にある。

㋑ $\angle ACD = 180° - (105°+50°) = 25°$
$\angle ABD = 15°$ で，辺 AD に対して同じ側にある
2 つの角が等しくないので，4 点 A，B，C，D
は 1 つの円周上にはない。

㋒ $\angle ACD = 85° - 60° = 25°$ $\angle ABD = 25°$ だか
ら，4 点 A，B，C，D は 1 つの円周上にある。

㋓ △BCD で，$\angle BCA = 180° - (50°+50°+50°)$
$= 30°$，$\angle ADB = 28°$ だから，4 点 A，B，C，
D は 1 つの円周上にはない。

p.86〜87 **ステージ2**

1 (1) $\angle x = 38°$，$\angle y = 54°$
(2) $\angle x = 114°$，$\angle y = 57°$
(3) $\angle x = 130°$，$\angle y = 115°$
(4) $\angle x = 65°$，$\angle y = 31°$
(5) $\angle x = 88°$，$\angle y = 44°$

(6) $\angle x = 22°$, $\angle y = 68°$

❷ (1) $\angle x = 55°$　　　(2) $\angle x = 28°$

(3) $\angle x = 35°$　　　(4) $\angle x = 75°$

(5) $\angle x = 55°$　　　(6) $\angle x = 90°$

❸ (1) $72°$　　　　　　(2) $72°$

❹ ④

❺ 点A，B，C，Fと，点C，D，E，F

● ● ● ● ●

① (1) $69°$　(2) $26°$　(3) $36°$　(4) $66°$

② 点A，B，D，Eと，点E，F，D，C

━━━━━━━━━ 解説 ━━━━━━━━━

❶ (2) $\angle x = \angle APB \times 2 = 57° \times 2 = 114°$

　　$\angle y = \angle APB = 57°$

(3) $\angle x = \angle ABC \times 2 = 65° \times 2 = 130°$

　　$\angle y = (360° - \angle x) \times \dfrac{1}{2}$

　　　$= (360° - 130°) \times \dfrac{1}{2} = 115°$

(4) PとQを結ぶ。

　　$\angle x = \angle BPQ + \angle QPC$

　　　$= \angle BAQ + \angle QDC$

　　　$= 30° + 35°$

　　　$= 65°$

　　$\angle y = \angle AQP$

　　　$= \angle AQD - \angle PQD$

　　　$= \angle AQD - \angle PCD$

　　　$= 56° - 25°$

　　　$= 31°$

(5) △OABは OA = OB の二等辺三角形だから，

　　$\angle x = 180° - 46° \times 2 = 88°$

　　$\angle y = 88° \times \dfrac{1}{2} = 44°$

(6) $\overset{\frown}{BC}$に対する円周角は等しいから，

　　$\angle x = \angle CDB = 22°$

　　ABは直径だから，$\angle ACB = 90°$

　　△ABCで，$\angle y = 180° - (90° + 22°) = 68°$

ポイント

$\angle ACB$
$= \dfrac{1}{2} \angle AOB$

$\angle ACB$
$= \angle ADB$

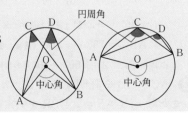
円周角　中心角　中心角

❷ (1) $\angle BCD = 90°$ …BDは直径(半円の弧に対する円周角)

　　△DBCで $\angle BDC = 180° - (90° + 35°) = 55°$

　　$\angle x = 55°$ …$\overset{\frown}{BC}$の円周角

(2) $\angle BAC = 90°$ …BCは直径

　　$\angle BAD = 118° - 90° = 28°$ …$\angle DAC - \angle BAC$

　　$\angle x = 28°$ …$= \angle BAD$ ($\overset{\frown}{BD}$の円周角)

(3) $\angle CAD = \angle CBD$ だから，4点A，B，C，D
　　は，1つの円周上にある。

　　$\angle x = 35°$ …$= \angle ABD$ ($\overset{\frown}{AD}$の円周角)

(4) CとDを結ぶ。

　　$\angle ECD = 15°$ …$= \angle EAD$ ($\overset{\frown}{DE}$の円周角)

　　$\angle BCD = 90°$ …BDは直径

　　$\angle x = 90° - 15° = 75°$ …$\angle BCD - \angle ECD$

(5) $\angle BOC = 45° \times 2 = 90°$ …円周角と中心角

　　$\angle x + 45° = 90° + 10°$ …三角形の外角

　　　$\angle x = 55°$

(6) $\angle ACB = \angle DBC = 25°$ …$\overset{\frown}{AB} = \overset{\frown}{CD}$

　　$\angle BAC = \angle BDC = 40°$ …$\overset{\frown}{BC}$の円周角

　　△ABCで，

　　$\angle x = 180° - (40° + 25° \times 2) = 90°$

❸ (1) $\angle BOD = 360° \div 5 \times 2 = 144°$

　　$\angle BED = \angle BOD \times \dfrac{1}{2} = 144° \times \dfrac{1}{2} = 72°$

(2) $\overset{\frown}{BC} = \overset{\frown}{EA}$ で，これらの弧に対する円周角は，

　　$\angle BED \times \dfrac{1}{2} = 36°$

　　AとBを結び，△ABPで考えると，

　　$\angle BPC = \angle EBA + \angle BAC = 36° + 36° = 72°$

❹ ⑦　$\angle ABD = 65° - 35° = 30°$，$\angle ACD = 40°$ と
　　等しくないので，4点A，B，C，Dは1つの
　　円周上にはない。

④　条件から，ABは共通，$\angle ABC = \angle BAD$，
　　BC = AD だから，△ABC ≡ △BAD
　　したがって，$\angle ACB = \angle ADB$ だから，4点A，
　　B，C，Dは1つの円周上にある。

❺ まず，条件から同じ大きさの角の組を見つけて，
　印をつけて考える。

　△ACDと△BCEで，

　　AC = BC，CD = CE …正三角形の辺の長さ

　　$\angle ACD = \angle BCE$ …$= 120°$

　したがって，△ACD ≡ △BCE

　$\rightarrow \begin{cases} \angle DAC = \angle EBC \rightarrow 4点A，B，C，F \\ \angle CDA = \angle CEB \rightarrow 4点C，D，E，F \end{cases}$

6
章

① (1) EB = EC から，∠EBC = ∠ECB = 37°
$\overset{\frown}{AB}$ に対する円周角は等しいから，
∠ADB = 37°
AB = AD から，∠ABD = ∠ADB = 37°
△ABC で，∠x = 180° − 37° × 3 = 69°

(2) AB は直径だから，∠ACB = 90°
よって，∠DCB = 90° − 58° = 32°
円周角の定理から，∠DOB = 32° × 2 = 64°
∠x = 180° − (90° + 64°) = 26°

(3) 円の中心を O とすると，
∠COD = 360° × $\dfrac{1}{5}$ = 72°
円周角の定理から，
∠x = 72° × $\dfrac{1}{2}$ = 36°

(4) △OBC で，
∠BOC = 180° − 46° × 2 = 88°
円周角の定理から，
∠BAC = 88° × $\dfrac{1}{2}$ = 44°
AB = AC だから，
∠ACB = (180° − 44°) × $\dfrac{1}{2}$ = 68°
△DBC で，∠x = 180° − (68° + 46°) = 66°

② ∠AEB = ∠ADB = 90° で，辺 AB に対して同じ側にある 2 つの角が等しい。
また，∠CEF = ∠CDF = 90° で，点 D，E は線分 CF を直径とする円の周上にある。

---

p.88〜89 ステージ**1**

① (1) ⑦ EDC　　④ DEC　　⑦ 2 組の角
(2) △BDP　　　(3) $\dfrac{20}{3}$ cm

②
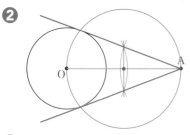

③ $x = 10$，$y = 50$

━━━━━ 解 説 ━━━━━

① (2) △ACP と △BDP で，∠P は共通，$\overset{\frown}{CD}$ に対する円周角は等しいから，∠PAC = ∠PBD

---

(3) (2)より，△ACP ∽ △BDP
よって，AC : BD = AP : BP
つまり，5 : 6 = AP : 8

② ① OA の中点を求め，点 P とする。
② 点 P を中心とする，半径 OP の円 P をかき円 O と円 P の 2 つの交点を B，C とする。
③ 2 つの接線，AB，AC をひく。
ミス注意! 接線が 2 本あることを忘れない。

③ 円外の 1 点からその円にひいた 2 つの接線の長さは等しいから，PA = PB
したがって，$x = 10$
また，円周角の定理から，
∠AOB = 65° × 2 = 130°
四角形 AOBP で，∠OAP = ∠OBP = 90°
だから，$y = 360 − (90 × 2 + 130) = 50$

---

p.90〜91 ステージ**1**

① (1) ∠x = 30°　　　(2) ∠x = 35°
(3) ∠x = 150°

② 円の接線と弦のつくる角から，
　　∠ACR = ∠ARQ　……①
　　∠BDR = ∠PRB　……②
対頂角は等しいから，∠ARQ = ∠PRB　…③
①，②，③より，∠ACR = ∠BDR
錯角が等しいから，AC // DB

③ (1) ∠x = 100°，∠y = 80°
(2) ∠x = 105°，∠y = 45°
(3) ∠x = 75°，∠y = 55°

④ (1) $x = \dfrac{20}{3}$　　　(2) $x = \dfrac{82}{9}$
(3) $x = \dfrac{59}{5}$（11.8）

━━━━━ 解 説 ━━━━━

① (1) ∠BAC = 90° …BC は直径
∠ACB = 30° …△ABC で，180° − (90° + 60°)
∠x = 30° …= ∠ACB（接線と弦のつくる角）

(2) ∠ABC = 70° × $\dfrac{1}{2}$ = 35° …円周角の定理
∠x = 35° …= ∠ABC（接線と弦のつくる角）

(3) ∠ABC = 75° …= ∠CAP（接線と弦のつくる角）
∠x = 75° × 2 = 150° …円周角の定理

② AC // DB を証明するには，∠ACR = ∠BDR，または，∠CAR = ∠DBR をいえばよい。

❸ (1) 円周角の定理より，

$\angle x = 200° \times \dfrac{1}{2} = 100°$

円に内接する四角形の対角の和は 180° だから，

$\angle y = 180° - 100° = 80°$

(2) 四角形 ABCD は円に内接しているので，

$\angle x = 180° - 75° = 105°$

△EBC で，$\angle y = 180° - (30° + 105°) = 45°$

(3) △ACD で，

$\angle ADC = 180° - (35° + 40°) = 105°$

四角形 ABCD は円に内接しているので，

$\angle x = 180° - 105° = 75°$

$\angle y + 35° = 90°$

$\qquad \angle y = 55°$

❹ (1) $4 \times 5 = 3 \times x$

(2) $18 \times (18 - x) = (12 + 8) \times 8$

(3) $(x + 3.2) \times 3.2 = (8 + 4) \times 4$

---

p.92〜93 ステージ2

❶ (1) $\angle x = 66°$，$\angle y = 42°$

(2) $\angle x = 65°$，$\angle y = 25°$

(3) $\angle x = 95°$，$\angle y = 170°$

❷ (1) △ABD と △HCD で, 半円の弧に対する円周角だから，$\angle BAD = 90°$

仮定から，$\qquad \angle CHD = 90°$

したがって，

$\qquad \angle BAD = \angle CHD$ ……①

$\overgroup{AD}$ に対する円周角は等しいから，

$\qquad \angle ABD = \angle HCD$ ……②

①，②より，2 組の角がそれぞれ等しいから，△ABD ∽ △HCD

(2) $\dfrac{216}{7}$ cm

❸ (1) 2 cm

(2) $(x + y - 4)$ cm

❹ AB ∥ PQ から，錯角は等しいので，

$\qquad \angle ABC = \angle BCQ$ ……①

円の接線と弦のつくる角から，

$\qquad \angle BCQ = \angle BAC$ ……②

①，②より，$\angle ABC = \angle BAC$

よって，2 つの角が等しいから，△ABC は，CA = CB の二等辺三角形である。

---

❺ △EBC と △FDC で，

仮定から，$\angle BEC = \angle DFC$ ……①

四角形 ABCD は円に内接しているから，

$\qquad \angle EBC = \angle FDC$ ……②

①，②より，2 組の角がそれぞれ等しいから，

$\qquad$ △EBC ∽ △FDC

❻ 円の中心から弦へひいた垂線は，その弦を二等分するから，AH = BH ……①

また，$CH \times DH = AH \times BH$ ……②

①，②より，$CH \times DH = AH^2$

‥‥‥‥

① △AOQ と △COR において

OA と OC は円 O の半径だから

$\qquad OA = OC$ ……①

対頂角は等しいから

$\qquad \angle AOQ = \angle COR$ ……②

$\overgroup{DP} = \overgroup{PB}$ より，$\overgroup{BP}$ と $\overgroup{DP}$ に対する円周角は等しいから，

$\qquad \angle BAP = \angle DCP$

つまり，$\angle OAQ = \angle OCR$ ……③

①，②，③から，

1 組の辺とその両端の角が，それぞれ等しいので

$\qquad$ △AOQ ≡ △COR

② △DAC と △GEC で，$\overgroup{DC}$ に対する円周角は等しいから，

$\qquad \angle DAC = \angle GEC$ ……①

仮定より，$\angle GFC = 90°$ ……②

直径に対する円周角より，

$\qquad \angle BAC = 90°$ ……③

②，③より，同位角が等しいから，

$\qquad AB \parallel FG$ ……④

④より平行線の錯角は等しいから，

$\qquad \angle ABD = \angle EDB$ ……⑤

$\overgroup{AD}$ に対する円周角は等しいから，

$\qquad \angle ABD = \angle ACD$ ……⑥

$\overgroup{BE}$ に対する円周角は等しいから，

$\qquad \angle EDB = \angle ECG$ ……⑦

⑤，⑥，⑦より，$\angle ACD = \angle ECG$ ……⑧

①，⑧より，2 組の角がそれぞれ等しいから，

$\qquad$ △DAC ∽ △GEC

━━━━━━ 解説 ━━━━━━

❶ (1) PA＝PB だから，

∠x＝$(180°-48°)÷2＝66°$

∠PBO＝90° だから，

△PBC で，

∠y＝$180°-(90°+48°)＝42°$

(2) ∠BAP は接線と弦のつくる角だから，

∠x＝∠BAP＝$65°$

BC は直径だから，∠BAC＝90°

△ABC で，∠y＝$180°-(90°+65°)＝25°$

(3) 四角形 ABCD は円に内接しているから，

∠x＝$95°$

円周角の定理より，∠y＝$2∠$BAD

＝$2×(180°-95°)＝170°$

❸ (1) ∠APO＝∠ARO＝∠PAR＝90°，

OP＝OR だから，四角形 APOR は正方形である。よって，AP＝2 cm

(2) AP＝AR＝2 cm だから，

BQ＝BP＝$(x-2)$ cm，

CQ＝CR＝$(y-2)$ cm

したがって，BC＝BQ＋CQ

＝$(x-2)+(y-2)＝x+y-4$ (cm)

❹ 接線と弦のつくる角の性質を利用する。

ポイント

接線と弦のつくる角
の性質

∠a＝∠b

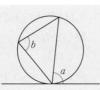

❻ 弦の長さの性質から，CH×DH＝AH×BH であることを利用する。

ポイント

弦の長さの性質

 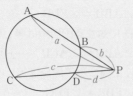

$a×b＝c×d$ $(a:d＝c:b)$

① OA＝OC だから，その両端の角がそれぞれ等しくならないかと考える。

② ∠GFC＝∠BAC＝90° だから，AB∥FG 平行線の錯角が等しいことを利用する。

━━━━━━━━━━━━━━━━━━

p.94～95 **ステージ❸**

❶ (1) ∠x＝$20°$，∠y＝$70°$

(2) ∠x＝$70°$，∠y＝$20°$

(3) ∠x＝$120°$，∠y＝$30°$

(4) ∠x＝$35°$，∠y＝$30°$

(5) ∠x＝$50°$，∠y＝$110°$

(6) ∠x＝$70°$，∠y＝$25°$

❷ (1) ∠x＝$20°$ (2) ∠x＝$65°$

(3) ∠x＝$65°$ (4) ∠x＝$62°$

❸ AB＝AC だから，

∠ACB＝∠ABC ……①

$\overparen{AC}$ に対する円周角は等しいから，

∠ADC＝∠ABC ……②

$\overparen{AB}$ に対する円周角は等しいから，

∠ADB＝∠ACB ……③

AE∥CD だから，

∠EAD＝∠ADC（錯角）……④

①，②，③，④より，

∠EAD＝∠ADB

すなわち，∠EAD＝∠EDA

したがって，△AED は 2 つの角が等しいから，二等辺三角形である。

❹ ∠ADE＝$56°$，∠DAE＝$68°$

❺ C と D を結ぶ。

△ABF と △AEC で，

BC∥DE から，

∠BCD＝∠CDE ……①

$\overparen{BD}$ に対する円周角は等しいから，

∠BCD＝∠FAB ……②

$\overparen{CE}$ に対する円周角は等しいから，

∠CDE＝∠CAE ……③

①，②，③より，

∠FAB＝∠CAE ……④

また，$\overparen{AC}$ に対する円周角は等しいから，

∠ABF＝∠AEC ……⑤

④，⑤より，2 組の角がそれぞれ等しいから，

△ABF∽△AEC

❻

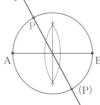

7 △ABC は AB＝AC の二等辺三角形だから，

$$\angle ABD = \angle ACD$$

折り返した角だから，

$$\angle AB'D = \angle ABD$$

したがって，∠ACD＝∠AB′D

点 B′，C は直線 AD について同じ側にあるから，4 点 A，D，B′，C は 1 つの円周上にある。

━━━━━━◆ **解 説** ◆━━━━━━

1 (2)　∠BOC＝360°－220°＝140°

$$\angle x = 140° \times \frac{1}{2} = 70°$$

$$\angle y = (180°-140°) \times \frac{1}{2}$$

(3)　∠x＝60°×2＝120°

$$\triangle OBC で，\angle y = (180°-120°) \times \frac{1}{2} = 30°$$

(4)　AD は直径だから，∠ABD＝∠ACD＝90°

∠x＝∠CBD＝90°－55°＝35°

∠y＝∠BCD＝90°－60°＝30°

(5)　BC は直径だから，∠BAC＝90°

∠ACB＝∠ADB＝40° だから，

△ABC で，

∠x＝180°－(90°＋40°)＝50°

∠BOD＝∠BAD×2＝35°×2＝70°

したがって，∠y＝180°－70°＝110°

(6)　∠DAC＝∠DBC＝34° だから，

4 点 A，B，C，D は 1 つの円周上にある。

よって，∠x＝70°，∠y＝25°

2 (1)　A と O を結ぶ。

∠OAC＝∠OCA＝∠x

∠OAB＝∠OBA＝35°

円周角の定理から，

$$\angle BAC = \frac{1}{2} \angle BOC$$

$$\angle x + 35° = \frac{1}{2} \times 110°$$

∠x＝55°－35°＝20°

(2)　A と E を結ぶ。

∠BAE＝∠BDE＝20°

∠EAC＝∠EFC＝45° だから，

∠x＝20°＋45°＝65°

(3)　∠AOB＝2∠ACB＝70°

2 つの三角形の外角は等しいから，

∠x＋35°＝30°＋70°

∠x＝65°

(4)　A と O，B と O をそれぞれ結ぶ。円周角の定理から，

∠AOB＝2∠ACB＝118°

PA，PB は円 O の接線だから，

∠PAO＝∠PBO＝90°

よって，四角形 PAOB で，

∠x＝360°－(118°＋90°×2)＝62°

別解　A と B を結ぶ。

∠PAB は接線と弦のつくる角だから，

∠PAB＝∠ACB＝59°

△PAB で，PA＝PB だから，

∠x＝180°－59°×2＝62°

3 二等辺三角形であることを証明するには，2 辺が等しいこと，または 2 角が等しいことをいえばよい。ここでは，∠EAD＝∠EDA を導く。

4 ⌢AN＝⌢CN から，等しい弧に対する円周角は等しいので，

∠AMN＝∠NAC＝20°

よって，∠ADE＝∠AMN＋∠MAB＝56°

⌢AM＝⌢BM から，

∠MNA＝∠MAB＝36°

よって，∠AED＝∠NAC＋∠MNA＝56°

したがって，∠DAE＝180°－(56°＋56°)＝68°

5 ∠FAB と ∠CAE が等しいことを，どう導くかがポイント。平行線の性質を利用するために，C，D を結んで考えると，⌢BD の円周角と ⌢CE の円周角が等しいことがわかる。

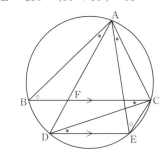

6 ∠APB＝90° だから，P は線分 AB を直径とする円の周上の点である。

線分 AB をひき，線分 AB の垂直二等分線を作図して，線分 AB との交点を M とする。M を中心として半径 MA の円をかき，直線 ℓ との交点の 1 つを P とすればよい。

7 △ABC は AB＝AC の二等辺三角形だから，2 つの底角は等しいことを利用する。

7章 三平方の定理

① (1) $x=15$　(2) $x=10$　(3) $x=\sqrt{39}$

② 20 m

③ ⑦, ⑦, ㊁

④ (1) $AB=\sqrt{10}$ cm, $BC=2\sqrt{10}$ cm,
$CA=5\sqrt{2}$ cm
(2) $AB^2=10$, $BC^2=40$, $CA^2=50$ で,
$AB^2+BC^2=CA^2$ が成り立つので,
△ABC は直角三角形といえる。

── 解説 ──

① 直角三角形では, 最も長い辺が斜辺である。
(1) $x^2=9^2+12^2=81+144=225$
$x=\pm\sqrt{225}=\pm15$　$x>0$ だから, $x=15$
(2) $x^2=26^2-24^2$
$x^2=100$
$x=\pm10$　$x>0$ だから, $x=10$
(3) $x^2=8^2-5^2=39$
$x=\pm\sqrt{39}$　$x>0$ だから, $x=\sqrt{39}$

② $BC^2=28^2+45^2=2809$
$BC>0$ だから, $BC=53$ m
また, $BA+AC=28+45=73$ (m)
したがって, $73-53=20$ (m)

③ それぞれ次のようになる。
⑦ $5^2+6^2=61$, $7^2=49$
⑦ $12^2+5^2=169$, $13^2=169$
⑦ $(\sqrt{3})^2+(\sqrt{11})^2=14$, $(\sqrt{14})^2=14$
㊁ $4\sqrt{3}<8$ だから,
$4^2+(4\sqrt{3})^2=64$, $8^2=64$

④ (1) 方眼の目もりを読んで,
$AB^2=1^2+3^2=10$
$AB>0$ だから, $AB=\sqrt{10}$ cm
$BC^2=2^2+6^2=40$
$BC>0$ だから, $BC=2\sqrt{10}$ cm
$CA^2=5^2+5^2=50$
$CA>0$ だから, $CA=5\sqrt{2}$ cm

① ⑦ $a+b$　　⑦ $a+b$
⑦ $\dfrac{1}{2}ab$　　㊁ $2ab$
㋭ a^2+b^2

② (1) $x=2\sqrt{34}$　　(2) $x=2\sqrt{30}$
(3) $x=4\sqrt{5}$, $y=4\sqrt{14}$
(4) $x=12$, $y=13$
(5) $x=28$　　(6) $x=2\sqrt{13}$

③ $a=3$

④ ⑦, ⑦

⑤ (1) 直角三角形といえる。
(2) 直角三角形といえない。

⑥ $2\sqrt{41}$ cm, 6 cm　　**⑦** $\dfrac{9}{4}$ cm

• • • • • •

① 50 m

② 7 cm

── 解説 ──

② (1) $x^2=6^2+10^2=136$
$x>0$ だから, $x=2\sqrt{34}$
(2) $x^2=13^2-7^2=120$
$x>0$ だから, $x=2\sqrt{30}$
(3) △ABD で,
$x^2=12^2-8^2=80$
$x>0$ だから, $x=4\sqrt{5}$
また, △ABC で,
$y^2=(4\sqrt{5})^2+(8+4)^2=224$
$y>0$ だから, $y=4\sqrt{14}$
(4) △ABD で,
$x^2=15^2-9^2=144$
$x>0$ だから, $x=12$
△ADC で,
$y^2=12^2+5^2=169$
$y>0$ だから, $y=13$
(5) △ABD で,
$BD^2=25^2-15^2=400$
$BD>0$ だから, $BD=20$ cm
また, △ADC で,
$DC^2=17^2-15^2=64$
$DC>0$ だから, $DC=8$ cm
したがって, $x=20+8=28$
(6) 右の図のように考える。
△ABH で,
$4^2+(9-3)^2=x^2$
$x^2=52$
$x>0$ だから,
$x=2\sqrt{13}$

❸ $(a+2)$ cm の辺が最も長いので斜辺だから，
　三平方の定理から，　$a^2+(a+1)^2=(a+2)^2$
　　$2a^2+2a+1=a^2+4a+4$
　　　$a^2-2a-3=0$
　　$(a+1)(a-3)=0$
　a は自然数だから，$a=3$

❹ ⑦　$3^2+5^2=34$, $6^2=36$
　⑦　$16^2+30^2=1156$, $34^2=1156$
　⑦　$(\sqrt{7})^2+2^2=11$, $(\sqrt{11})^2=11$
　⑦　$9>4\sqrt{2}$ だから，
　　　$6^2+(4\sqrt{2})^2=68$, $9^2=81$

❺ (1)　$AC^2=35^2-28^2=441$
　　　$AB^2=20^2=400$, $BC^2=29^2=841$
　　　$AB^2+AC^2=841=BC^2$
　(2)　$BC^2=25^2-7^2=576$
　　　$AB^2=15^2=225$, $AC^2=19^2=361$
　　　$AB^2+AC^2=586$

❻ 残りの辺が斜辺の場合，残りの辺は，
　$8^2+10^2=164$, $\sqrt{164}=2\sqrt{41}$（cm）
　10 cm の辺が斜辺の場合，残りの辺は，
　$10^2-8^2=36$, $\sqrt{36}=6$（cm）

❼ $FC=x$ cm とすると，$DF=AF=6-x$（cm）
　$DC=\dfrac{1}{2}BC=3$ cm だから，△CDF で三平方の
　定理より，$x^2+3^2=(6-x)^2$
　　　　　　$12x=27$　　　$x=\dfrac{9}{4}$

① A，C 間の距離とは，A，C を結ぶ線分の長さ
　である。したがって，△ACD に対して三平方の
　定理を適用すればよい。
　　$AC^2=30^2+40^2=2500$
　　$AC>0$ だから，$AC=50$ m

ポイント

代表的な直角三角形の 3 辺の比
3 辺の比が次のような三角形は，直角三角形である。
　$(1, 1, \sqrt{2})$, $(1, \sqrt{3}, 2)$,
　$(3, 4, 5)$, $(5, 12, 13)$
　$(8, 15, 17)$, $(7, 24, 25)$　……
※この中で，$(3, 4, 5)$ のような 3 つの自然数の組
　をピタゴラス数といい，よく使われる。

② △CDF で，$FC=12$ cm, $CD=13$ cm, $\angle F=90°$
　だから，$FD^2=13^2-12^2=25 \rightarrow FD=5$ cm
　$ED=EF-FD=12-5=7$（cm）

---

p.100～101 **ステージ1**

❶ (1)　$4\sqrt{2}$ cm
　(2)　$\sqrt{29}$ cm

❷ (1)　高さ…$6\sqrt{3}$ cm，面積…$36\sqrt{3}$ cm²
　(2)　高さ…$4\sqrt{2}$ cm，面積…$28\sqrt{2}$ cm²

❸ 8 cm

❹ 8 cm

❺ (1)　$\sqrt{34}$
　(2)　$\sqrt{58}$

━━━━━━━━━ **解　説** ━━━

❶ 対角線を斜辺とする直角三角形で三平方の定理
　を利用する。
　(1)　対角線の長さを x cm とすると，
　　　$x^2=4^2+4^2=32$
　　　$x>0$ だから，$x=4\sqrt{2}$
　　別解 直角二等辺三角形の斜辺だから，
　　　　$x=4\times\sqrt{2}=4\sqrt{2}$
　(2)　対角線の長さを x cm とすると，
　　　$x^2=5^2+2^2=29$

❷ $BH=CH$ となることから，直角三角形 ABH
　で高さを求める。
　(1)　$AH^2=12^2-6^2=108$
　　　$AH>0$ だから，$AH=6\sqrt{3}$ cm
　　別解 △ABH は，30° と 60° の角をもつ直角
　　　　三角形だから，
　　　　$BH:AH=1:\sqrt{3}$
　　　　$BH=6$ cm より，$AH=6\sqrt{3}$ cm

❸ 点 O から弦 AB に垂線 OH をひくと，
　$AH=15$ cm
　直角三角形 OAH で，$OH^2=17^2-15^2=64$

❹ $\angle APO=90°$, $OP=6$ cm だから，
　$AP^2=10^2-6^2=64$

❺ (1)　$AB^2=\{2-(-3)\}^2+\{2-(-1)\}^2=34$
　(2)　$AB^2=\{4-(-3)\}^2+\{1-(-2)\}^2=58$

---

p.102～103 **ステージ1**

❶ (1)　$5\sqrt{3}$ cm　　　(2)　$10\sqrt{2}$ cm
　(3)　$\sqrt{2a^2+b^2}$ cm

❷ (1)　体積…$12\sqrt{46}$ cm³
　　　表面積…$(12\sqrt{55}+36)$ cm²
　(2)　高さ…$4\sqrt{3}$ cm　　体積…$\dfrac{64\sqrt{3}}{3}\pi$ cm³

❸ およそ 159.7 km

━━━━●**解 説**●━━━━

❶ 右の図で考える。

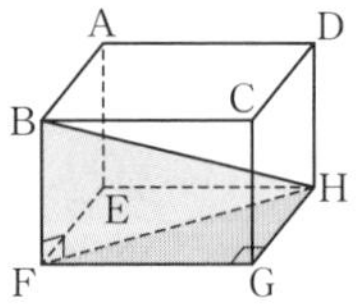

(1) GH = FG = BF = 5 cm
だから，△FGH で，
$FH^2 = 5^2 + 5^2 = 50$
△BFH で，$BH^2 = 5^2 + 50 = 75$

(2) GH = 8 cm, FG = 6 cm, BF = 10 cm だから，
$FH^2 = 8^2 + 6^2 = 100$
$BH^2 = 10^2 + 100 = 200$

(3) GH = a cm, FG = a cm, BF = b cm だから，
$FH^2 = a^2 + a^2 = 2a^2$
$BH^2 = b^2 + 2a^2$

❷ (1) 体積は，$\dfrac{1}{3} \times 6^2 \times \sqrt{46} = 12\sqrt{46}$ （cm³）

また，△OAB の頂点 O から AB に垂線 OM を
ひくと，△OAM で，
$OM^2 = 8^2 - 3^2 = 55$
OM > 0 だから，OM = $\sqrt{55}$ cm
したがって，表面積は，
$\left(\dfrac{1}{2} \times 6 \times \sqrt{55}\right) \times 4 + 6^2 = 12\sqrt{55} + 36$ （cm²）

(2) 頂点 O と底面の中心 H を結ぶと，OH と底
面は垂直に交わるから，$OH^2 = 8^2 - 4^2 = 48$
OH > 0 だから，OH = $4\sqrt{3}$ cm
体積は，$\dfrac{1}{3} \times (4^2 \times \pi) \times 4\sqrt{3} = \dfrac{64\sqrt{3}}{3}\pi$ （cm³）

❸ $y = \sqrt{x^2 + 2xr}$ に $x = 2$, $r = 6378$ を代入して，
$y = \sqrt{2^2 + 2 \times 2 \times 6378}$
$ = \sqrt{25516}$ ⎫ 電卓の $\boxed{\sqrt{}}$ キー
$ = 159.73\cdots$ ⎭
したがって，およそ 159.7 km

---

p.104〜105 ステージ**2**

❶ (1) $\sqrt{85}$ cm

(2) AH = $3\sqrt{7}$ cm
面積…$27\sqrt{7}$ cm²

❷ (1) $x = 4\sqrt{3}$, $y = 4 + 4\sqrt{3}$

(2) $x = 2$, $y = 4\sqrt{3}$

(3) $x = 4\sqrt{2}$, $y = \dfrac{4\sqrt{6}}{3}$

❸ 4 cm

❹ 7 cm

❺ $4\sqrt{10}$ cm

❻ (1) OA = $\sqrt{10}$, OB = $2\sqrt{10}$, AB = $5\sqrt{2}$
∠AOB = 90° の直角三角形

(2) 10

❼ 12 cm

❽ 高さ…15 cm, 体積…320π cm³

❾ (1) 仮定から，AM = EM = GN = CN = 4 cm
△AMD で，
∠MAD = 90°, AD = 8 cm, AM = 4 cm
△EMF で，
∠MEF = 90°, EF = 8 cm, EM = 4 cm
△GNF で，
∠NGF = 90°, GF = 8 cm, GN = 4 cm
△CND で，
∠NCD = 90°, CD = 8 cm, CN = 4 cm
よって，2 組の辺とその間の角がそれぞ
れ等しいから，△AMD, △EMF, △GNF,
△CND はすべて合同であり，
MD = MF = NF = ND が成り立つ。
4 つの辺がすべて等しいから，四角形
DMFN はひし形である。

(2) $32\sqrt{6}$ cm²

● ● ● ● ● ●

① (1) $3\sqrt{3}$ cm　　　(2) $24\sqrt{3}$ cm²

② (1) $2\sqrt{11}$ cm　　　(2) $\dfrac{8\sqrt{2}}{3}$ cm

(3) $\dfrac{32}{9}$ cm³

━━━━●**解 説**●━━━━

① (1) 対角線の長さを x cm とすると，
$x^2 = 6^2 + 7^2 = 85$

(2) $AH^2 = 12^2 - 9^2 = 63$
AH > 0 だから，AH = $3\sqrt{7}$ cm
$\triangle ABC = \dfrac{1}{2} \times 18 \times 3\sqrt{7} = 27\sqrt{7}$ （cm²）

② 特別な直角三角形の辺の長さの割合を利用する。

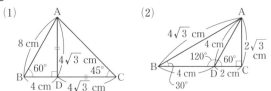

(3) $x : 8 = 1 : \sqrt{2}$
EF ∥ AB だから，∠CEF = 60°
よって，$4\sqrt{2} : y = \sqrt{3} : 1$

3 中心 O から AB に垂線 OH をひくと，

$AH = 2\sqrt{5}$ cm

$OH^2 = 6^2 - (2\sqrt{5})^2 = 16$

4 ∠OPA $= 90°$ だから，$OP^2 = 25^2 - 24^2 = 49$

5 O から O′B へ垂線 OC をひくと，AB $=$ OC

△OCO′ で，

$OC^2 = (5+8)^2 - (8-5)^2$

$\quad = 13^2 - 3^2$

$\quad = 160$

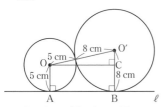

6 (1) $OA^2 = (3-0)^2 + (1-0)^2 = 10$

$OB^2 = \{0-(-2)\}^2 + (6-0)^2 = 40$

$AB^2 = \{3-(-2)\}^2 + (6-1)^2 = 50$

$OA^2 + OB^2 = AB^2$ より，∠AOB $= 90°$

7 底面の長方形の対角線を x cm，直方体の高さ
を h cm とすると，

$x^2 = 3^2 + 4^2 = 25$

$h^2 + x^2 = 13^2$ だから，

$h^2 + 25 = 169$

$\quad h^2 = 144$

$h > 0$ だから，$h = 12$

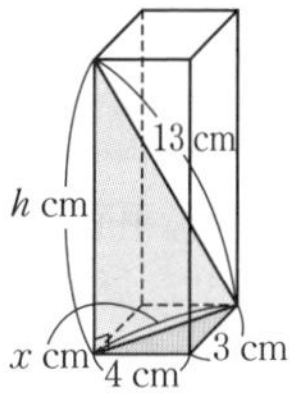

8 右の図の △OAH で，

$OH^2 = 17^2 - 8^2 = 225$

$OH > 0$ だから，$OH = 15$ cm

高さが 15 cm だから，

体積は，

$\dfrac{1}{3} \times (8^2 \times \pi) \times 15$

$= 320\pi$ （cm³）

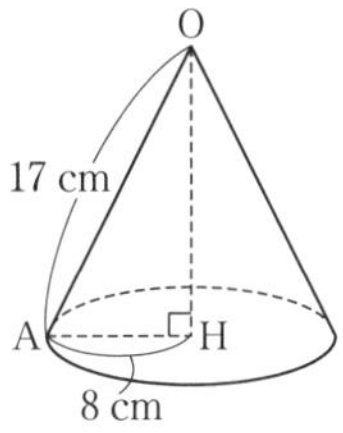

9 (1) ひし形であることを証明するには，4 辺が
等しいことをいえばよい。

(2) $MN = AC = 8\sqrt{2}$ cm，$FD = 8\sqrt{3}$ cm

求める面積は，$\dfrac{1}{2} \times MN \times FD = 32\sqrt{6}$ （cm²）

① (1) △ABH は，∠B $= 60°$ の直角三角形だから，

$AB : AH = 2 : \sqrt{3}$

$6 : AH = 2 : \sqrt{3}$

$\quad AH = 3\sqrt{3}$ cm

(2) $8 \times 3\sqrt{3} = 24\sqrt{3}$ （cm²）

② (1) 右の図は，△OEG を
取り出したものである。
EG は 1 辺 4 cm の正方形
の対角線だから，

$EG = 4 \times \sqrt{2} = 4\sqrt{2}$ （cm）

右の図の直角三角形 OEJ
で，

$EJ = 4\sqrt{2} \div 2 = 2\sqrt{2}$ （cm），

$OJ = 4 + 2 = 6$ （cm）だから，

$OE^2 = (2\sqrt{2})^2 + 6^2 = 44$

$OE > 0$ だから，$OE = 2\sqrt{11}$ cm

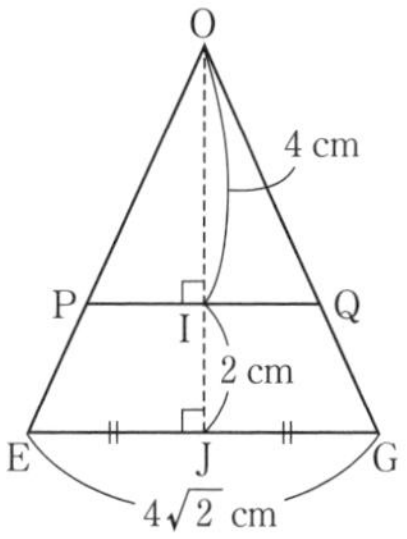

(2) PQ ∥ EG だから，(1)の図で，

$OP : OE = OI : OJ$

$\quad = 4 : (4+2)$

$\quad = 2 : 3$

PQ : EG $= 2 : 3$ だから，

$PQ : 4\sqrt{2} = 2 : 3$

$\quad PQ = \dfrac{8\sqrt{2}}{3}$ cm

(3) △BPQ を底面と考える。

△BPQ の底辺を PQ としたときの高さは，
(1)の EJ と等しく，$2\sqrt{2}$ cm だから，

三角錐 BFPQ の体積は，

$\dfrac{1}{3} \times \left(\dfrac{1}{2} \times \dfrac{8\sqrt{2}}{3} \times 2\sqrt{2}\right) \times 2$

$= \dfrac{32}{9}$ （cm³）

---

p.106〜107 ステージ**3**

① (1) $x = 7$ (2) $x = \sqrt{5}$ (3) $x = 5\sqrt{6}$

② ㋐，㋒

③ (1) $8\sqrt{2}$ cm (2) $4\sqrt{3}$ cm (3) 26 cm

④ 15 cm

⑤ (1) $AB = 3\sqrt{5}$，$BC = 3\sqrt{5}$，$CA = 3\sqrt{10}$

(2) $AB = BC$，∠B $= 90°$ の直角二等辺
三角形

(3) $\dfrac{45}{2}$

⑥ (1) $BG = 2\sqrt{17}$ cm，$GD = 2\sqrt{17}$ cm，

$DB = 8\sqrt{2}$ cm

(2) $BG = GD$ の二等辺三角形

(3) $24\sqrt{2}$ cm²

(4) $\dfrac{64}{3}$ cm³ (5) $\dfrac{4\sqrt{2}}{3}$ cm

7 (1) $3\sqrt{7}$ cm (2) $36\sqrt{7}$ cm³

(3) $\left(36+72\sqrt{2}\right)$ cm²

8 高さ…$8\sqrt{2}$ cm, 体積…$\dfrac{128\sqrt{2}}{3}\pi$ cm³

9 (1) ① $3\sqrt{10}$ cm ② $4\sqrt{5}$ cm

(2) 辺 CG を通るとき

═══◆◀ 解 説 ▶◆═══

1 (1) △ABD で,

AB² = 5² − 1² = 24

△ABC で, $x^2 = 24 + 5^2 = 49$

(2) △BCD で,

BD² = 5² + 4² = 41

△ABD で, $x^2 = 41 - 6^2 = 5$

(3) △ABC で,

AB : CA = 1 : $\sqrt{2}$ より,

AC = $10\sqrt{2}$ cm

△ACD で,

AC : DA = 2 : $\sqrt{3}$ より,

$x = 5\sqrt{6}$

2 3 辺の中で最も長い辺を斜辺として, 三平方の定理の逆が成り立つかどうかを調べる。

㋐ 13² = 169   5² + 12² = 169 → ○

㋑ $\left(2\sqrt{5}\right)^2 = 20$, 5² = 25 だから, $2\sqrt{5} < 5$

5² = 25, $\left(2\sqrt{5}\right)^2 + \left(2\sqrt{3}\right)^2 = 32$ → ×

㋒ 6² = 36 $5^2 + \left(\sqrt{11}\right)^2 = 36$ → ○

㋓ $\left(\sqrt{5}\right)^2 = 5$ $\left(\sqrt{3}\right)^2 + \left(\sqrt{4}\right)^2 = 7$ → ×

3 (1) $\overset{\frown}{\text{AD}}$ に対する円周角は等しいので,

∠ACD = 45°

AC は直径だから,

∠ADC = 90°

△ACD で,

AC = $\sqrt{2}$ CD = $8\sqrt{2}$ cm

(2) 点 A を通る直径と円の交点を D とすると,

△ABD で, ∠BAD = 30°, ∠ABD = 90°

AB : AD = $\sqrt{3}$: 2 だから,

AD = $4\sqrt{3}$ cm

(3) △OAH で, AH = 12 cm

OA² = 5² + 12² = 169

OA > 0 だから, OA = 13 cm

直径は, 13 × 2 = 26 (cm)

4 △OTP は ∠OTP = 90° の直角三角形だから,

PT² = OP² − OT² = 17² − 8² = 225

PT > 0 だから, PT = 15 cm

5 3 点 A, B, C を図で表すと, 右のようになる。

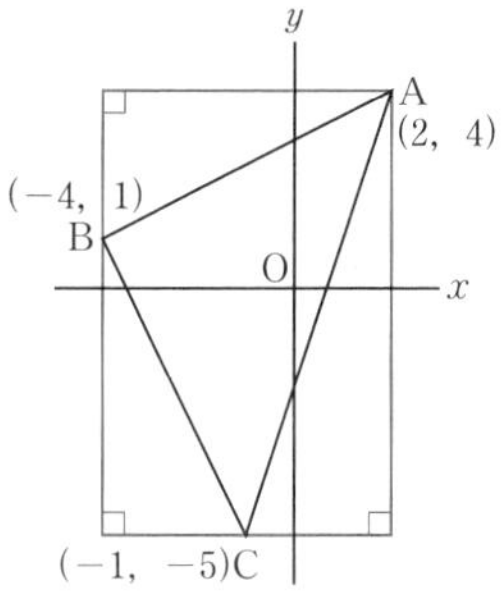

(1) AB, BC, CA をそれぞれ斜辺とする直角三角形を考える。

AB² = 6² + 3² = 45

AB > 0 だから,

AB = $3\sqrt{5}$

BC² = 3² + 6² = 45

BC > 0 だから,

BC = $3\sqrt{5}$

CA² = 3² + 9² = 90

CA > 0 だから,

CA = $3\sqrt{10}$

(2) (1)より, AB² + BC² = CA² だから,

∠B = 90°, また, AB = BC だから,

△ABC は直角二等辺三角形である。

(3) (2)より, △ABC = $\dfrac{1}{2}$ × AB × BC = $\dfrac{1}{2}$ × $\left(3\sqrt{5}\right)^2$

┌─ 得点アップの **コツ** ♪ ─ ─ ─ ─ ─
│ 座標平面上の図形
│ 必ず, 図をかいて考えよう。また, x 軸, y 軸に平行な補助線をひいてみると, ヒントになることが多い。
└ ─ ─ ─ ─ ─ ─ ─ ─ ─ ─ ─ ─ ─ ─

6 (1) 3 辺は, それぞれ直方体の面の対角線である。面 ABCD は 1 辺が 8 cm の正方形,

面 BFGC, CGHD は, ともに縦 2 cm, 横 8 cm の長方形。

(2) (1)より, BG = GD だから, △BGD は二等辺三角形である。

BG² + GD² が DB² と等しくならないので,

∠BGD = 90° ではない。

(3) △BGD で, GB = GD だから, G から辺 BD に垂線 GI をひくと, I は BD の中点である。

GI² = BG² − BI² = $\left(2\sqrt{17}\right)^2 - \left(4\sqrt{2}\right)^2 = 36$

GI = 6 cm

△BGD = $\dfrac{1}{2}$ × BD × GI = $24\sqrt{2}$ (cm²)

(4) △BCD を底面とすると, 高さは CG = 2 cm である。△BCD = 32 cm² だから,

(体積) = $\dfrac{1}{3}$ × 32 × 2 = $\dfrac{64}{3}$ (cm³)

(5) △BGD を底面としたときの高さを h cm と

すると，（体積）$= \dfrac{1}{3} \times \triangle BGD \times h$ （cm³）

(3)，(4)より，$\dfrac{1}{3} \times 24\sqrt{2} \times h = \dfrac{64}{3}$

$$h = \dfrac{4\sqrt{2}}{3}$$

7 (1) $AH = 6\sqrt{2} \div 2 = 3\sqrt{2}$ （cm）

$OH^2 = OA^2 - AH^2 = 81 - 18 = 63$

(2) $\dfrac{1}{3} \times (6 \times 6) \times 3\sqrt{7} = 36\sqrt{7}$ （cm³）

(3) △OAB で，辺 AB を底辺としたときの高さ
を OM とすると，

$OM^2 = OA^2 - AM^2 = 81 - 9 = 72$，

$OM > 0$ だから，$OM = 6\sqrt{2}$ cm

正四角錐の表面積は，

$(6 \times 6) + \left(\dfrac{1}{2} \times 6 \times 6\sqrt{2} \right) \times 4 = 36 + 72\sqrt{2}$ （cm²）

8 円錐の高さを h cm とすると，

$h^2 = 12^2 - 4^2 = 128$

$h > 0$ だから，$h = 8\sqrt{2}$

体積は，$\dfrac{1}{3} \times (4^2 \times \pi) \times 8\sqrt{2}$

$= \dfrac{128\sqrt{2}}{3} \pi$ （cm³）

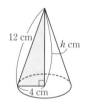

9 糸をかける面について，展開図をかいて考える。
展開図上で糸が直線になるとき，糸の長さは最も
短くなる。

(1) ① 右の図で，

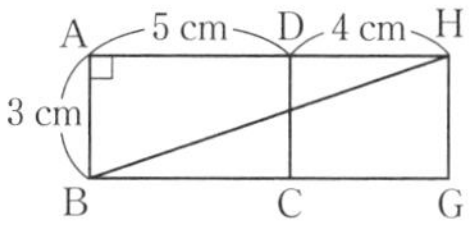

$BH^2 = 3^2 + (5+4)^2$

$= 90$

$BH > 0$ だから，

$BH = 3\sqrt{10}$ cm

② 右の図で，

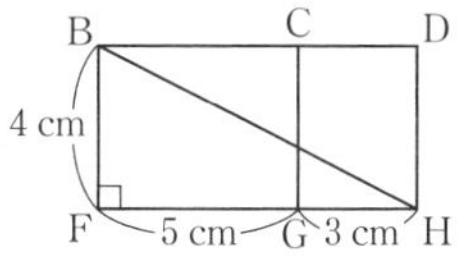

$BH^2 = 4^2 + (5+3)^2$

$= 80$

$BH > 0$ だから，

$BH = 4\sqrt{5}$ cm

(2) BH^2 の値で比べると，

$80 < 90$ だから，$4\sqrt{5} < 3\sqrt{10}$

8章 標本調査

p.108〜109 ステージ1

1 (1) ⑦…全数調査

　　⑦…標本調査

　　⑦…標本調査

　　⑦…全数調査

(2) ① 母集団…A市在住の中学生 12975 人

　　　標本…選び出された 300 人

② 300

2 (1) およそ 100 個

(2) およそ 150 匹

3 およそ 34000 語

━━━━━━ 解 説 ━━━━━━

1 (1) ⑦ 生徒全員の検査結果が必要なので，全数
調査。

⑦ 検査に使ったものは商品として販売できな
くなるので，標本調査。

⑦ 全国すべての人から回答を得ることはでき
ないし，およそのようすがわかれば十分なの
で，標本調査。

⑦ 国勢調査は，すべての国民に対して行われ
る調査だから，全数調査。

(2) ①「母集団」は，調査の対象となっているも
との集団で，「標本」は調査するために母集
団から取り出した一部分のことである。

② 標本として取り出したデータの個数なので，
300。

2 (1) 袋の中には，取り出した球と同じ割合で赤
球が入っていると推定することができる。

$300 \times \dfrac{10}{30} = 100$ → およそ 100 個

(2) 池にいる亀の数を x 匹とすると，

$x : 20 = 30 : 4$

$x = 150$ → およそ 150 匹

3 調べた 10 ページの見出しの単語の数を合計す
ると，243 語。$243 \div 10 = 24.3$ だから，1ページあ
たり，24.3 の単語があると推定できる。

$24.3 \times 1400 = 34020$ → およそ 34000 語

p.110〜111 ◆◆◆ ステージ**2**

❶ (1) 標本調査　　(2) 全数調査

　 (3) 全数調査　　(4) 標本調査

❷ ⑦

❸ (1)

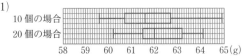

　 (2) 標本の大きさが大きいほうが，標本の平均値は母集団の平均値に近くなる。

❹ およそ 200 個

❺ およそ 480 個

❻ (1) およそ 14 : 11　　(2) およそ 400 個

● ● ● ● ● ●

① およそ 700 個

② 無作為に抽出した 120 個の空き缶にふくまれるアルミ缶の割合は $\dfrac{75}{120} = \dfrac{5}{8}$ である。

　したがって，回収した 4800 個の空き缶にふくまれるアルミ缶は，およそ $4800 \times \dfrac{5}{8} = 3000$

　答え　およそ 3000 個

◆◆◆◆ 解 説 ◆◆◆◆

❷ A 中学校の全校生徒 320 人に対し，無作為に抽出する方法を選ぶ。

❸ (1) 四分位数は小さい順に，

　　10 個の場合

　　　…60.7，61.6，62.7（g）

　　20 個の場合

　　　…61.5，62.0，63.2（g）

　　となる。

❹ 袋の中から無作為に抽出した玉の個数は 40 個で，その中にふくまれる赤玉の割合は，

　$\dfrac{16}{40} = \dfrac{2}{5}$

　したがって，袋の中全体の玉のうち，赤玉のおよその個数は，

　$500 \times \dfrac{2}{5} = 200$（個）

❺ 箱の中のペットボトルのキャップの個数を x 個とすると，

　$x : 30 = 80 : 5$

　　　$x = 480$

❻ (1) 白石の 10 回の合計は 168 個。

　　黒石の 10 回の合計は 132 個。

　　　$168 : 132 = 14 : 11$

　 (2) 袋の中の碁石の数を x 個とすると，

　　　$224 : x = 14 : (14 + 11) = 14 : 25$

　　　$14x = 224 \times 25$　　　$x = 400$

① はじめに箱の中に入っていた赤球の数を x 個とすると，$x : 100 = 35 : 5$

p.112 ◆◆◆ ステージ**3**

❶ (1) 全数調査　　(2) 標本調査

　 (3) 標本調査　　(4) 標本調査

❷ およそ 500 個

❸ (1) およそ 3200 個　　(2) およそ 6500 個

❹ およそ 380 個

❺ およそ 2 : 3

◆◆◆◆ 解 説 ◆◆◆◆

❷ 製品 30000 個の中に不良品が x 個あるとすると，$30000 : x = 120 : 2 = 60 : 1$

　　　　$x = 30000 \times 1 \div 60 = 500$

別解 標本から全体を推定するのに，比ではなく，割合から求めてもよい。

　不良品の割合は $\dfrac{2}{120} = \dfrac{1}{60}$ より，

　　$30000 \times \dfrac{1}{60} = 500$

❸ (1) 6000 個の中の 100 g 未満のみかんが x 個あるとすると，

　　　$6000 : x = 100 : 54$

　　　　$x = 6000 \times 54 \div 100 = 3240$

　 (2) みかんは全部で y 個とれたとすると，

　　　$y : 3515 = 100 : 54 = 50 : 27$

　　　　$y = 3515 \times 50 \div 27 = 6509.2 \cdots$

❹ 箱の中のピンポン玉の数を x 個とすると，

　　　$x : 30 = 50 : 4 = 25 : 2$

　　　　$x = 30 \times 25 \div 2 = 375$

別解 $x \times \dfrac{4}{50} = 30$ より，$x = 30 \times \dfrac{50}{4} = 375$

❺ 10 回で出た赤玉と白玉の個数は，

　赤玉…$8 + 11 + 7 + 8 + 10 + 6 + 9 + 7 + 6 + 8$

　$= 80$（個）

　白玉…$20 \times 10 - 80 = 120$（個）

　赤玉と白玉の個数の比は，およそ

　$80 : 120 = 2 : 3$

定期テスト対策 得点アップ！ 予想問題

p.114〜115 第**1**回

1 (1) $3x^2-15xy$　　(2) $\dfrac{x^2}{4}-2xy+5x$

　(3) $2ab+3b^2-1$　　(4) $-10x+5y$

2 (1) $2x^2+x-3$

　(2) $a^2+2ab-7a-8b+12$

　(3) $x^2-9x+14$　　(4) x^2+x-12

　(5) $y^2+y+\dfrac{1}{4}$　　(6) $9x^2-12xy+4y^2$

　(7) $25x^2-81$　　(8) $16x^2+8x-15$

　(9) $a^2+4ab+4b^2-10a-20b+25$

　(10) $x^2-y^2+8y-16$

3 (1) x^2+16　　(2) $-4a+20$

4 (1) $2y(2x-1)$　　(2) $5a(a-2b+3)$

5 (1) $(x-2)(x-5)$　　(2) $(x+3)(x-4)$

　(3) $(m+4)^2$　　(4) $(y+0.5)(y-0.5)$

6 (1) $6(x+2)(x-4)$

　(2) $2b(2a+1)(2a-1)$

　(3) $(2x+3y)^2$　　(4) $(a-7)^2$

　(5) $(x-4)(x-9)$

　(6) $(x+y+1)(x-y-1)$

7 (1) 2601　　(2) 2800

8 真ん中の整数を n とすると，連続する3つの整数は $n-1$，n，$n+1$ と表される。
最も大きい数の2乗から最も小さい数の2乗をひいた差は
$$(n+1)^2-(n-1)^2$$
$$=n^2+2n+1-(n^2-2n+1)$$
$$=n^2+2n+1-n^2+2n-1$$
$$=4n$$
となり，真ん中の数の4倍になる。

9 2

10 $(20\pi a+100\pi)\text{cm}^2$

解説

1 (4) $(6xy-3y^2)\div\left(-\dfrac{3}{5}y\right)$

$=(6xy-3y^2)\times\left(-\dfrac{5}{3y}\right)$

$=-\dfrac{6xy\times5}{3y}+\dfrac{3y^2\times5}{3y}$

$=-10x+5y$

2 (2) $(a-4)(a+2b-3)$

$=a(a+2b-3)-4(a+2b-3)$

$=a^2+2ab-7a-8b+12$

　(9) $(a+2b-5)^2=(a+2b)^2-10(a+2b)+25$

$=a^2+4ab+4b^2-10a-20b+25$

　(10) $(x+y-4)(x-y+4)$

$=\{x+(y-4)\}\{x-(y-4)\}$

$=x^2-(y-4)^2=x^2-(y^2-8y+16)$

$=x^2-y^2+8y-16$

3 (1) $2x(x-3)-(x+2)(x-8)$

$=2x^2-6x-(x^2-6x-16)=x^2+16$

　(2) $(a-2)^2-(a+4)(a-4)$

$=a^2-4a+4-(a^2-16)=-4a+20$

4 共通因数を見つけて，くくり出す。

5 (1) $x^2-7x+10$

$=x^2+(-2-5)x+(-2)\times(-5)$

$=(x-2)(x-5)$

　(4) $y^2-0.25$

$=y^2-0.5^2$

$=(y+0.5)(y-0.5)$

6 (1) $6x^2-12x-48=6(x^2-2x-8)$

$=6(x+2)(x-4)$

　(2) $8a^2b-2b=2b(4a^2-1)$

$=2b(2a+1)(2a-1)$

　(3) $4x^2+12xy+9y^2=(2x)^2+2\times3y\times2x+(3y)^2$

$=(2x+3y)^2$

　(4) $a+1=M$ とおく。

$(a+1)^2-16(a+1)+64=M^2-16M+64$

$=(M-8)^2=(a+1-8)^2=(a-7)^2$

　(5) $x-3=M$ とおく。

$(x-3)^2-7(x-3)+6=M^2-7M+6$

$=(M-1)(M-6)$

$=(x-3-1)(x-3-6)=(x-4)(x-9)$

　(6) $x^2-y^2-2y-1=x^2-(y^2+2y+1)$

$=x^2-(y+1)^2=(x+y+1)\{x-(y+1)\}$

$=(x+y+1)(x-y-1)$

7 (1) $51^2=(50+1)^2=50^2+2\times50\times1+1^2$

$=2500+100+1=2601$

　(2) $7\times29^2-7\times21^2=7\times(29^2-21^2)$

$=7\times(29+21)\times(29-21)=7\times50\times8=2800$

8 真ん中の数を n として，連続する3つの整数を $n-1$，n，$n+1$ と表すことがポイント。

9 連続する2つの奇数を $2n-1,2n+1$（n は整数）とすると，
$(2n-1)^2+(2n+1)^2$
$=4n^2-4n+1+4n^2+4n+1=8n^2+2$
よって，8でわった商は n^2，余りは2である。

10 $\pi(a+10)^2-\pi a^2=\pi(a^2+20a+100)-\pi a^2$
$=\pi a^2+20\pi a+100\pi-\pi a^2=20\pi a+100\pi$

---

p.116〜117 第 2 回

1 (1) ±5　　(2) 8　　(3) 9　　(4) 6

2 (1) $6>\sqrt{30}$　　　　(2) $-4<-\sqrt{10}<-3$
　(3) $\sqrt{15}<4<3\sqrt{2}$

3 $\sqrt{15}$，$\sqrt{50}$

4 (1) $4\sqrt{7}$　　　　　　　(2) $\dfrac{\sqrt{7}}{8}$

5 (1) $\dfrac{\sqrt{6}}{3}$　　　　　　　(2) $\sqrt{5}$

6 (1) 264.6　　　　(2) 0.2646

7 (1) $4\sqrt{3}$　　(2) 30　　(3) $\dfrac{4\sqrt{3}}{3}$
　(4) $-3\sqrt{3}$

8 (1) $-\sqrt{6}$　(2) $\sqrt{5}+7\sqrt{3}$　(3) $3\sqrt{2}$
　(4) $9\sqrt{7}$　(5) $3\sqrt{3}$　　(6) $\dfrac{5\sqrt{6}}{2}$

9 (1) $9+3\sqrt{2}$　　　　(2) $1-\sqrt{7}$
　(3) $21-6\sqrt{10}$　　　(4) $-9\sqrt{2}$
　(5) 13　　　　　　　(6) $13-5\sqrt{3}$

10 (1) $-4\sqrt{3}+3$　　　(2) $4\sqrt{10}$
　(3) 8個　　(4) $n=2, 6, 7$　　(5) $n=3$
　(6) $5-2\sqrt{5}$

11 (1) 8.33×10^4 人
　(2) 0.00005

◆ **解 説** ◆

2 (2) $3=\sqrt{9}$，$4=\sqrt{16}$ より，$3<\sqrt{10}<4$
　　負の数は絶対値が大きいほど小さい。
　(3) $3\sqrt{2}=\sqrt{18}$，$4=\sqrt{16}$　$\sqrt{15}<\sqrt{16}<\sqrt{18}$
　　より，$\sqrt{15}<4<3\sqrt{2}$

5 (2) $\dfrac{5\sqrt{3}}{\sqrt{15}}=\dfrac{5\sqrt{3}\times\sqrt{15}}{\sqrt{15}\times\sqrt{15}}=\dfrac{5\times3\times\sqrt{5}}{15}=\sqrt{5}$

別解 $\dfrac{5\sqrt{3}}{\sqrt{15}}=\dfrac{5}{\sqrt{5}}$ と先に約分してもよい。

---

6 (1) $\sqrt{70000}=100\sqrt{7}=100\times2.646=264.6$
　(2) $\sqrt{0.07}=\sqrt{\dfrac{7}{100}}=\dfrac{\sqrt{7}}{10}=2.646\times\dfrac{1}{10}=0.2646$

7 (3) $8\div\sqrt{12}=\dfrac{8}{\sqrt{12}}=\dfrac{8}{2\sqrt{3}}=\dfrac{4}{\sqrt{3}}=\dfrac{4\sqrt{3}}{3}$
　(4) $3\sqrt{6}\div(-\sqrt{10})\times\sqrt{5}=-\dfrac{3\sqrt{6}\times\sqrt{5}}{\sqrt{10}}=-3\sqrt{3}$

8 (4) $\sqrt{63}+3\sqrt{28}=3\sqrt{7}+3\times2\sqrt{7}=9\sqrt{7}$
　(5) $\sqrt{48}-\dfrac{3}{\sqrt{3}}=4\sqrt{3}-\sqrt{3}=3\sqrt{3}$
　(6) $\dfrac{18}{\sqrt{6}}-\dfrac{\sqrt{24}}{4}=\dfrac{18\sqrt{6}}{6}-\dfrac{2\sqrt{6}}{4}=3\sqrt{6}-\dfrac{\sqrt{6}}{2}$
　　　$=\dfrac{5\sqrt{6}}{2}$

9 (1) $\sqrt{3}(3\sqrt{3}+\sqrt{6})=\sqrt{3}\times3\sqrt{3}+\sqrt{3}\times\sqrt{6}$
　　　$=9+3\sqrt{2}$
　(2) $(\sqrt{7}+2)(\sqrt{7}-3)=(\sqrt{7})^2+(2-3)\sqrt{7}+2\times(-3)$
　　　$=7-\sqrt{7}-6=1-\sqrt{7}$
　(3) $(\sqrt{6}-\sqrt{15})^2=(\sqrt{6})^2-2\times\sqrt{6}\times\sqrt{15}+(\sqrt{15})^2$
　　　$=6-6\sqrt{10}+15=21-6\sqrt{10}$
　(4) $\dfrac{10}{\sqrt{2}}-2\sqrt{7}\times\sqrt{14}=5\sqrt{2}-14\sqrt{2}=-9\sqrt{2}$
　(5) $(2\sqrt{3}+1)^2-\sqrt{48}=12+4\sqrt{3}+1-4\sqrt{3}=13$
　(6) $\sqrt{5}(\sqrt{45}-\sqrt{15})-(\sqrt{5}-\sqrt{3})(\sqrt{5}+\sqrt{3})$
　　　$=15-5\sqrt{3}-(5-3)=13-5\sqrt{3}$

10 (1) x^2+2x-3
　　　$=(x-1)(x+3)$
　　　$=(1-\sqrt{3}-1)(1-\sqrt{3}+3)$
　　　$=-\sqrt{3}(4-\sqrt{3})$
　(2) $a+b=2\sqrt{5}$，$a-b=2\sqrt{2}$
　　　$a^2-b^2=(a+b)(a-b)=2\sqrt{5}\times2\sqrt{2}=4\sqrt{10}$
　(3) $4=\sqrt{16}$，$5=\sqrt{25}$ より，$\sqrt{16}<\sqrt{n}<\sqrt{25}$
　　だから，$16<n<25$
　　n は 17，18，19，20，21，22，23，24 の8個。
　(4) n は自然数だから，$22-3n\leqq19$　よって，
　　$\sqrt{22-3n}$ は $\sqrt{19}$ 以下だから，整数になるのは，
　　$\sqrt{0}$，$\sqrt{1}$，$\sqrt{4}$，$\sqrt{9}$，$\sqrt{16}$ の値をとるとき。
　　$22-3n=0$ のとき，n は自然数にならない。
　　$22-3n=1$ のとき，$n=7$
　　$22-3n=4$ のとき，$n=6$
　　$22-3n=9$ のとき，n は自然数にならない。
　　$22-3n=16$ のとき，$n=2$

(5) $48 = 2^4 \times 3$ だから，$48n$ をある自然数の 2 乗にするには，$n=3$ として，
$$48n = 2^4 \times 3 \times 3 = (2^2 \times 3)^2 = 12^2$$

(6) $4 < 5 < 9$ より，$2 < \sqrt{5} < 3$ だから，$\sqrt{5}$ の整数部分は 2 となる。よって，$a = \sqrt{5} - 2$
$$a(a+2) = (\sqrt{5}-2)(\sqrt{5}-2+2)$$
$$= (\sqrt{5}-2) \times \sqrt{5} = 5 - 2\sqrt{5}$$

11 (1) 有効数字が 3 桁だから，4 桁目の 9 を四捨五入して，
$$8.33 \times 10^4$$

(2) 有効数字は 5，2 だから，真の値を a とすると，
$$0.00515 \leqq a < 0.00525$$
誤差の絶対値は，最も大きい場合で
$$0.0052 - 0.00515 = 0.00005$$

---

p.118〜119　第 3 回

1 (1) ⑦ 　　(2) -3，2

2 (1) $x=-4$，$x=5$ 　　(2) $x=1$，$x=14$

(3) $x=0$，$x=12$ 　　(4) $x=\pm 3$

(5) $x=-5$ 　　(6) $x=\pm\dfrac{\sqrt{6}}{5}$

(7) $x=10$，$x=-2$ 　　(8) $x=\dfrac{-5\pm\sqrt{73}}{6}$

(9) $x=4\pm\sqrt{13}$ 　　(10) $x=1$，$x=\dfrac{1}{2}$

3 (1) $x=2$，$x=-8$ 　　(2) $x=\dfrac{-3\pm\sqrt{41}}{4}$

(3) $x=4$ 　　(4) $x=2\pm 2\sqrt{3}$

(5) $x=3$，$x=-5$ 　　(6) $x=2$，$x=-3$

4 (1) $a=-8$，$b=15$ 　　(2) $a=-2$

5 方程式　$x^2+(x+1)^2=85$
　答え　6，7 と -7，-6

6 10 cm

7 5 m

8 $(4\pm\sqrt{10})$ 秒後

9 $(4, 7)$

解説

2 (6) $25x^2-6=0$ 　　$25x^2=6$
$$x^2=\dfrac{6}{25} \qquad x=\pm\sqrt{\dfrac{6}{25}}=\pm\dfrac{\sqrt{6}}{5}$$

(8)〜(10) 解の公式に代入して解く。

(9) $(x-4)^2=13$ と変形して解いてもよい。

---

3 (1) $x^2+6x=16$ 　　$x^2+6x-16=0$
$$(x-2)(x+8)=0 \qquad x=2, \ x=-8$$

(2) $4x^2+6x-8=0$
両辺を 2 でわって，$2x^2+3x-4=0$
$$x=\dfrac{-3\pm\sqrt{3^2-4\times 2\times(-4)}}{2\times 2}=\dfrac{-3\pm\sqrt{41}}{4}$$

(3) $\dfrac{1}{2}x^2=4x-8$ 　両辺に 2 をかけて，
$$x^2=8x-16 \qquad x^2-8x+16=0$$
$$(x-4)^2=0 \qquad x=4$$

(4) $x^2-4(x+2)=0$ 　　$x^2-4x-8=0$
$$x=\dfrac{-(-4)\pm\sqrt{(-4)^2-4\times 1\times(-8)}}{2\times 1}$$
$$=\dfrac{4\pm\sqrt{48}}{2}=\dfrac{4\pm 4\sqrt{3}}{2}=2\pm 2\sqrt{3}$$

(5) $(x-2)(x+4)=7$
$$x^2+2x-8=7 \qquad x^2+2x-15=0$$
$$(x-3)(x+5)=0 \qquad x=3, \ x=-5$$

(6) $(x+3)^2=5(x+3)$
$$x^2+6x+9=5x+15 \qquad x^2+x-6=0$$
$$(x-2)(x+3)=0 \qquad x=2, \ x=-3$$

別解　$x+3=M$ とおいて解いてもよい。

4 (1) 3 が解だから，$9+3a+b=0$ ……①
　　5 が解だから，$25+5a+b=0$ ……②
①，②を連立方程式にして解くと，
$$a=-8, \ b=15$$

(2) $x^2+x-12=0$ を解くと，$x=3$，$x=-4$
小さいほうの解 $x=-4$ を $x^2+ax-24=0$ に代入して，$16-4a-24=0$ 　　$a=-2$

5 $x^2+(x+1)^2=85$ 　　$x^2+x-42=0$
$$(x-6)(x+7)=0 \qquad x=6, \ x=-7$$

6 もとの紙の縦の長さを x cm とすると，紙の横の長さは $2x$ cm になるから，
$$2(x-4)(2x-4)=192$$
$$x^2-6x-40=0 \qquad x=-4, \ x=10$$
$x>4$ だから，$x=10$

7 道の幅を x m とすると，
$$(30-2x)(40-2x)=30\times 40\times\dfrac{1}{2}$$
$$x^2-35x+150=0 \qquad x=5, \ x=30$$
$0<x<15$ だから，$x=5$

8 点 P が点 B を出発してから x 秒後に，$\triangle$PBQ の面積が 3 cm² になるとする。

$\dfrac{1}{2}x(8-x)=3$

$x^2-8x+6=0$ $x=4\pm\sqrt{10}$

$3<\sqrt{10}<4$，$0\leqq x\leqq 8$ だから，

$(4+\sqrt{10})$ 秒後，$(4-\sqrt{10})$ 秒後は，どちらも問題に適している。

9 点 P の x 座標を p とすると，y 座標は $p+3$

A$(2p,\ 0)$ より，OA $=2p$ cm

OA を底辺としたときの △POA の高さは

P の y 座標に等しいから，$\dfrac{1}{2}\times 2p\times(p+3)=28$

$p^2+3p-28=0$ $p=4,\ p=-7$

$p>0$ だから，$p=4$

点 P の y 座標は，$y=4+3=7$

p.120〜121　第4回

1 (1) $y=-2x^2$ (2) $y=-18$

(3) $x=\pm 5$

2 右の図

3 (1) ⑦，⑦，⑨

(2) ⑰

(3) ⑦，⑰，⑨

(4) ⑦

4 (1) $-2\leqq y\leqq 6$

(2) $0\leqq y\leqq 27$

(3) $-18\leqq y\leqq 0$

5 (1) -2 (2) -12 (3) 6

6 (1) $a=-1$ (2) $a=3,\ b=0$

(3) $a=3$ (4) $a=-\dfrac{1}{2}$

(5) $a=-\dfrac{1}{3}$

7 (1) $y=x^2$ (2) $y=36$

(3) $0\leqq y\leqq 100$ (4) 5 cm

8 (1) $a=16$ (2) $y=x+8$

(3) $(6,\ 9)$

解説

1 (1) $y=ax^2$ に $x=2$，$y=-8$ を代入して，

$-8=a\times 2^2$ $a=-2$

(2) $y=-2\times(-3)^2=-18$

(3) $-50=-2x^2$ $x^2=25$ $x=\pm 5$

3 (1) $y=ax^2$ で，$a<0$ となるもの。

(2) $y=ax^2$ で，a の絶対値が最も大きいもの。

(3) $y=ax^2$ で，$a>0$ となるもの。

(4) $y=ax^2$ のグラフと $y=-ax^2$ のグラフが x 軸について対称になる。

4 (1) $x=-3$ のとき，$y=2\times(-3)+4=-2$

$x=1$ のとき，$y=2\times 1+4=6$

(2) x の変域に 0 をふくむから，$x=0$ のとき，

$y=0$

-3 と 1 では -3 のほうが絶対値が大きいから，

$x=-3$ のとき，$y=3\times(-3)^2=27$

(3) $x=0$ のとき，$y=0$

$x=-3$ のとき，$y=-2\times(-3)^2=-18$

5 (1) $y=ax+b$ の変化の割合は一定で a。

(2) $\dfrac{2\times(-2)^2-2\times(-4)^2}{(-2)-(-4)}=\dfrac{-24}{2}=-12$

(3) $\dfrac{-(-2)^2-\{-(-4)^2\}}{(-2)-(-4)}=\dfrac{12}{2}=6$

6 (1) x の変域に 0 をふくみ，-1 と 2 では 2 のほうが絶対値が大きいから，$x=2$ のとき

$y=-4$　これを $y=ax^2$ に代入して，

$-4=a\times 2^2$ $4a=-4$

(2) $x=-2$ のとき y は 18 にならないから，

$x=a$ のとき $y=18$　これを $y=2x^2$ に代入して，$18=2a^2$ $a=\pm 3$

$-2\leqq a$ より，$a=3$

x の変域に 0 をふくむから，$b=0$

(3) $\dfrac{a\times 3^2-a\times 1^2}{3-1}=12$ $4a=12$

(4) $y=-4x+2$ の変化の割合は一定で -4

$\dfrac{a\times 6^2-a\times 2^2}{6-2}=-4$ $8a=-4$

(5) A の y 座標は，$y=-2\times 3+3=-3$

$y=ax^2$ に $x=3$，$y=-3$ を代入して，

$-3=a\times 3^2$ $9a=-3$

7 (1) Q は P の 2 倍の速さだから，BQ $=2x$ cm

$y=\dfrac{1}{2}\times x\times 2x=x^2$

(2) $y=6^2=36$

(3) x の変域は $0\leqq x\leqq 10$

$x=0$ のとき $y=0$，$x=10$ のとき $y=100$

(4) $25=x^2$ $x=\pm 5$

$0\leqq x\leqq 10$ より，$x=5$

8 (1) $y=\dfrac{1}{4}x^2$ に $x=8$，$y=a$ を代入して，

$a=\dfrac{1}{4}\times 8^2=16$

（右上の図）
(2)

5

-5　　　O　　　5 x

-5

(1)

(2)　直線②の式を $y=mx+n$ とおく。

A(8, 16) を通るから，$16=8m+n$

B(-4, 4) を通るから，$4=-4m+n$

2つの式を連立方程式にして解くと，

$m=1$, $n=8$

(3)　C(0, 8) より，OC$=8$

$\triangle$OAB $= \triangle$OAC$+\triangle$OBC

$\qquad = \dfrac{1}{2}\times 8\times 8 + \dfrac{1}{2}\times 8\times 4 = 48$

$\triangle$OBC $=16$ で，$\triangle$OAB の面積の半分より小さいから，点 P は①のグラフの O から A までの部分にある。点 P の x 座標を t とすると，

$\triangle$OCP $= \dfrac{1}{2}\triangle$OAB より，

$\dfrac{1}{2}\times 8\times t = \dfrac{1}{2}\times 48$,　$t=6$

---

p.122〜123　第5回

1　(1)　2:3　　(2)　9 cm　　(3)　115°

2　(1)　$\triangle$ABC $\infty \triangle$DBA

相似条件…2組の角がそれぞれ等しい。

$x=5$

(2)　$\triangle$ABC $\infty \triangle$EBD

相似条件…2組の辺の比が等しく，その間の角が等しい。

$x=15$

3　$\triangle$ABC と $\triangle$ADE で，

仮定から，$\angle$ACB $=\angle$AED $=90°$ ……①

共通な角だから，$\angle$BAC $=\angle$DAE ……②

①，②より，2組の角がそれぞれ等しいから，

$\triangle$ABC $\infty \triangle$ADE

4　(1)　$\triangle$PCQ　　(2)　$\dfrac{8}{3}$ cm

5　(1)　$x=\dfrac{24}{5}$（4.8）　　(2)　$x=6$

(3)　$x=\dfrac{18}{5}$（3.6）

6　(1)　1:1　　(2)　3倍

7　(1)　$x=9$　　(2)　$x=2$

(3)　$x=\dfrac{40}{3}$

8　(1)　$x=6$　　(2)　$x=12$

9　(1)　20 cm²

(2)　相似比 3:4，体積の比 27:64

▶ **解説** ◀

1　(1)　対応する辺は AB と PQ だから，相似比は，AB:PQ$=8:12=2:3$

(2)　BC:QR $=$ AB:PQ より，$6:$QR$=2:3$

2QR$=18$　　QR$=9$ cm

(3)　相似な図形の対応する角は等しいから，

$\angle$A $=\angle$P $=70°$，$\angle$B $=\angle$Q $=100°$

四角形の内角の和は $360°$ だから，

$\angle$C $=360°-(70°+100°+75°)=115°$

2　(1)　$\angle$BCA $=\angle$BAD，$\angle$B は共通だから，

$\triangle$ABC $\infty \triangle$DBA

AB:DB $=$ BC:BA より，$6:4=(4+x):6$

$4(4+x)=36$　　$x=5$

(2)　BA:BE $=(18+17):21=5:3$

BC:BD $=(21+9):18=5:3$

よって，BA:BE $=$ BC:BD　また，$\angle$B は共通だから，$\triangle$ABC $\infty \triangle$EBD

AC:ED $=$ BA:BE より，

$25:x=5:3$　　$5x=75$

4　(1)　$\angle$B $=\angle$C $=60°$ ……①

$\angle$APC は $\triangle$ABP の外角だから，

$\angle$APC $=\angle$B$+\angle$BAP $=60°+\angle$BAP

また，$\angle$APC $=\angle$APQ$+\angle$CPQ

$\qquad\qquad =60°+\angle$CPQ

よって，$\angle$BAP $=\angle$CPQ ……②

①，②より，2組の角がそれぞれ等しいから，

$\triangle$ABP $\infty \triangle$PCQ

(2)　PC $=$ BC$-$BP $=12-4=8$（cm）

(1)より $\triangle$ABP $\infty \triangle$PCQ だから，

BP:CQ $=$ AB:PC

$4:$CQ$=12:8=3:2$

3CQ$=8$

5　(1)　DE:BC $=$ AD:AB より，

$x:8=6:(6+4)=3:5$　　$5x=24$

(2)　AD:DB $=$ AE:EC より，

$12:x=10:(15-10)=2:1$

$2x=12$

別解　AD:AB $=$ AE:AC より，

$12:(12+x)=10:15$

$10(12+x)=180$

(3)　AE:AC $=$ DE:BC より，

$x:6=6:10=3:5$　　$5x=18$

6 (1) △CFBで，Gは線分CFの中点，Dは線分CBの中点なので，中点連結定理から，

DG // BF

△ADGで，EF // DGより，

AF : FG = AE : ED = 1 : 1

(2) △ADGで，中点連結定理から，

$EF = \frac{1}{2}DG$　　$DG = 2EF$

△CFBで，中点連結定理から，

$DG = \frac{1}{2}BF$，$BF = 2DG$

よって，$BF = 2 \times 2EF = 4EF$

$BE = BF - EF = 4EF - EF = 3EF$

7 (1) $15 : x = 20 : 12 = 5 : 3$　　$5x = 45$

(2) $x : 4 = 3 : (9-3) = 1 : 2$　　$2x = 4$

(3) $8 : (x-8) = 6 : 4 = 3 : 2$　　$3(x-8) = 16$

別解 $x : 8 = (6+4) : 6 = 5 : 3$　　$3x = 40$

8 (1) AB // CD だから，

$BE : CE = AB : DC = 10 : 15 = 2 : 3$

△BDCで，EF // CD だから，

$EF : CD = BE : BC$

$x : 15 = 2 : (2+3) = 2 : 5$　　$5x = 30$

(2) AMとBDの交点をPとする。

AD // BM だから，

$DP : BP = AD : MB = 2 : 1$

$DP : BD = 2 : (1+2) = 2 : 3$

$x : 18 = 2 : 3$　　$3x = 36$

9 (1) Bの面積をx cm²とする。相似比が5：2だから，面積の比は$5^2 : 2^2$

$125 : x = 5^2 : 2^2$　　$125 : x = 25 : 4$

$25x = 125 \times 4$

(2) $9 : 16 = 3^2 : 4^2$だから，PとQの相似比は3：4

よって，PとQの体積の比は，$3^3 : 4^3 = 27 : 64$

得点アップの コツ

相似の問題では，対応する辺や角を正しくとらえることが大切。図の中では，回転していたり，裏返しになっていたりして混乱しやすいので，自分でわかりやすいような図をかいてみるとよい。

2 (1)

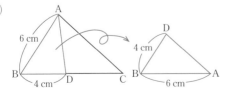

8 (1)

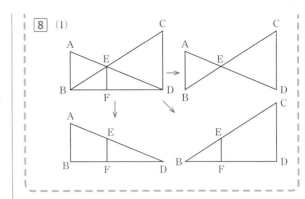

p.124～125 第6回

1 (1) $\angle x = 50°$　(2) $\angle x = 52°$　(3) $\angle x = 119°$

(4) $\angle x = 57°$　(5) $\angle x = 37°$　(6) $\angle x = 35°$

2 (1) $\angle x = 70°$　(2) $\angle x = 47°$　(3) $\angle x = 60°$

(4) $\angle x = 76°$　(5) $\angle x = 32°$　(6) $\angle x = 13°$

3

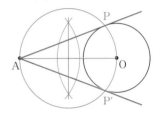

4 △BPCと△BCDで，

$\overparen{AB} = \overparen{BC}$ だから，$\angle PCB = \angle CDB$　……①

共通な角だから，$\angle PBC = \angle CBD$　……②

①，②より，2組の角がそれぞれ等しいから，

△BPC ∽ △BCD

5 (1) $x = 34$　　(2) $x = \frac{24}{5}$ (4.8)

(3) $x = 5$

6 $\angle BOC$ は △ABO の外角だから，

$\angle BAC + 45° = 110°$　　$\angle BAC = 65°$

よって，$\angle BAC = \angle BDC$ で，点A，Dは BC について同じ側にあるから，円周角の定理の逆より，4点A，B，C，Dは1つの円周上にある。

► 解説 ◄

1 (1) $\angle x = \frac{1}{2} \angle AOB = \frac{1}{2} \times 100° = 50°$

(2) $\angle x = 2 \angle BAC = 2 \times 26° = 52°$

(3) $\angle x = \frac{1}{2} \times (360° - 122°) = 119°$

(4) 半円の弧に対する円周角だから，

$\angle BAC = 90°$

$\angle x = 180° - (90° + 33°) = 57°$

(5) $\overset{\frown}{CD}$ の円周角だから，$\angle CAD = \angle CBD$
よって，$\angle x = 37°$

(6) $\overset{\frown}{BC} = \overset{\frown}{CD}$ だから，$\angle BAC = \angle CAD$
よって，$\angle x = 35°$

② (1) $\angle OAB = \angle OBA = 16°$
$\angle OAC = \angle OCA = 19°$
$\angle BAC = 16° + 19° = 35°$
$\angle x = 2\angle BAC = 2 \times 35° = 70°$

(2) $\angle OBC = \angle OCB = 43°$
$\angle BOC = 180° - 43° \times 2 = 94°$
$\angle x = \dfrac{1}{2}\angle BOC = \dfrac{1}{2} \times 94° = 47°$

(3) $\angle BPC$ は $\triangle OBP$ の外角だから，
$\angle BOC + 10° = 110°$　　$\angle BOC = 100°$
$\angle BAC = \dfrac{1}{2}\angle BOC = \dfrac{1}{2} \times 100° = 50°$
$\angle BPC$ は $\triangle APC$ の外角でもあるから，
$\angle x + 50° = 110°$　　$\angle x = 60°$

(4) $\overset{\frown}{BC}$ の円周角だから，$\angle BAC = \angle BDC = 55°$
$\angle x$ は $\triangle ABP$ の外角だから，
$\angle x = 21° + 55° = 76°$

(5) AB は直径だから，$\angle ACB = 90°$
$\angle BAC = 180° - (90° + 58°) = 32°$
$\overset{\frown}{BC}$ の円周角だから，$\angle x = \angle BAC = 32°$

(6) $\angle ABC$ は $\triangle BPC$ の外角だから，
$\angle ABC = \angle x + 44°$
$\overset{\frown}{BD}$ の円周角だから，$\angle BAD = \angle BCD = \angle x$
$\angle AQC$ は $\triangle ABQ$ の外角だから，
$(\angle x + 44°) + \angle x = 70°$　　$2\angle x = 26°$

④ 等しい弧に対する円周角は等しい。つまり，
$\overset{\frown}{AB}$ に対する円周角と $\overset{\frown}{BC}$ に対する円周角は等しい。このことを使って証明する。

⑤ (1) $CA = CP = 9$ cm，$DB = DP = 25$ cm
だから，
$x = CP + DP$
　$= 9 + 25 = 34$

(2) $\triangle ADP \backsim \triangle CBP$ だから，
$PD : PB = DA : BC$，
$x : 4 = 6 : 5$　　$5x = 24$

(3) $\triangle PAD \backsim \triangle PCB$ だから，
$PA : PC = PD : PB$，
$(x + 13) : (9 + 6) = 6 : x$

$x(x + 13) = 90$　　$x^2 + 13x - 90 = 0$
$(x - 5)(x + 18) = 0$　　$x = 5，x = -18$
$x > 0$ だから，$x = 5$

p.126〜127　第**7**回

① (1) $x = \sqrt{34}$　　　(2) $x = 7$
(3) $x = 4\sqrt{2}$　　　(4) $x = 4\sqrt{3}$

② (1) $x = \sqrt{58}$　　　(2) $x = 2\sqrt{13}$
(3) $x = 2\sqrt{3} + 2$

③ (1) ○　(2) ×　(3) ○　(4) ○

④ (1) $5\sqrt{2}$ cm　(2) $9\sqrt{3}$ cm²　(3) $h = 2\sqrt{15}$

⑤ (1) $\sqrt{58}$　(2) $6\sqrt{5}$ cm　(3) $6\sqrt{10}\,\pi$ cm³

⑥ (1) $9^2 - x^2 = 7^2 - (8 - x)^2$
(2) 6 cm　　(3) $3\sqrt{5}$ cm

⑦ 3 cm

⑧ 表面積 $(32\sqrt{2} + 16)$ cm²，体積 $\dfrac{32\sqrt{7}}{3}$ cm³

⑨ (1) 6 cm　　(2) $2\sqrt{13}$ cm　　(3) 18 cm²

━━━━━━ 解　説 ━━━━━━

① (3)，(4)　特別な直角三角形の辺の割合を使って計算する。

② (1)　$AD^2 + 4^2 = 7^2$　　$AD^2 = 33$
$x^2 = AD^2 + 5^2 = 33 + 25 = 58$

(2)　D から BC に垂線 DH をひく。$BH = 3$ cm
$CH = 6 - 3 = 3$ (cm)
$DH^2 + 3^2 = 5^2$

$DH^2 = 16$　$DH > 0$ だから，$DH = 4$ cm
$AB = DH = 4$ cm
$x^2 = AB^2 + BC^2 = 4^2 + 6^2 = 52$

(3)　直角三角形 ADC で，$4 : DC = 2 : 1$
$DC = 2$ cm
$4 : AD = 2 : \sqrt{3}$　　$AD = 2\sqrt{3}$ cm
直角二等辺三角形 ABD で，
$BD = AD = 2\sqrt{3}$ cm
$x = BD + DC = 2\sqrt{3} + 2$

④ (2)　正三角形の高さは $3\sqrt{3}$ cm
(3)　$BH = 2$ cm，$h^2 + 2^2 = 8^2$　　$h^2 = 60$

⑤ (1)　$AB^2 = \{-2 - (-5)\}^2 + \{4 - (-3)\}^2$
　　　　$= 3^2 + 7^2 = 58$

(2)　O から AB に垂線 OH をひく。$AH^2 + 6^2 = 9^2$
$AH^2 = 45$　$AH > 0$ だから，$AH = 3\sqrt{5}$ cm
$AB = 2AH = 2 \times 3\sqrt{5} = 6\sqrt{5}$ (cm)

(3) 円錐の高さを h cm とする。$h^2+3^2=7^2$

$h^2=40$　$h>0$ だから，$h=2\sqrt{10}$

体積は，$\dfrac{1}{3}\times(3^2\times\pi)\times2\sqrt{10}=6\sqrt{10}\,\pi$ （cm³）

6 (1) 直角三角形 ABH と直角三角形 AHC で
AH² を 2 通りの x の式で表す。

(2) (1)の方程式を解く。

$81-x^2=49-64+16x-x^2$

$-16x=-96$　$x=6$

(3) AH² $=9^2-x^2=9^2-6^2=45$

7 BE $=x$ cm とする。AE $=8-x$ （cm）

折り返したから，FE $=$ AE $=8-x$ （cm）

直角三角形 EBF で，$x^2+4^2=(8-x)^2$

$x^2+16=64-16x+x^2$　$16x=48$　$x=3$

8 A から BC に垂線 AP をひく。

BP $=2$ cm

AP² $+2^2=6^2$，AP² $=32$

AP >0 だから，AP $=4\sqrt{2}$ cm

△ABC の面積は，$\dfrac{1}{2}\times4\times4\sqrt{2}=8\sqrt{2}$ （cm²）

表面積は，$8\sqrt{2}\times4+4\times4=32\sqrt{2}+16$ （cm²）

BD と CE の交点を H とする。BH $=2\sqrt{2}$ cm

直角三角形 ABH で，AH² $+(2\sqrt{2})^2=6^2$

AH² $=28$，AH >0 だから，AH $=2\sqrt{7}$ cm

体積は，$\dfrac{1}{3}\times4^2\times2\sqrt{7}=\dfrac{32\sqrt{7}}{3}$ （cm³）

9 (1) 直角三角形 MBF で，MF² $=2^2+4^2=20$

MF >0 だから，MF $=2\sqrt{5}$ cm

直角三角形 MFG で，

MG² $=$ MF² $+4^2=20+16=36$

(2) 右の展開図で，線分 MG
の長さが求める長さである。
直角三角形 MGC で，

MG² $=(4+2)^2+4^2=52$

(3) FH $=\sqrt{2}$ FG $=4\sqrt{2}$ cm

MN $=\sqrt{2}$ AM $=2\sqrt{2}$ cm

M から FH に垂線 MP を
ひく。

FP $=(4\sqrt{2}-2\sqrt{2})\div2$

　　$=\sqrt{2}$ （cm）

直角三角形 MFP で，MP² $+(\sqrt{2})^2=(2\sqrt{5})^2$

MP² $=18$，MP >0 だから，MP $=3\sqrt{2}$ cm

四角形 MFHN は台形だから，面積は，

$\dfrac{(2\sqrt{2}+4\sqrt{2})\times3\sqrt{2}}{2}=18$ （cm²）

p.128 第 8 回

1 (1) 標本調査　　　(2) 標本調査

(3) 全数調査　　　(4) 標本調査

2 (1) ある工場で昨日つくった5万個の製品

(2) 300　　　　(3) およそ1000 個

3 およそ700 個

4 およそ440 個

5 (1) およそ15.7 語（または，およそ16 語）

(2) およそ14000 語

▶ 解説 ◀

1 対象とする集団のすべてについて調べるのが全
数調査で，集団の一部分を調査するのが標本調査
である。

2 (1) 調査の対象となる集団全体が母集団。

(2) 取り出したデータの個数が標本の大きさ。

(3) 無作為に抽出した 300 個の製品の中にふくま

れる不良品の割合は，$\dfrac{6}{300}=\dfrac{1}{50}$

よって，5 万個の製品の中にある不良品の数は，

およそ，$50000\times\dfrac{1}{50}=1000$ （個）

3 袋の中の球の総数を x 個とする。印をつけた
球の割合が，袋の中の球全体と無作為に抽出した
27 個の球でおよそ等しいと考えて，

$x:100=27:4$　$4x=2700$　$x=675$ ⁷⁰⁰

4 白い碁石の数を x 個とする。黒い碁石の割合
が，袋の中全体の $(x+60)$ 個の碁石と抽出した
50 個の碁石でおよそ等しいと考えて，

$(x+60):60=50:6$　$6(x+60)=3000$

$x=440$

別解 袋の中の白い碁石と黒い碁石の割合が，取
り出した 50 個の碁石の中の白い碁石 $50-6=44$
（個）と黒い碁石 6 個の割合におよそ等しいと
考えて，$x:60=44:6$

　　　　　　$x=440$

5 (1) $(18+21+15+16+9+17+20+11+14+16)\div$
$10=157\div10=15.7$

(2) $15.7\times900=14130$ （語）

教科書ワーク 数学　特別ふろく②

無料ダウンロード

定期テスト対策問題

こちらにアクセスして，表紙カバーについているアクセスコードを入力してご利用ください。
https://www.kyokashowork.jp/ma11.html

1 実力テスト

> 基本・標準・発展の３段階構成で
> 無理なくレベルアップできる！

数学1年　実力テスト　**基本**　1章　正負の数　❶正負の数，加法と減法　20分　得点　点

中学教科書ワーク付録　定期テスト対策問題　文理

1 次の問いに答えなさい。　【10点×2＝20点】

(1) -4，$+0.6$，0，-2，$+3$，$+\frac{1}{4}$，-0.6 の7つの数について，絶対値がいちばん小さい数といちばん大きい数をそれぞれ答えなさい。

　　　　　　　　　　　小さい数　　大きい数

(2) 右の数を小さいほうから順に並べなさい。　-3，$+8$，0，-9

2 次の計算をしなさい。　【10点×8＝80点】
(1) $11+(-4)$
(2) $-27+13$

数学1年　実力テスト　**標準**　1章　正負の数　❶正負の数，加法と減法　25分　得点　点

中学教科書ワーク付録　定期テスト対策問題　文理

1 次の問いに答えなさい。　【10点×2＝20点】
(1) 絶対値が3より小さい整数をすべて求めなさい。

(2) 数直線上で，-2 からの距離が5である数を求めなさい。

2 次の計算をしなさい。　【10点×8＝80点】
(1) $-6+(-15)$
(必出) (2) $-\frac{2}{5}-\left(-\frac{1}{2}\right)$

数学1年　実力テスト　**発展**　1章　正負の数　❶正負の数，加法と減法　30分　得点　点

中学教科書ワーク付録　定期テスト対策問題　文理

1 次の問いに答えなさい。　【20点×2＝60点】
(1) 右の数の大小を，不等号を使って表しなさい。　$-\frac{1}{2}$，$-\frac{1}{3}$，$-\frac{1}{5}$

2 観点別評価テスト

数学1年　第**1**回　**観点別評価テスト**　●答えは，別紙の解答用紙に書きなさい。　40分

中学教科書ワーク付録　定期テスト対策問題　文理

1 主体的に学習に取り組む態度

次の問いに答えなさい。

(1) 交換法則や結合法則を使って正負の数の計算の順序を変えることに関して，正しいものを次から1つ選んで記号で答えなさい。

ア　正負の数の計算をするときは，計算の順序をくふうして計算しやすくできる。

イ　正負の数の加法の計算をするときだけ，計算の順序を変えてもよい。

ウ　正負の数の乗法の計算をするときだけ，計算の順序を変えてもよい。

エ　正負の数の計算をするときは，計算の順序を変えるようなことをしてはいけない。

(2) 電卓の使用に関して，正しいものを次から1つ選んで記号で答えなさい。

ア　数学や理科などの計算問題は電卓をどんどん使ったほうがよい。

イ　電卓は会社や家庭で使うものなので，学校で使ってはいけない。

ウ　電卓の利用が有効な問題のときは，先生の指示にしたがって使ってもよい。

3 思考力・判断力・表現力等

次の問いに答えなさい。

(1) 次の各組の数の大小を，不等号を使って表しなさい。
① $-\frac{3}{4}$，$-\frac{2}{3}$
② $-\frac{2}{3}$，$\frac{1}{4}$，$-\frac{1}{2}$

(2) 絶対値が4より小さい整数を，小さいほうから順に答えなさい。

(3) 次の数について，下の問いに答えなさい。
$-\frac{1}{4}$，0，$\frac{1}{5}$，1.70，$-\frac{13}{5}$，$\frac{7}{4}$
① 小さいほうから3番目の数を答えなさい。
② 絶対値の大きいほうから3番目の数を答えなさい。

4 思考力・判断力・表現力等

次の問いに答えなさい。
(1) 次の数量を，文字を使った式で表しなさい。

> 観点別評価にも対応。
> 苦手なところを
> 克服しよう！

> 解答用紙が別だから，
> テストの練習になるよ。